Oak Family in Taiwan

臺灣橡實家族圖鑑

45種殼斗科植物完整寫真

自願為樹的僕人，志在傳達她們各種美麗的姿態，
期許廣眾能愛上她們，以大自然為師，
並且一起守護森林！

　　小時候在圖書館我最愛翻看繪本與圖鑑一類的書，甚至用零用錢買的第一本書也是介紹東北角潮間帶生物的圖鑑。大學為了能四處遊山玩水而選念森林系，我最愛的課程是植物分類學和樹木學，因為課本裡都是圖畫或照片，且授課老師都會安排實地野外勘察植物，能出去玩又認植物多好啊！那時數位相機正剛興起，不必負擔龐大底片費用，於是也購入一台隨身攜帶，看到漂亮或不知道的植物就拍下作紀錄查詢。當植物越認越多，越覺得每種植物都有不一樣的美與迷人之處。為她們拍照是我在學時最大的樂趣，欣賞她們的美讓我感到心滿意足。

　　2008 年研究所畢業後因為想繼續親近植物，選擇到林試所蓮華池研究中心擔任助理，以便就近每天欣賞與拍攝植物。剛好研究所論文題目與試驗地和研究中心有地緣關係，工作上也有我能貢獻之處，時任主管的黃主任一口就答應。很幸運地，美麗的蓮華池森林就是我第一份工作的辦公室。

　　住了三個月後發現，看似靜態的森林其實是瞬息萬變，新吐枝芽、花開花落、果實的成長、落葉等。對我來說每天都是第一次的體驗，第一次遇見她們、第一次觀察抽芽、第一次遇見開花、第一次見到結果。即使已經在書中見過照片或文字描述，每個親眼所見還是給我滿滿的感動，但也有感過往圖鑑所能表達的極其有限。於是我就用野人獻曝的心情開始構思如何將這種感動分享出去、如何能將植物變化的各種美表現出來。不過植物種類太多，光是一個科好好的拍完就得花上非常久的時間。剛好那時候是許多橡實掉落的季節，她們迷人的樣貌特別吸引我，因此就把殼斗科當素材開始了。只要一有時間我就四處去看她們，朋友同事都說我被山上的「樹仔精」迷的神魂顛倒沒藥醫了。但我覺得自己只是為殼斗科服務的僕人，想把她們所表現出來的各種姿態記錄下來並且傳達出去。

　　於是我邊拍邊想，嘗試各種手法，參考各式圖鑑圖譜的優點再加上現場實際觀察，漸漸摸索出這本書的架構。例如最早接觸到日本圖鑑 -- 假日森林系列《橡實與松果》，全去背圖的表現方式讓我印象很深，還有廖日京教授 2003 年出版《臺灣殼斗科植物之圖鑑》，以大量黑白手繪圖呈現做深入探討，是了解臺灣殼斗科植物的必讀之作。因此我想到把傳統的手繪圖全部以彩色去背圖代替來試試看。後來又看到德永桂子全水彩手繪的《日本橡實大圖鑑》，讓我更加確信去背圖的呈現方式。2011 年初，我在蓮華池的工作告一個段落，辭謝長官、主任、同事們的關照，就帶著累積二年多以來觀察、拍攝與文獻閱讀的經驗，和十萬元積蓄，繼續把所需的圖片補齊。雖然不知道十萬元能支撐多久，但就抱著勢在必行的決心，所幸過程中多有前輩、學長姊給予臨時工作，讓我不至於斷炊，這一年又把大部分種類再重新拍攝一次。

　　進入 2012 年,開始著重在照片、資料整理與寫作上,最為困擾的是各家植物誌學名使用差異甚大,但又無法逃避這些分類問題,因此開始比對各種分類看法與證據,過程中也發覺不少疑問。後來選用廖日京教授的觀點,再對少數種類做調整。廖教授對殼斗科植物研究數十年如一日,一有新的證據與資料就加以檢視,並反省過去的處理方式,因此每隔數年即有新的著作發表。我的看法是,殼斗科植物族群龐大、變異極多,卻又有如一張白紙,臺灣植物研究百年以來,歷經許多植物學家的努力,漸漸讓這群植物的面容越來越清晰,時至廖教授手上,終於將輪廓精細完整地勾勒出來,我們後人的圖鑑僅只是為其塗抹上色吧。在探尋的過程中我也體會到,植物本來就不是生來被分類的,人類在面對浩瀚無窮的大自然也沒有對錯之分,有新的事證發現與過去認知不同時再予以更正即可,而要認真的是追尋證據的過程是否精確,只要在科學精神下,眾人持續努力終將趨於真實。

　　在我整理資料過程中,各大標本館的數位化資料給予極大的便利性,許多原始發表文獻和模式標本皆能透過網站觀看與搜尋,如果沒有這些快速透明的原始資料,這本書根本無法完成。心中非常敬佩前人在沒有電腦網路下還能進行繁雜的分類工作,所付出的苦心不是我們能體會的。而有的時候,無法從相片鑑定的標本,我還是會親自到各大標本館查看,才能更精確描述殼斗科各種的形態變化與分佈範圍,減少因標本鑑定不同所產生的誤差。對模糊較無把握的分佈點我先予以刪除,而看到有特殊形態的標本,也盡可能依循標本資訊親至產地尋找拍攝,放入圖鑑中。不過,山林之大以我個人之力根本以管窺天,無法詳盡陳列也在所難免。

　　在這本書的製作過程中，內容隨著我的見聞一起成長，從被單純的美所感動而想呈現美麗圖片、到漸漸熟悉特徵變化範圍與物候的規律性、最後經歷有趣的故事或探索爭議性的問題，並嘗試找出解答。書中濃縮了不同時期殼斗科植物給我的感受，所以您會看到在每個物種開始都有果實、花、葉子等圖片，欣賞各物種的姿態，並輔以圖說來描述細微的特徵，觀察她們之間的異同，最後以文章搭配風景圖呈現植物與人與環境的互動，而在部分特質相近的種類，即合作一文便於比較。因此本書的特點在於，無論您是喜歡欣賞植物之美的讀者、想更深入認識殼斗科的自然愛好者、或者發覺疑問想一起探索答案的玩家，這本書都有可看之處，並陪伴您一起成長，值得一再玩味。

　　從念森林系到接觸野外這麼長的時間，我認為最寶貴的不是獲得植物的知識與技術，而是生活態度塑造。例如包容的審美觀，即使是同一棵樹上也難找出兩片一模一樣的葉子，也不會有相同的果實，久而久之會覺得 "不一樣" 是很健康很正常的事情，只要敞開心胸接納，就會發現各有各的美麗，以此心態面對周遭不一樣的人事物也多能正面看待。反觀工業化社會經常講究一致性、標準化，美與不美也設

下定義，稍有不同就會視為異類，如此一來，想像力就容易被侷限，更不懂得尊重與包容彼此的差異。另外還有謙卑與同理心，跟大自然相比，人是如此渺小脆弱，不論身分背景，於大樹面前只是一個微小的過客。抱著謙虛的心態進入森林與面對環境時，就會去思考一些行為會不會對森林造成影響，以及如何避免干擾她們？即產生了同理心。這堂自然課是現代人的必修課程，由大自然來教授我們思考人類扮演的角色與該負起的責任，少了，就是人生中的缺憾。

橡實可愛迷人，是許多人關注她們的起點，初見到果實的興奮之情確實難以按耐，但激情後仍有許多值得我們去思考與關心的議題。因此這本書最期望的是分享從各種角度去欣賞殼斗科植物，先親近她、了解她、認識她、愛上她，進而大家一起保護她。也希望大家在野外時能了解森林中的果實都有其任務與使命，不採稀有植物、不過量採集、不剪枝條、不挖取小苗是對她們基本的尊重，屬於森林的不要帶走，不是森林的不要留下。此外，切莫購買栽植採集過程不透明、來源不清楚的果實與苗木；或者隨意種植不是附近母樹所產的苗木，以減少雜交風險。希望大家能夠一起守護殼斗植物，守護臺灣森林。

最後要感謝老婆從婚前就不斷支持與鼓勵，容忍我長時間以無業遊民的身分與樹搞出軌。謝謝同事們與各領域朋友在山中一起流汗工作、找樹拍照，並與我分享知識見聞，都讓我收穫良多。謝謝曾經給我工作的長官、學長姐、購買我所製作的殼斗科海報的朋友們，幫助我解決經費問題。謝謝曾經教導帶領我入門的老師、幫助我解答解惑的學者專家們。感謝麥浩斯出版社張淑貞社長、編輯錦屏、美編維綺大力協助，讓我能自由發揮並給予專業建議，使這本書更加圓滿。謝謝林務局局長、林試所所長與老師們，在試閱本書內容之後都予以肯定並答應推薦。這麼多年來，幸虧有大家的協助與陪伴，這本書才得以出版，確實得來不易，這份恩情我一直都相當珍惜。

林奐慶

宜蘭高中、臺灣大學森林系研究所畢業
曾於林業試驗所蓮華池研究中心擔任研究助理
受到森林的感化，意外轉職為殼斗痴漢
目前移居花蓮，在太陽無限公司上班
從事有機大豆、水稻耕作

本書極其用心難得，是喜愛自然生態、
林業實務工作者及學術研究人員
不可或缺的參考工具

　　殼斗科植物在臺灣主要分布於中、低海拔區域，是闊葉樹林的重要成員，與樟科植物共同組成闊葉林中優勢的「樟櫟群叢」，為最廣布的原生植群之一。

　　殼斗科植物的堅果外覆總苞，故名「殼斗」，造形多變，如完全包覆、杯狀、盤狀、甚至反捲，殼斗的鱗片形態亦有刺狀、針突狀、三角形、細長形，排列方式更有同心環狀、覆瓦狀等，藉以保護飽滿的堅果；加上果實外型渾圓，十分迷人、廣受喜愛。殼斗科的果實營養豐富，包含澱粉、蛋白質、脂肪等，除部分為人類所食用，如板栗以外，其它多數種類亦為野生哺乳動物如臺灣黑熊、臺灣獼猴、鼯鼠、松鼠等所喜食，為食物鏈的重要一環，亦於森林生態系中扮演了重要角色。

　　林務局剛啟動建構臺灣「國土生態保育綠色網絡」的計畫，希望能藉由營造及優化東西向藍帶及綠帶，串聯起山脈至海岸，編織「森、川、里、海」廊道，營造多樣豐富的森林生態環境，正是計畫中最重要的工作之一。殼斗科植物的種類多樣、分布廣泛、生態價值高，因而已成為國土生態綠網計畫中，生態造林廣泛選用的樹種；包括青剛櫟、高山櫟、三斗石櫟、狹葉櫟、長尾栲、森氏櫟等近年來林務局積極採種培育的殼斗科樹種，已在不同海拔區域應用於超限利用收回林地之生態造林，期能營造更完整的多樣化森林環境。而殼斗科諸多樹種，具有極高的木材應用價值，同時也是林下培育香菇的椴木優選，因而也是林務局推動人工林綠色經濟產業的重要造林樹種。

　　本書作者長期深入研究及觀察殼斗科樹種的生態與生活史，也對維護多樣化森林植被有精闢見解，從本書中針對每種殼斗科植物皆有果實、花、葉各發育階段的樣貌寫真與物候說明，另有樹型、盛花期的精美照片，並考究物種在臺分布、與當地環境的關係、民生用途、對森林動物的影響等，可見其用心，也極為難得；全書逾 400 頁，圖文並茂，深入淺出，為喜愛自然生態的朋友們、林業實務工作者及學術研究提供專業不可或缺的參考工具，值得大力推薦。

林華慶

行政院農業委員會林務局局長

本書圖文已達到國際一流水準！
完整蒐集臺灣殼斗科植物的資訊，
相信所有讀者必定會愛不釋手

　　橡實家族，在分類學上屬於被稱做為殼斗科的成員，他們的堅果由於成熟時有總苞包覆在外，有時也被稱為殼斗果。有許許多多的書籍詩篇描述橡樹和橡實生活上的利用，包含了橡樹（oak）、栗（chestnut），以及水青岡（beech）等植物，在各民族的文化上也都留下了深刻影響。

　　全世界橡實的種類超過 900 種，而許多的橡實可以有超過 18% 的脂類和 6% 的蛋白質，含量甚至超過玉米和小麥。古英文中稱橡實為「mæst」，指的就是森林中大量存在的食物，在不少民族早期生活中，森林裡的橡實是他們非常重要的營養來源，無怪乎松鼠們也喜歡蒐集貯藏橡實來過冬。不過大部份的橡實都含有一定量的單寧酸（tannin），在醫藥治療上固然有它的療效，但它的苦澀味也會阻礙飲食上的取用，吃太多身體可能會受不了。不過橡實裡的單寧酸通常可以在磨碎後以大量清水浸泡後去除，因此在美國加州的許多不同原住民族中，他們會將橡實搗碎過篩，加水成糊，反覆七到十次的以水濾出單寧酸，才能得到橡實澱粉（acorn flour）。這些粉可以用來煮粥或是做麵包等各式料理，幾乎所有加州原住民都會食用。在其他澱粉作物被大量種植前，橡實可以說是北溫帶重要的澱粉來源之一，我們只要想像一下糖烤栗子的風味，就可以知道橡實澱粉比較起其他作物真的是不遑多讓的。也由於加州原住民必須花費很多的時間才能處理完這個過程，幾乎佔去婦女工作的絕大部份時間，再加上各種工具的製作和對橡樹木材的利用等，橡樹對於加州原住民來說，一直是密不可分的生活一部份，也發展出相應的物質文化。

　　加州的橡樹雖然常是當地優勢樹種，但種類只有 20 種左右，而臺灣小小的島嶼就有超過 50 種的殼斗科植物。和北溫帶疏林或純林的橡樹形象不同，臺灣的殼斗科植物多和其他植物混生於森林內，共榮共生。身在臺灣的我們，的確是何其有幸能夠身處於這麼多樣的橡實世界裡。而臺灣的植物多樣性眾所周知非常豐富，以往雖有不少圖鑑，但對於特定類群的書籍，除了蘭花和蕨類，其他並不多見。本書不僅蒐集了臺灣殼斗科植物的完整資訊，最令人驚豔的是非常清晰的植物細節，花、果、葉等各個構造有極細緻的照片以及詳細的解釋，對於所有想要認識橡實家族的人，不僅可以快速入門，還能獲得非常多的進階知識。書中對每個物種也都有花果不同時期的照片，讓人清楚的瞭解各種變異，圖文都已達到國際一流水準。相信所有的讀者在閱讀時必定會愛不釋手，能夠享受這本不可多得的好書。

胡哲明

國立臺灣大學植物標本館館長
國立臺灣大學生態演化所所長

雖然我不相信　沒有種子的地方　會有植物冒出來；

但是，我對種子有懷有大信心

若能讓我相信你有一粒種子，我就期待奇蹟的展現。

《種子的信仰》 亨利‧梭羅

　　2009 年秋我意外地提前接下臺大森林系必修課「樹木學與實習」的重擔，這門教森林系學生認樹的課不免需要用到許多的植物照片，我雖然花了很多時間四處找植物拍照，但一直力有未逮。十二月中，森林系研究生林政道（目前任教嘉義大學生資系）傳給我一個「給鍾老師教學用殼斗圖（photo by 林奐慶）」的檔案，說是他的學弟奐慶要讓我在樹木學上課時使用，期許森林系的弟妹們能好好學樹木學。奐慶提供的 200 多張 30 多種殼斗科植物花果葉枝條的精美照片如及時雨般解了我樹木學備課的燃眉之急，對這位素昧平生的森林系系友我自然是滿滿的敬佩與感激。

　　政道告訴我，奐慶為了出版一本殼斗科圖鑑在林試所蓮華池分所工作了好幾年。我當時想，奐慶提供給我的照片其實已經足夠出版一本非常專業的圖鑑了，但等了幾年後，臺大實驗林楊智凱等人撰寫的《臺灣的殼斗科植物：櫟足之地》在 2014 年先由林務局出版，在 247 頁的篇幅中集結了數百張精美照片與豐富的知識；2018 年初，林試所鐘詩文的《臺灣原生植物全圖鑑》第五卷也完整收錄了所有殼斗科植物。就當我不再教授樹木學而漸漸忘了這件事，今年元旦假期後竟意外的收到奐慶寄來《臺灣橡實家族圖鑑》的樣書檔案，並請我寫序。我期待的讀完檔案後有種感覺，原來奐慶多年來想的，並不是在書架上多放一本殼斗科植物圖鑑；他這十多年來醞釀的，是一本能向亨利‧梭羅「種子的信仰」致敬、頌讚殼斗科植物的作品。

　　全世界殼斗科植物有 7 屬約 700-900 種，它們以那形態獨特、被稱為「橡實」的種實著稱。對人類來說，殼斗科植物用途廣且魅力無限，精緻如藝術品般的橡實讓人愛不釋手，而當橡實發芽、茁壯，殼斗科植物注定將長成北半球極盛成熟森林的中流砥柱，梭羅進行自然觀察的新英格蘭溫帶落葉森林、臺灣中海拔的「櫟」林帶及低海拔山區的楠「櫧」林，都是以殼斗科植物為優勢種的森林，於是橡實更象徵著希望，賦予土地生命的能量與無限的奇蹟。

　　就如同橡實一樣，奐慶以十多年心力構思的《臺灣橡實家族圖鑑》是一本充滿能量的作品，也是殼斗科植物的生命大百科，記錄了林奐慶先生十多年來在全國各地走訪、觀察、記錄、研究、深入思考殼斗科植物的一切，以細膩、優美、充滿理性與感性的文字陳述了殼斗科植物的迷人處，以高品質的影像註釋取代了拗口的植物學術語、呈現了臺灣殼斗科植物與森林的多樣、美好與面臨的危機。

　　《臺灣橡實家族圖鑑》跳脫過往圖鑑編輯的方式，將動人的自然觀察書寫與科學藝術做了緊密的結合，建立了自然觀察書籍的新典範。這本書會將臺灣近年來蓬勃發展的自然觀察、公民科學帶到一個新的境界，且讓我們拭目以待。

鍾國芳

中央研究院生物多樣性研究中心副研究員、研究博物館主任
國立臺灣大學森林環境暨資源學系兼任副教授

十年磨一劍，深入每一個有橡實的臺灣山林，
記錄形態完整，放諸四海，應少有能比擬，
也是最有溫度的圖鑑書

　　十年前，與奐慶在壽卡（南迴公路最高點）偶遇，這地方是臺灣觀察殼斗科最佳的地點之一，立志要拍完臺灣所有櫟實的他，當然常駐足留連此地。那日，終於看到那耳聞已久的野外戰車，那二手不到十萬元的陽春箱型車內，裝載許多研究及採集櫟實的工具。他並沒有任何的支助，為了省錢，他的車子是交通工具，也是移動的旅舍，晚上，他就住在箱型車裏，等待明日繼續他的殼斗科研究；這部箱形車是一個移動的研究室兼住房，也是乘載夢想的載具——它要帶他去完成橡實全記錄的夢想。

　　十年磨一劍，2009 年至今 2019 年，深入每一個有橡實的臺灣山林，終於完整的記錄了臺灣各種殼斗科的影像，並結合多年累積的許多獨特研究心得，著作成「臺灣橡實家族圖鑑」一書。這書的書寫內容頗具有巧思，每一樹種皆有果實形態、果枝、花枝等影像，並有詳細的雌雄花細微照片及各種不同變異或殊形的葉形比較，每一植物的形態完整性，放諸四海，應少有能比擬，十年磨一劍的結果，果然不同凡響。然而本書最讓所有橡實迷喜愛的是，每一物種皆有大量的文字去描述它與人或生態的相關故事，文字有溫度、內容有趣味，這不但是一本圖鑑書，也是一本關於橡實的散文書；看完這本書，你會訝異，原來圖鑑書也可以如此有溫度。

　　臺灣植物圖鑑書起於民國七十年代初，風起雲湧，一直到九十年代末，走至盛期，廿年間，百花盛開，不同形式選介式圖鑑之付梓，難以勝數。到了一百年代，植物圖鑑書走到了瓶頸，純粹的選介式圖鑑書再也難以生存，我一直在想，植物圖鑑下一步是怎樣的形態，這一本書－《臺灣橡實家族圖鑑：45 種殼斗科植物完整寫真》，揭櫫了這個答案！

　　假如你是一個橡實迷，那一定要擁有此書；假如你不是橡實迷，你也要買這一本書，因為看完以後，你會成為一個橡實迷，而每一個橡實迷一定要有這本書在身上。這世上沒有那一本書，非擁有不可，但卻有些書沒有一本在身上，卻是一種遺憾，這本書即是如此，我自己是這樣認為的。

鐘詩文
《台灣原生植物全圖鑑》作者

一書融合植物分類學、植物物候學、
森林生態學、生態旅遊及自然保育觀念，
是研究臺灣殼斗科植物的重要參考

　　認識奐慶是在林試所南投魚池蓮華池研究中心幫志工上課時，他當下自我介紹畢業於臺灣大學森林系，對殼斗科植物非常有興趣。也因為蓮華池研究中心轄內有許多臺灣中、低海拔代表性殼斗科植物，所以主動應聘中心研究助理，希望能就近觀察與認識中心所有的殼斗（橡實）植物，當時我對這個年輕小伙子有印象但並未留意。

　　之後奐慶常向我討教殼斗科分類相關問題，每每讓我感到他對殼斗科植物的瞭解已非一般程度。轉眼間，奐慶突然出版臺灣原生橡實家族海報二張，驚動臺灣植物分類界，因為作者是默默無聞的年輕人，卻能詳實地拍攝臺灣幾乎所有的殼斗科植物葉片與橡實且美編獨特，讓人耳目一新。海報較之前所出版的殼斗科圖鑑更完整，一時之間洛陽紙貴，陸續出了好幾版，林奐慶這三個字也被大家所認識，可喜可賀！

　　近來奐慶移居花蓮，但仍無怨無悔專心執著於他的興趣，將所有的精力貫注在臺灣野外橡實的拍攝、觀察及紀錄上。今天終於又完成《臺灣橡實家族圖鑑》一書，本書的特色有三：其一，奐慶以散文的方式來介紹每一種植物，內文也引用學術的專有名詞加以解釋，但言語通俗，讀者容易融入；其二，照片精美多樣，容易吸引讀者注意，將各類形態特徵一一呈現且解說詳實，對一個植物學門外漢而言，確有事半功倍之效；其三，完整呈現一年四季物候變化的生態照片，非常難得，對研究臺灣殼斗科植物而言，是一本非常值得參考的重要資料。

　　本書除了照片數量可觀之外，舉凡物種敘述、特徵解說、分佈描述、物候記錄、野外觀察、保育評估、植物鑑賞、生態旅遊等都納入，非一般植物圖鑑所及，他把植物分類學、植物物候學、森林生態學、生態旅遊及自然保育的觀念融入這本書中，應有盡有，真是一本值得推薦好書。

　　奐慶確實是一位值得讚賞的年輕人，為自己的理想而全心全力實踐，我為他感到驕傲，亦能為此書寫序深感榮幸！

曾彥學

國立中興大學森林學系　副教授
國立中興大學實驗林管理處 處長

形態變化多樣性的橡實植物，常有辨識上的困惑，
透過此書呈現長期記錄的觀察寫真，
打開大眾對於殼斗科植物認知的眼界！

　　殼斗科植物與樟科植物並列為地球北緯 20-40 度間所謂樟殼帶闊葉森林的主要組成，也是台灣闊葉原生林最重要的組成類群。但溫帶傳頌的松鼠愛橡實的落葉森林樹種，在台灣常綠森林的世界就顯得相對單薄，常成為夢幻而獨特的生存在夾縫中。然而號稱"常綠"的類群在山地中也經常只是"假常綠"，是在春天來時長新葉前後才把老葉落光，進行一次不華麗的新葉換舊葉，成為變形形式的落葉樹，如櫟屬（Quercus），再轉變成真正常綠樹的栲屬（Castanopsis）。分佈上，在東南亞地區獨特的分佈到熱帶的山地，也有很獨特的組成類群，如殼斗結合成圓盤狀的椆（Cyclobalanopsis）類，這群在台灣也是很優勢的類群，而常綠且殼斗有刺的栲屬（Castanopsis）群中，更有分佈從印尼一直到日本的難區分種類，在台灣的長尾栲（卡氏櫧）就是其中的成員，從海邊到闊葉樹分佈的海拔界線，不僅垂直有變化，平面的分佈也有變化，未來要怎麼處理還有待深入的了解。

　　在我開始認識台灣山林中的植物以來，一直被這群橡實植物吸引與困惑，雖然種類不多，但形態的變化卻是展現了什麼是多樣性：不僅個體間有變化，這在最常見而分佈廣泛的青剛櫟展現的明確，不僅要懷疑是不是同一種，甚至與圓果青剛櫟混淆；不同生長季生長的枝葉、老枝與萌蘖間更是變化多端。我在栓皮櫟一年四次不同生長枝段與位置展現不同形態看到的變化，算是打開眼界，比較能接受所謂畸形式的變化；當第一次認知到落葉的栓皮櫟果實在度過落葉的冬天後，在第二年秋天才成熟，就已經很訝異了，竟然淺山的植株是在當年就成熟。到了 2018 年更認知到有夏天就成熟的族群，加上印度栲是又度過第二年的冬天才在第三年的春天成熟，眼界一再的被拓展。這群橡實植物是還有更多的事情需要被發掘與了解。

　　這麼多年來，隨著知識的普及、開放與社會的變遷，殼斗科植物的認知、了解與經驗的累積，民間的力量一直的在發展。多年前就收到奐慶自力製作與印製的殼斗科圖鑑式大海報，現在又看到他將收集的經驗、精美的照片與精緻編輯的專書出版，未來有更多的人可以站在這巨人的肩膀上，看得更多、更遠、更廣。

楊國禎

台灣生態學會理事長
植物分類博士

栗屬 *Castanea*

苦櫧屬 *Castanopsis*

水青岡屬 *Fagus*

石櫟屬 *Lithocarpus*

石櫟屬 *Lithocarpus*

190
加拉段石櫟
L. chiaratuangensis

198
後大埔石櫟
L. corneus

206
柳葉石櫟
L. dodonaeifolius

208
臺灣石櫟
L. formosanus

222
子彈石櫟
L. glaber

224
菱果石櫟
L. synbalanos

238
三斗石櫟
L. hancei

248
小西氏石櫟
L. konishii

260
南投石櫟
L. nantoensis

272
浸水營石櫟
L. shinsuiensis

櫟屬 *Quercus*

280
槲櫟
Q. aliena

290
嶺南青剛櫟
Q. championii

298
槲樹
Q. dentata

308
赤皮
Q. gilva

318
青剛櫟
Q. glauca

320
圓果青剛櫟
Q. globosa

332
灰背櫟
Q. hypophaea

342
錐果櫟
Q. longinux

352
森氏櫟
Q. morii

362
捲斗櫟
Q. pachyloma

372
波緣葉櫟
Q. repandifolia

382
白背櫟
Q. salicina

384
狹葉櫟
Q. stenophylloides

398
短柄枹櫟
Q. serrate var. *brevipetiolata*

406
毽子櫟
Q. sessilifolia

414
高山櫟
Q. spinosa

416
太魯閣櫟
Q. tarokoensis

418
塔塔加櫟
Q. tatakaensis

436
栓皮櫟
Q. variabilis

附錄．謎樣物種介紹

註：⌐ 為 2 種或 3 種植物合併一起做介紹。

PART

1

殼斗科植物介紹

一、橡實與我們

　　若看過美國暢銷動畫電影「冰原歷險記（Ice Age）」，大家一定知道那隻名叫鼠奎特（Scrat）的史前松鼠為了追逐一顆果實，展開瘋狂的冒險之旅，那果實在牠心中是無比的神聖耀眼，值得以性命相搏。模樣如此奇特的果實好似也曾出現在另一家喻戶曉的日本動畫「龍貓」中，當兩姐妹在雨天等公車時奇遇了龍貓，姐姐還將雨傘贈給牠，龍貓則以一小包果實做為回禮，晚上兩姐妹高興的將果實播在土中與龍貓跳著發芽舞，果實越長越高竟然一夜長成大樹。

　　這些樣貌可愛，看似戴頂帽子的果實，在許多卡通和兒童繪本中出現過，讓我們從小就對它一點也不覺得陌生。這種果實在西方稱之為「acorn」，日語為「ドングリ」（音似「咚咕櫟」），而我們則叫它「橡實」。

圖片提供／凱薩琳

樣貌可愛的橡實。

橡實的分佈

橡實其實是一類稱為橡樹的樹木果實的特稱，主要由有硬殼的堅果和帽子狀的殼斗所構成，模樣討喜吸引人，而植物學家則依據這特殊的構造將她們歸類為「殼斗科（Oak Family；Fagaceae）」，即殼斗家族或橡實家族。殼斗家族全世界約有 800 名成員，散佈在北半球各角落，主要自然分佈於歐洲、地中海南緣的非洲、東亞與南亞、北美洲至中美洲等地區，而澳洲、北極區、大洋洲中的島嶼、非洲、南美洲則無她們的身影。

殼斗家族數量非常龐大，有她們在的地方往往建構出一大片森林。其中，在歐洲、美洲與日本的溫帶落葉闊葉森林裡，殼斗家族就扮演非常重要的角色。這些北方國家四季景色變換鮮明，尤其在秋季時，大片的森林由綠轉為繽紛的各種紅黃色，裡面除了熟知的楓樹類之外，橡樹也是這場盛會的主角。

臺灣的亞熱帶橡樹森林，與歐美的溫帶橡樹森林。

當緯度越往南走到中國南方、臺灣和東南亞，像這樣顯眼大面積變色的落葉林越來越少，取而代之的是亞熱帶和熱帶常綠闊葉森林，但殼斗家族在森林中的地位完全沒有被動搖，反而以種類變化更多更豐富的形式隱身在森林中等著人們去發覺。北國的殼斗家族讓人感到熱情與外放，而到了南國卻顯得內斂有深度，都值得我們細細去品味。

世界殼斗科的分佈

橡實在西方的運用

　　殼斗家族與我們的生活也是息息相關，例如西方人對橡樹的利用主要在製酒產業上，釀酒時會將酒貯存在橡木桶中一段時日，以增加酒的香氣及色澤。橡木桶主要以美國的白橡木（*Quercus alba*）、歐洲的白橡木（*Quercus petraea*）和夏櫟（*Quercus robur*）為木材，據說木材種類的不同還會影響酒的風味。另外，常做為葡萄酒瓶蓋的軟木塞，也是利用一種名為西班牙栓皮櫟（*Quercus suber*）的樹皮來製造而成。這種橡樹產於西班牙、南法與突尼西亞等地中海西部周圍的地區，她的樹皮具有發達的木栓層，質地輕軟而富有彈性，能防火隔音且不透水、不透氣，因此用途相當廣泛。

利用橡樹製作橡木桶。

西班牙栓皮櫟（*Quercus suber*）

利用西班牙栓皮櫟製作軟木塞。

　　而在法國料理裡最頂極的食材—松露，其實是與橡樹的細根共生在一起的真菌類，因此獵人必須帶著獵犬穿梭橡樹林中，藉由牠們靈敏的嗅覺才能找尋出藏匿在土中的松露。

松露與橡樹的細根共生，獵犬在橡樹林中找尋藏匿在土中的松露。

橡實在中國歷史的記載

在中國歷史上對於殼斗家族的記載頗多，從「橡、栩、栗、櫟、櫪、柞、槲、枹、楢、櫧、柯、栲、椆、芧、杼、椎、錐」等用來描述她們的單字，就能了解與中國人深刻的關係。

植物染原料

在古代橡實是植物染的原料，《周禮・地官司徒》有注：「染草藍茜象斗之屬。」賈疏：「藍以染青，茜以染赤，象斗染黑。」而《本草綱目》記載：「秦人謂之櫟，徐人謂之杼，或謂之栩。其子謂之皂，亦曰皂斗。其殼煮汁可染皂也。」染皂是染黑的意思。明朝科學家宋應星在《天工開物》中有更詳細記載：「染包頭青色：此黑不出藍靛，用栗殼或蓮子殼煎煮一日，漉起，然後入鐵砂化礬鍋內，再煮一宵，即成深黑色。」其實不只板栗殼斗，只要樹皮樹葉含有單寧成份也皆有效果。

養殖柞蠶

除此之外，殼斗家族與中國蠶業也有著密不可分的關係。中國養蠶取絲歷史已久，主要出產兩種蠶絲，一種是常見的桑蠶絲，另一種是大家比較陌生的柞蠶絲。

《天工開物》寫到：「野蠶自為繭，出青州、沂水等地，樹老即自生。其絲為衣，能御雨及垢污。」這種野蠶喜歡吃柞樹的嫩葉，在老葉上結繭，因此多以柞蠶稱呼。柞蠶具有野性，飼養於戶外栽植的柞樹上。柞樹也是一些橡樹的統稱，以麻櫟（*Quercus acutissima*）、蒙古櫟（*Quercus mongolica*）、栓皮櫟（*Quercus variabilis*）、槲樹（*Quercus dentata*）、銳齒槲櫟（*Quercus aliena* var. *acuteserrata*）等樹種為主（柞蠶飼養實用技術，2003）。《古今注》提及：「元帝永元四年，東萊郡東牟山，有野蠶為繭，繭生蛾，蛾生卵，卵著石，收得萬餘石，民以為蠶絮。」顯示養殖柞蠶絲至少可追溯自漢朝山東地區。至今中國柞蠶絲年產量約 46,000 噸，成為非常重要的產業。

救荒止饑

而民以食為天，除了上述用途外，若遇天災人禍導致食物缺乏時，橡實更背負著救荒止饑、拯濟蒼生的大任。

如《韓非子・外儲說右下》提到：「秦大饑，應侯請曰：『五苑之草著：蔬菜、橡果、棗栗、足以活民，請發之。』」《列子・説符篇》用「夏日則食菱芰，冬日則食橡栗。」形容清簡刻苦的生活。唐朝張籍的《野老歌》寫到「老翁家貧在山住，耕種山田三四畝。苗疏稅多不得食，輸入官倉化為土。歲暮鋤犁倚空室，呼兒登山收橡實。西江賈客珠百斛，船中養犬長食肉。」描述了不公平的稅制下，農民將所有米糧上繳，自己卻只能叫孩子上山撿橡實做為食物過冬。

深受此苦的，更有唐朝的大詩人杜甫。歐陽修、宋祁在《新唐書・杜甫傳》中寫到：「關輔飢，輒棄官去。客秦州，負薪採橡栗自給。」描寫出他棄官後住在秦州三個月期間，撿山中橡實栗子度日的慘淡情況。後來受不了饑寒去了同谷，生活卻更加窘困，在絕境寫下「有客有客字子美，白頭髮發垂過耳。歲拾橡栗隨狙公[註]，天寒日暮山谷裏。中原無書歸不得，手腳凍皴皮肉死。嗚呼一歌兮歌已哀，悲風為我從天來。」訴說自己在天寒地凍下撿橡實而身受凍害之苦，以及狙公撿橡實是拿來餵猴子，而他卻是給自己吃的自嘲之意。

註：狙公的典故來自《莊子・齊物論》：「狙公賦芧，曰：『朝三而暮四。』眾狙皆怒。曰：『然則朝四而暮三。』眾狙皆悅。」這則狙公使小計騙取猴子的故事就是成語「朝三暮四」的由來，芧也是橡實的一種，做為猴子的飼料。

呼兒登山收橡實。

蒸煮食用

而對於橡實的吃法和口味，中國古籍也有諸多敘述，明朝李時珍《本草綱目》記載：「雷曰：霜後收采，去殼蒸之，從巳至未，銼作五片，晒乾用。」「周定王曰：取子換水，浸十五次，淘去澀味，蒸極熟食之，可以濟飢。」意思是要換水浸泡十五次，蒸六小時後才能去其澀味食用！清朝吳其濬《植物名實圖考》於苦櫧子中有述：「余過章貢間，聞輿人之誦曰，苦櫧豆腐配鹽幽菽（豆豉也）。皆俗所嗜尚者。得其腐而烹之，至舌而澀，至咽而齾，津津焉有味回於齒頰。」表示是老百姓普遍的食物但不覺好吃。至今在大陸江西還有苦櫧豆腐這項土特產在銷售食用，作法大致就是將苦櫧（*Castanopsis sclerophylla*）堅果的外殼撥去，放在水中浸泡數日，去除澀味後磨成漿，煮熟加鹽，等冷卻後就凝固成有如豆腐。根據現今網友分享的經驗，猜想若是料理得當，應不會如吳其濬所說的難吃吧。

　　總而言之，橡實的種子除澱粉外大多還含有單寧，所以不經繁複處理無法去其澀味；而長久以來，中國百姓卻被迫撿橡實為食。今天的我們也撿橡實，但與先人們心情截然不同；一邊是賞玩娛樂、探索自然，一邊則是過去中國的苦難史，形成強烈對比。

　　「秋深橡子熟，散落榛蕪岡。傴傴黃髮媼，拾之踐晨霜。移時始盈掬，盡日方滿筐。幾曝復幾蒸，用作三冬糧。………農時作私債，畢歸官倉。自冬及於春，橡實誑飢腸。………。吁嗟逢橡媼，不覺淚霑裳。」一首唐朝詩人皮日休的《橡媼歎》替農家道盡了辛酸，讓人每每撿起橡實，那位老奶奶的形影就浮現眼前。

二、橡實與其他果實種子的比較

各式各樣的果實與種子

　　橡實主要以堅果和殼斗所構成，這邊所說的堅果為植物學中所定義的一種果實，由花的子房發育而成，子房壁形成堅硬的果皮外殼，而胚珠則發育為果皮內富含澱粉的種子。與一些食品分類所稱的堅果類不同，如花生、開心果、瓜子、腰果等其實都只是屬於果實內的種子。

各種果實

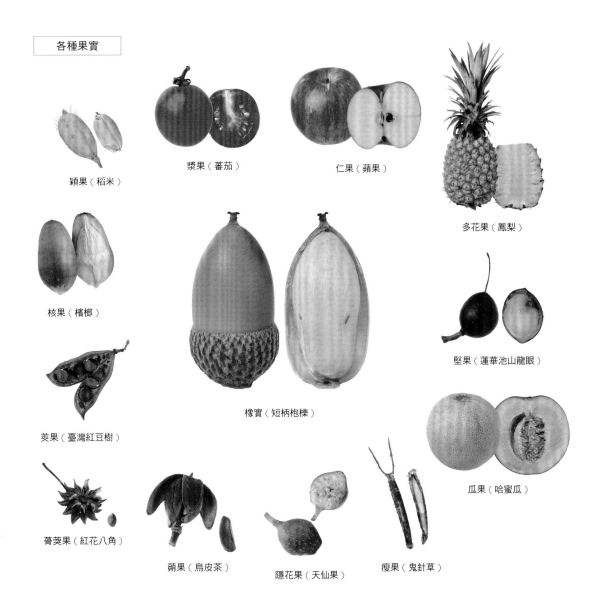

穎果（稻米）

漿果（蕃茄）

仁果（蘋果）

多花果（鳳梨）

核果（檳榔）

堅果（蓮華池山龍眼）

莢果（臺灣紅豆樹）

橡實（短柄枹櫟）

瓜果（哈蜜瓜）

蓇葖果（紅花八角）

蒴果（烏皮茶）

隱花果（天仙果）

瘦果（鬼針草）

果實與種子不但要擔起植物傳宗接代的重任，還是族群擴展的先鋒部隊，讓無法移動的植物透過種子旅行至世界各地，因此果實與種子的構造會因傳播策略的不同而產生五花八門的模樣。舉例來說，有的種實重量極輕且還長翅膀或有毛絮，以利在空氣中飄浮或吹動的風力傳播；或是有各種氣室可以漂流在水上的水力傳播；也有些是以自身重力或開裂產生彈射力量的自體傳播；還有用甜美果肉引誘動物吃食再排泄出來；或有鉤刺附著皮毛搭順風車的生物傳播。

橡實的傳播方式

　　橡實屬於自體與生物傳播兩種方式皆有。當秋天堅果成熟與殼斗分離後，從樹冠落到地面，在有坡度的地方還會滾動一小段距離，這是第一段傳播，屬於用重力移動的自體傳播，但效果極其有限，還脫離不了母樹周圍。

　　而堅果堅硬的外殼和裡面富含澱粉的種子，會吸引森林中一些齧齒類的小動物前來取食，有的堅果就地被享用，而剩餘的牠們會搬運到別處，有的埋藏在土壤中、有的在樹洞中，等過冬時慢慢再吃。但其中有部份堅果，或許是被主人忘記，或許是吃不完而一直待在土壤中，等越過冬天就有發芽成小苗的機會。在這過程中若缺少「埋藏」這個動作，暴露在空氣中的堅果會因為種子含水率大減而失去活性無法發芽，但有了森林濕潤的腐植層與土壤的覆蓋，就增加種子的發芽率。因此，小動物們無意間就變成橡樹擴展領域時得力的幫手，而橡樹也給小動物豐厚的報酬，算是互惠互利的合作關係。這也屬於生物傳播的一種，對於橡實來說是第二次傳播。

　　也正由於殼斗家族種子旅行的距離受限於這些幫助傳播的小動物們，無法效法透過風力或海漂的其他種子，進行遠距離甚至是跨海洋的傳播，族群只能以陸軍陣地戰的方式緩慢向外擴張，所以發現一個有趣的事實，距離大陸遙遠的海島或年輕火山島都無殼斗家族的分佈，這樣的條件限制也使的殼斗家族成為研究過去幾次冰河時期，植物遷徙途徑與植物地理分佈的好素材。

落滿地的森氏櫟，但裸露於空氣中將不利於發芽。

橡實提供食物，動物幫忙傳播，彼此互惠互利。

三、橡實的構造與各屬橡實比較

認識橡實的構造

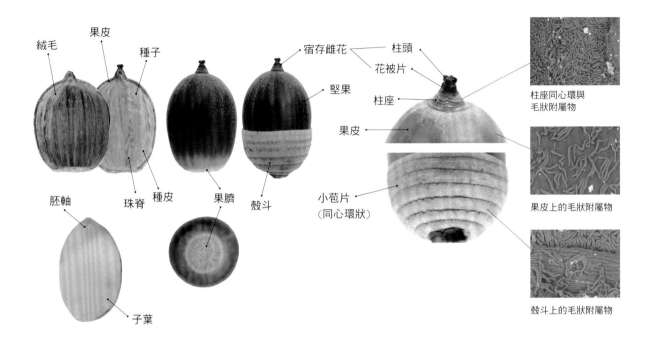

堅果 (Nut) 乾果的一種，成熟時具有堅硬的果皮，乾燥而不開裂。

殼斗 (Cupule) 殼斗科植物的特殊構造，由開花時期的「總苞」發育而來，成熟會木質化，形成為托載堅果的杯子，或者是包覆堅果的保護殼。

小苞片 (Bracteole) 殼斗外壁上的小苞片，在各屬、種間甚至是種內的變化都非常豐富，有鱗片覆瓦狀排列、合生同心環、變態為針刺或點瘤狀等，造成橡實形態的多樣性。這些小苞片上也常佈滿毛狀的附屬物。

宿存雌花 (Female flower persistent) 殼斗科為子房下位植物，子房發育為果實後遺留花柱與花被片等構造於堅果最上端。

柱座 (Stylopodium) 連接宿存雌花與堅果的構造，有的種類單純為柱狀，有些則還有同心環或覆瓦狀鱗片之構造，也有些是柱座不明顯的。

果臍 (Cicatrix) 堅果底部與殼斗相連的維管束，為果實發育階段傳輸養份，果實成熟後堅果與殼斗分離的遺痕。果臍變化多，其平坦、凹陷、凸起和佔堅果表面積的比例，是區分屬和種重要的辨識特徵。

果皮 (Pericarp) 殼斗科果皮質地堅硬不開裂以保護種子，各屬程度不一，以石櫟屬最為堅硬，水青岡屬則較薄。表面光滑或有毛、蠟、腺鱗等附屬物。

種子 (Seed) 堅果內通常僅有一枚種子，由一層很薄的種皮所包覆。

珠脊 (Raphe) 連接子房與胚珠，輸送養分給胚珠的功能。殼斗科為倒生胚珠，果熟後珠脊由果皮下端連接至種子上端，會在種子上形成一條溝。在橡實中通常為一帶狀構造，有的種類極明顯，有的則不明顯。

絨毛 (Tomentum) 於內果皮表面的毛，在殼斗科中所有的種類幾乎皆有，僅少數櫟屬植物沒有，臺灣的則全部都有觀察到。

胚軸 (Epicotyl) 種子發芽時成為莖與根的部分。

子葉 (Cotyledon) 存有澱粉，供給發芽所需養份。也是食用的部分。

種皮 (Seed coat) 由胚珠的珠被發育而成的保護層。

形態多變的橡實

　　了解基本構造後，橡實的造型還有非常多的變化，尤其是殼斗的形態更是植物學家分類的依據之一。例如栗屬、苦櫧屬成員的殼斗在果實發育的階段會將整個堅果包覆保護住，直到成熟時才會裂開為數瓣露出堅果，而殼斗外的附屬物常為尖銳的硬刺，但也有如烏來柯這殼斗杯狀無硬刺的例外。水青岡屬也是殼斗全包覆堅果，但外披的小苞片為軟刺，非常容易區分。

　　另外石櫟屬與櫟屬成員的殼斗，除鬼石櫟與杏葉石櫟殼斗幾乎全包住堅果較特別外，其他多為杯狀或盤狀。石櫟屬的殼斗上為許多小鱗片覆瓦狀堆疊排列，或與殼斗融合成不明顯的疣點。櫟屬的殼斗上小苞片變化非常多元，除了小鱗片覆瓦狀排列，或合生成一圈圈同心環這兩大類外，還有些種類小苞片特化為鑿子或紙片的形狀，十分迷人。而若帽子不見蹤影只撿到堅果時，還是可以從堅果的一些特徵幫她們找到歸屬，例如櫟屬堅果的橫切面多是圓形，果臍平坦或凸起；石櫟屬的橫切面也多略成三角形，但面積小的果臍會凹陷、面積大的果臍會凸起，甚至整個外翻，所以在石櫟屬中，果臍是特別重要的區分特徵。

　　栗屬與苦櫧屬堅果的橫切面就為接近兩側對稱的三角錐形，或因殼斗內多個堅果互相擠壓成不規則形，果臍平凸；水青岡屬則是堅果三角錐形，但三側邊有稜脊，在殼斗家族中也算獨樹一格。

各屬橡實比較

臺灣山毛櫸

Fagus 水青岡屬

水青岡屬的殼斗會全部包覆兩顆堅果，成熟後會開裂，殼斗外披的附屬物為軟刺。堅果為三角錐形，且三側邊的果皮會延伸出形成稜脊，十分特殊。

板栗

印度苦櫧

Castanea 栗屬

栗屬的殼斗在果實發育的階段會將整個堅果包覆保護住，直到成熟時才會裂開為數瓣露出堅果，而多數種類包覆 3 顆堅果，僅少數會包覆一顆。而殼斗外的附屬物為尖銳的硬刺。堅果的橫切面為兩側對稱，或因堅果互相擠壓成不規則形，果臍平凸。

Castanopsis 苦櫧屬

苦櫧屬的殼斗也如栗屬，殼斗會將整個堅果包覆住，至成熟時才會裂開為數瓣，且大多數的種類殼斗外也具有尖銳的硬刺，長短粗細不一視種類而定，但也有如烏來柯殼斗杯狀無硬刺的例外。大多數種類殼斗內僅包覆堅果一顆，少數種類以包覆 3 顆堅果為主。堅果的橫切面多為兩側對稱，或因 3 顆堅果互相擠壓成不規則形，果臍平凸。

短尾葉石櫟

鬼石櫟

槲櫟

森氏櫟

Lithocarpus 石櫟屬

石櫟屬的殼斗多為碗狀、杯狀或盤狀，殼斗上的鱗片變化多樣，大多種類為許多小鱗片覆瓦狀堆疊排列，也有與殼斗合生成同心環狀或不明顯疣點的。每座殼斗上有一個果皮厚硬的堅果，堅果橫切面也多是略呈三角狀的圓形。石櫟屬種類間果臍變化是最多的，有的面積小凹陷，有的果臍會凸起甚至外翻與殼斗包覆大部分的堅果面積，如鬼石櫟。所以在石櫟屬中，果臍是重要的特徵。

Quercus 櫟屬

櫟屬植物殼斗多為杯狀或盤狀，殼斗之鱗片變化非常豐富，除了小鱗片覆瓦狀排列或合生成一圈圈同心環這兩大類外，還有些種類小鱗片伸長特化為鑿子或紙片的形狀，十分迷人。每個殼斗承載一顆堅果，堅果的橫切面略呈三角狀的圓形，果臍平坦或凸起。

四、認識花與花序的構造

雄花與雌花的構造

　　殼斗家族的花小而簡約，與一些美麗鮮艷的花朵相比樸素許多。但是麻雀雖小五臟俱全，花該有的基本構造也沒少，還分工為雄花與雌花的單性花（Unisexual flower）。雄花負責散佈花粉以吸引昆蟲，雌花負責孕育果實與種子，各司其職，且她們為雌雄同株（Monoecious），在同一棵樹上就能看到雌花與雄花的分別。

　　另外，在花的下面還有一個以許多小苞片層層堆疊將子房包覆住，有如迷你蓮花座的構造被稱為「總苞」，而總苞即在日後逐漸發育為殼斗家族最具特色的構造「殼斗」。

雄花 Male flower

通常擁有4-12枚雄蕊，有些種類有退化雌蕊，有的則無。

花藥 Anther

負責生產與儲存花粉。殼斗科的花藥分為兩個房間，成熟後為縱向開裂。

退化雌蕊 Pistillode

位於雄花中心部位已無生殖功能，有的種類可散發氣味或分泌蜜汁，而在有的種類已幾乎退化不見。

花絲 Filament

承接花藥的構造。

花被片 Perianth

殼斗科的花瓣與花萼小且無明顯顏色，被統稱為花被片。通常呈6裂狀。

雌花 Female flower

具有生殖能力的雌蕊，雄蕊則退化，有些種類的雌花花被片內，還能觀察到退化的雄蕊。日後發育成橡實時，花柱與花被片還會宿存於堅果頂端。

柱頭 Stigma

接受花粉的部位。殼斗科有分為平面狀、點狀或線狀的溝。

花柱 Style

連接柱頭與子房的構造，可幫助花粉管生長。

花被片 Perianth

殼斗科的花瓣與花萼小且無明顯顏色，被統稱為花被片。通常呈6裂狀。

子房 Ovary

雌蕊基部膨大的部位，是孕育種子的場所。殼斗科之子房位於花被片下方且被總苞包覆住，內部常分為3個房間，每個房間有兩枚胚珠，但通常僅一枚會發育。
→日後即發育為**果實**

苞片 Bract

雌花或雄花旁的葉狀構造，於花苞發育時期提供保護。

花序軸 Inflorescence axis

給花著生的地方。殼斗科雄花花序凋落時，雄花會與花序軸整串一同落下。

總苞 Involucre

位於花序基部的多個葉狀構造集合。殼斗科雌花時期子房被許多小苞片層層包覆住，這些小苞片則合稱為總苞，是殼斗科植物特殊的構造。
→日後即發育為**殼斗**

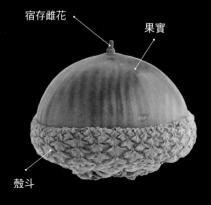

宿存雌花

果實

殼斗

雄花序與雌花序的構造

　　殼斗家族的雄花序通常多出現在靠近枝條基部的一端，雌花序則在近頂部的一端。像這樣無明顯花柄的小花排列在花序軸上組成一串，稱為「穗狀花序（Spike）」，若穗狀花序中是單性花組成，且花序軸柔軟呈下垂狀的話，又特別稱這種穗狀花序為「Catkin」，而植物學者給了個美麗動人的譯名，叫做「柔荑花序」，櫟屬的雄花序就屬這一類。

　　「柔荑」一詞出自於《詩經・衛風・碩人》：「手如柔荑，膚如凝脂，領如蝤蠐，齒如瓠犀，螓首蛾眉，巧笑倩兮，美目盼兮。」此詩盛讚了春秋齊國公主莊姜的美貌，其中荑指的是一種禾本科植物「白茅」的嫩芽，在這用來比喻公主柔嫩潔白的玉手。或許植物學者看著這種花序在風中搖曳時，也聯想到女子蔓妙的玉手，才藉由柔荑一詞做生動的翻譯。

各屬雌雄花序構造比較

水青岡屬（臺灣山毛櫸）　　　雄花序（頭狀花序）　　雌花序

雄花序（穗狀花序）　　雌雄混合花序　　　　　石櫟屬（加拉段石櫟）

苦櫧屬（臺灣苦櫧）

雄花序（穗狀花序）　　雌花序

櫟屬（青剛櫟）　　雄花序（柔荑花序）　　雌花序

栗屬（板栗）　　雄花序（穗狀花序）　　雌雄混合花序

殼斗家族的花雖然小而不起眼，看似皆相同，但仔細放大瞧瞧後還是會發現形態上些許不同，從構造的差異可以分做「風媒花」與「蟲媒花」兩大群。花粉依靠風力散播到雌花的風媒花，因為授粉路徑不明確，需要些運氣所以會產生大量的花粉以提高成功授粉的機率，而蟲媒花依靠昆蟲攜帶花粉至雌花，路徑較明確，因此花粉量就不需要太多，但得想辦法吸引昆蟲到對的地方。

　　水青岡屬和櫟屬花藥較大，可以裝更多的花粉，而且還增大柱頭的面積，增加授粉機率。而石櫟屬、苦櫧屬與栗屬的花藥較小，但雄花中央的退化雌蕊，不但會散發出氣味吸引昆蟲靠近，還分泌一些蜜汁給牠們食用做為報酬，而其雌花柱頭小而尖凸，分佈在雌雄混合花序基部（苦櫧屬雌花多單獨組成雌花序），當昆蟲行至花序上端的雄花經過雌花時會碰觸到柱頭完成授粉。因此，我們可將水青岡屬和櫟屬視為風媒花，而石櫟屬、苦櫧屬與栗屬則為蟲媒花。

　　另外，各屬雄花序軸軟硬的程度也多有不同，水青岡屬和櫟屬雄花序軸生長快速而且柔軟，因此盛開時花序為下垂的狀態，風一吹過就不停搖擺可幫助花粉散佈。石櫟屬、苦櫧屬與栗屬的花序軸則較粗壯堅挺，一來合適昆蟲爬行，二來高舉白色花序更容易蓋滿樹冠向遠方宣告花期來臨，但得花較多時間生長。也有少數苦櫧屬的種類花序軸較石櫟屬纖細些但又比櫟屬堅韌，會稍稍彎垂，甚至會如櫟屬般懸垂。

各屬雄雌花構造與功能比較

風媒花　　　　　　　　蟲媒花

柱頭　　　　　　　　　　　　　　　　　　　　　　　　　　1mm

雌花　　　　　　　　　　　　　　　　　　　　　　　　　　5mm

雄花　　　　　　　　　　　　　　　　　　　　　　　　　　5mm

| 櫟屬 | 水青岡屬 | 石櫟屬 | 苦櫧屬 | 栗屬 |
| （青剛櫟） | （臺灣山毛櫸） | （加拉段石櫟） | （臺灣苦櫧） | （板栗） |

各屬特徵整理表

如能掌握殼斗科各屬的特徵，將有助於正確辨識植株。茲將前述各屬特徵歸納整理如下表。

		栗屬	水青岡屬	櫟屬	苦櫧屬	石櫟屬
葉	常綠/落葉	落葉	落葉	常綠或落葉	常綠	常綠
	葉序	多為二列狀排列	多為二列狀排列	多為螺旋排列	多為二列狀排列	多為螺旋排列
花	雄花序軸軟硬程度	堅挺直立	柔軟下垂	柔軟下垂	柔軟下垂至堅挺直立皆有，但堅韌度不如石櫟屬	堅挺直立
	雄花在花序的排列	3-5 朵成一簇，散生於花序軸上	成頭狀，簇生於花序先端	單朵或 3 朵成一簇，散生於花序軸上	多單朵散生於花序軸上，少數為 3 朵一簇，但只開中間一朵	3-5 朵成一簇，散生於花序軸上
	雄花	花被片 6 裂，退化雌蕊明顯	花被片 6 裂鐘狀退化雌蕊不明顯	花被片 6 裂杯狀退化雌蕊不明顯	花被片 6 裂，退化雌蕊明顯	花被片 6 裂，退化雌蕊明顯
	雌花序	花序較長，雌花單朵或3朵成一簇，散生於花序軸基部，花序軸上段還會有雄花	花序較短，僅兩朵雌花簇生於花序先端	花序較短，雌花單朵散生於花序軸上	花序較長，雌花單朵或3朵成一簇，散生於花序軸上，偶有少數雄花出現在花序末端	花序長，雌花單朵或3朵成一簇，通常散生於花序軸基部段，花序軸上段還會有雄花
	花柱與柱頭	花柱6~9裂，細窩點狀，顏色與花柱相同	花柱3裂，柱頭面線狀披針形，略下陷成溝	花柱3裂，增大的凸面狀，顏色多與花柱不同	花柱 3 裂，細窩點狀，顏色與花柱相同	花柱 3 裂，細窩點狀，顏色與花柱相同
	花藥傳粉方式	較小，約 0.25mm長蟲媒花	較長，約 1.5-2mm長風媒花	較大，約 0.5-1.5mm長風媒花	較小，約 0.25mm長蟲媒花	較小，約 0.25mm長蟲媒花
殼斗堅果	殼斗	全部包覆，內有 3 顆堅果	全部包覆，內有 2 顆堅果	杯狀，上有 1顆堅果	全部包覆或少數杯狀，內有 1 顆至 3 顆堅果	杯狀或全部包覆，有 1顆堅果
	殼斗附屬物	密而長的硬刺	線形軟刺	鱗片排列成覆瓦狀，或合生成同心環狀	疏或密的硬刺或瘤狀刺，少數種類為鱗片	鱗片多為排列成覆瓦狀，少數合生成同心環或疣點
	堅果	凸邊的錐形，果皮堅硬	三角錐形，果皮軟薄於三個側邊形成脊稜	圓錐形，果皮堅硬	凸邊的錐形，果皮堅硬	圓錐形，果皮最堅硬厚實
	果臍	佔表面積小於果皮，凸起，左右對稱的凸邊形	佔表面積極小，微微凹陷，三角形	佔表面積小於果皮，凸起或平坦，圓形	佔表面積小於果皮，凸起，左右對稱的凸邊形	佔表面積小於或大於果皮，凸起或凹陷，圓形或略呈三角狀

五、殼斗科的物候

　　什麼是物候呢？植物長久受到自然環境影響，在形態構造和生理機制上發展出許多適應的方式，隨著一年四季變化而有規律性的表現，我們稱此現象為「物候」。例如何時賞櫻花最美？哪些季節可以吃到哪些水果？等等都是我們常關心的物候問題。而中國農業社會配合「二十四節氣」來進行農事和活動，也可以發現人類與「物候」息息相關。

從開花到結成橡實

　　殼斗家族與大多數的樹木一樣，在一年中營養器官會歷經：抽芽期、幼葉期、展葉期、變葉期、落葉期；生殖器官則有：花苞期、盛花期、殘花期、結果期、果熟期和落果期等過程，其實也都具有規律性。

　　我以這些年在野外質性的觀察，將她們開花和結果的過程歸納為幾個模式，分別說明如下，而各種類的物候時間則分述於 Part2 各種植物介紹的描述中。成熟的橡實美麗可愛，但在這之前能目睹其發育過程更有一番樂趣與成就感，在此也建議讀者們有時間不妨多觀察一下這些變化喔。

冬芽到花盛開的過程

1. 櫟屬、水青岡屬：花序與嫩葉同出（青剛櫟）

　　水青岡與櫟屬成員的冬芽分為混合芽與營養芽兩種，營養芽只會長出葉，混合芽則在芽內已經有雌雄花序與嫩葉的分化，所以在抽芽期即可看到嫩葉與雄花序，再晚些等嫩枝抽長，雌花序也會在先端出現。嫩葉則要等盛花期過後才會成熟變新葉。以青剛櫟為例，三月初抽芽至三月中花盛開，約兩周時間。

① 冬芽期

② 抽芽期

③ 嫩葉期

④ 花盛開嫩葉已展開

★ 這一類的有：

嶺南青剛櫟、赤皮、青剛櫟、圓果青剛櫟、灰背櫟、錐果櫟、森氏櫟、捲斗櫟、波緣葉櫟、白背櫟、毽子櫟、狹葉櫟、槲櫟、槲樹、短柄枹櫟、高山櫟、太魯閣櫟、塔塔加櫟、栓皮櫟、臺灣山毛櫸

2. 苦櫧屬：花序與嫩葉同出或嫩葉稍晚（火燒柯）

與櫟屬相同有混合芽，花序與嫩葉皆在抽芽期出現，但有部分成員嫩葉較花序稍晚發育，到了雄花白茫茫一片盛開時，許多嫩葉還未展開，要等盛花期過後才陸續展開。以火燒柯為例，三月底抽芽至四月中花盛開，約兩周時間。

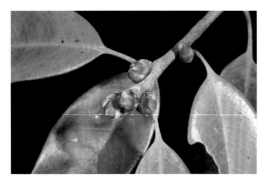

③ 冬芽期

② 抽芽期

③ 嫩葉稍晚出

④ 花盛開嫩葉未展開

⑤ 嫩葉展開雄花落盡

★ 這一類的有：

烏來柯、長尾栲、反刺苦櫧、星刺栲、大葉苦櫧、細刺苦櫧、桂林栲、火燒柯、臺灣苦櫧、印度苦櫧

3. 石櫟屬之一：新葉成熟後才抽出花序（小西氏石櫟）

　　在抽芽期只有嫩葉生長，花序要到嫩葉成熟後才會在葉腋和枝條先端抽出花序。以小西氏石櫟為例，從三月中抽芽至四月中嫩葉成熟，約一個月，四月中花序抽出至五月中花盛開，又歷經一個月。

① 冬芽期

② 抽芽期

③ 嫩葉期未抽出花序

④ 新葉成熟才抽出花序

⑤ 花盛開

★ 這一類的有：

鬼石櫟、後大埔石櫟、小西氏石櫟、南投石櫟、菱果石櫟、浸水營石櫟

4. 石櫟屬之二：花序與嫩葉同出（大葉石櫟）

　　石櫟屬中有些成員的雄花序於抽芽期後從嫩葉葉腋剛冒出，與嫩葉一同發育，直到新葉成熟後花才盛開，歷經的時間頗長，因此與前述櫟屬、苦櫧屬、水青岡屬不同。以中橫公路的大葉石櫟為例，從五月底抽芽，要到七月中之後花才盛開，歷經一個半月左右。

① 冬芽期

② 抽芽期

③ 嫩葉期已抽出花序

④ 花盛開新葉成熟

★ 這一類的有：

杏葉石櫟、加拉段石櫟、柳葉石櫟、臺灣石櫟、子彈石櫟、三斗石櫟、短尾葉石櫟、大葉石櫟

橡實結果的過程

　　許多殼斗家族成員在結果實的過程中，都會有個十分特別的現象，那就是今年開的花並不在今年結成果實，而是在隔年甚至是後年才發育為成熟的果實。因此我透過野外長時間的追蹤觀察，將殼斗家族依果實成長時間分為四種類型，若各位在野外尋櫟時不妨也多留意一下它們是屬於何種類型。

1. 當年成熟型（太魯閣櫟）

　　雌花受粉後，在當年的深秋即發育為成熟的橡實，則稱為當年成熟型。這一類型的成員大多都在春天開花。

① 當年3月 盛開雌花

② 當年5月 發育中果實

③ 當年8月 發育中果實

④ 當年11月 成熟果實

★ 這一類的有：

櫟　　屬	嶺南青剛櫟、赤皮、青剛櫟、圓果青剛櫟、灰背櫟、槲櫟、槲樹、短柄枹櫟、太魯閣櫟
水青岡屬	臺灣山毛櫸
石 櫟 屬	臺灣石櫟
栗　　屬	板栗

2. 隔年成熟形（小西氏石櫟）

　　雌花受粉後的第一年，生長極為緩慢，到隔年春天或開花期後才加快發育，直至隔年深秋成為成熟的橡實。

① 當年5月　盛開雌花

② 當年10月　休眠雌花

③ 隔年6月　發育中果實

④ 隔年7月　發育中果實

⑤ 隔年10月　成熟果實

★ 這一類的有：

苦櫧屬	烏來柯、桂林栲、長尾栲、反刺苦櫧、星刺栲、火燒柯、大葉苦櫧、細刺苦櫧
櫟　屬	灰背櫟、錐果櫟、森氏櫟、捲斗櫟、波緣葉櫟、白背櫟、毽子櫟、狹葉櫟、高山櫟、塔塔加櫟
石櫟屬	鬼石櫟、加拉段石櫟、後大埔石櫟、柳葉石櫟、子彈石櫟、三斗石櫟、短尾葉石櫟、大葉石櫟、小西氏石櫟、南投石櫟、浸水營石櫟

3. 後年成熟型（臺灣苦櫧）

不論當年還是隔年成熟型的橡實皆在秋冬的季節成熟，但臺灣苦櫧和印度苦櫧的橡實，卻要比隔年成熟的種類時間再延後三到四個月，也就是說要到後年春天才成熟，形成後年成熟的特殊現象。

① 當年3月 盛開雌花

② 隔年3月 休眠雌花

③ 隔年9月 發育中果實

④ 後年1月 發育中果實

⑤ 後年4月 成熟果實

★ 這一類的有：

苦櫧屬 臺灣苦櫧、印度苦櫧

4. 當年與隔年成熟型並有

同一種類在不同的地區橡實成熟時間不同，例如大多數的栓皮櫟為隔年成熟，但在新竹新豐低海拔的植株卻是當年成熟。菱果石櫟在八仙山和蓮華池等中低海拔地區為當年成熟，在霧社中海拔地區則為隔年成熟。這現象是由環境造成還是族群間之差異，還有待進一步研究。

★ 這一類的有：

櫟　屬 栓皮櫟
石櫟屬 菱果石櫟

PART

2

臺灣的橡實家族

一、殼斗科各屬之簡介

　　根據過往的研究[註1]，殼斗科（Fagaceae）一般分為兩個亞科 7 個屬，在栗亞科（Castaneoideae）中，包含有栗屬（Castanea）、金鱗栗屬（Chrysolepis）、苦櫧屬（Castanopsis）與石櫟屬（Lithocarpus）等四屬，她們共有的特徵為雄花具 12 枚雄蕊與分泌花蜜的雌蕊、雌花之柱頭為點狀的，因此也被歸為殼斗科中的蟲媒花類群。而水青岡亞科（Fagoideae）中，包含水青岡屬（Fagus）、櫟屬（Quercus）與廣義的三稜櫟屬（Trigonobalanus s.l.）等，共同特徵為雄花花藥較大，雌花花柱彎曲、柱頭平面狀，則被視為殼斗科中的風媒花類群。水青岡亞科內各屬之間關係因為形態與新的分子分類結果差異較大，所以各界看法較為多元，有許多議題學者們還繼續討論著。相對於水青岡亞科，栗亞科中的分類方式則較被大家所接受。另外知名的南方山毛櫸屬（Nothofagus）也被認為應獨立出自為一科，就已不在殼斗科討論範疇中。

　　在臺灣可觀察到原生的水青岡屬、櫟屬、石櫟屬、苦櫧屬與引進栽植的栗屬，共 5 屬。而各屬詳細特徵在先前內容與各種類中已有描述，以下介紹各屬之間主要差異點與分佈範圍。

註 1：K. Kubitzki（1993）The Families and Genera of Vascular Plants 2: Flowering Plants, Dicotyledons, Magnoliid, Hamamelid and Caryophyllid Families. Springer-Verlag, Berlin, pp. 301-309.
Oh SH, Manos PS（2008）Molecular phylogenetics and cupule evolution in Fagaceae as inferred from nuclear CRABS CLAW sequences. Taxon 57: 434-451.
Crepet WL, Nixon KC（1989）Earliest megafossil evidence ofFagaceae: phylogenetic and biogeographic implications. Am JBot 76:842-85

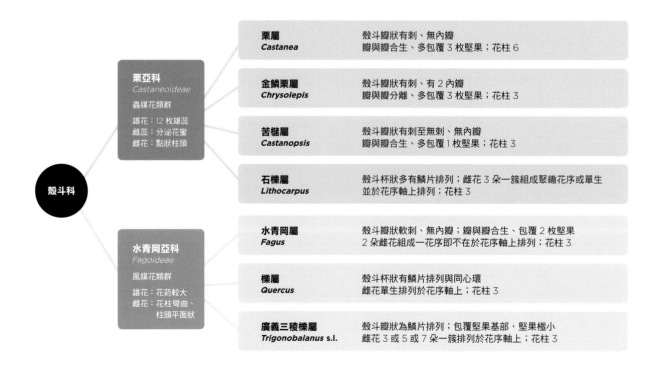

栗屬
Castanea
殼斗瓣狀有刺、無內瓣
瓣與瓣合生、多包覆 3 枚堅果；花柱 6

金鱗栗屬
Chrysolepis
殼斗瓣狀有刺、有 2 內瓣
瓣與瓣分離、多包覆 3 枚堅果；花柱 3

苦櫧屬
Castanopsis
殼斗瓣狀有刺至無刺、無內瓣
瓣與瓣合生、多包覆 1 枚堅果；花柱 3

石櫟屬
Lithocarpus
殼斗杯狀多有鱗片排列；雌花 3 朵一簇組成聚繖花序或單生
並於花序軸上排列；花柱 3

水青岡屬
Fagus
殼斗瓣狀軟刺、無內瓣；瓣與瓣合生、包覆 2 枚堅果
2 朵雌花組成一花序即不在於花序軸上排列；花柱 3

櫟屬
Quercus
殼斗杯狀有鱗片排列與同心環
雌花單生排列於花序軸上；花柱 3

廣義三稜櫟屬
Trigonobalanus s.l.
殼斗瓣狀為鱗片排列；包覆堅果基部，堅果極小
雌花 3 或 5 或 7 朵一簇排列於花序軸上；花柱 3

栗亞科
Castaneoideae
蟲媒花類群
雄花：12 枚雄蕊
雌蕊：分泌花蜜
雌花：點狀柱頭

水青岡亞科
Fagoideae
風媒花類群
雄花：花藥較大
雌花：花柱彎曲、柱頭平面狀

殼斗科

栗亞科（*Castaneoideae*）

1. 栗屬（*Castanea*）

金鱗栗屬（也稱黃葉柯屬、金鱗果屬）僅有兩種且都分佈在美國西岸，與栗屬一些特徵是相近的，都是殼斗包覆3枚堅果為主，殼斗呈瓣狀並外生有尖刺。但金鱗栗屬的三枚堅果之間還被兩個內瓣所隔開，再加上堅果外圍還有5個外瓣，故總共有7瓣，且各瓣在發育階段已經分開。而栗屬僅有外圍4瓣，但外瓣完全包覆堅果僅在先端留有一個小洞使宿存雌花與堅果連接，到成熟時瓣才會開裂。另外，栗屬的花柱6-9裂，與其他各屬花柱多為3裂較為不一樣的。

一般認為栗屬植物全世界約有7-10種，天然分佈在中國的有板栗（*C. mollissima*）、茅栗（*C. seguinii*）、錐栗（*C. henryi*）；日本與韓國有日本栗（*C. crenata*）；北美洲有美洲栗（*C. dentate*）與美洲榛果栗（*C. pumila*）；歐洲栗（*C. sativa*）則在歐洲、西亞與北非。其中錐栗與美洲榛果栗，殼斗僅包覆1枚堅果。栗屬植物雖然種類不多，但因為果實碩大味美並富含澱粉，所以在世界各地都廣為栽培利用，可說是人類生活上最重要的殼斗植物。

然而在北美洲東部的美洲栗原為優勢的森林樹種，在一百多年前卻得到栗疫病（chestnut blight）而大量死亡，至今僅剩少數族群殘存。病原菌可能是由日本所引進的苗木所帶入，抵抗力不佳的美洲栗無法抵擋。目前美國正透過與抗病種類雜交、基因轉殖等方式復育美洲栗。

臺灣無原生者，但有引進栽培板栗與日本栗[註2]。日本栗雖曾嘗試推廣為經濟樹種，但因星天牛危害而大多枯死。板栗在臺灣栽植廣泛較為常見，本書僅以板栗一種來介紹栗屬植物之特徵。

註2：《臺灣植物誌》第二版中所述茅栗（*C. crenata*）是原產日本與韓國的，與《中國植物誌》的茅栗（*C. seguinii*）完全不同，故本文以日本栗稱之。

2. 苦櫧屬（*Castanopsis*）

　　苦櫧屬與栗屬的花果形態特徵相當接近，除了柱頭數量苦櫧屬為 3 裂、多數種類殼斗只包覆一枚堅果外，栗屬有的特徵在苦櫧屬身上也有，包括蟲媒花之特徵、殼斗呈瓣狀並全部包覆堅果、堅果呈三角錐形等，而殼斗外也有硬刺但苦櫧屬的變化較為豐富，有些種類以點瘤狀或鱗片狀替代。最近的研究也顯示這兩個屬緊密的親緣關係（Oh and Manos, 2008）。

　　苦櫧屬又稱栲屬或錐屬，全世界約有 120 種，分佈於亞洲熱帶、亞熱帶地區，最北端到韓國和日本，向南在東南亞的中南半島各國以及馬來西亞群島都有分佈，最東分佈到新幾內亞，西至印度，在中國則主要分佈在長江以南地區。臺灣原生有 10 種，其中烏來柯因為殼斗杯狀、雄花序下垂，曾被歸類於淋漓屬（*Limlia*），但近年來的研究多認為應納入苦櫧屬中。

　　而苦櫧屬在森林中最特別的是，每當開花時，整個樹冠皆會被白色花序所占滿，遠看像被白雪覆蓋，而走近時還能聞到越來越濃說不上是花香的特殊氣味，令人印象深刻。

3. 石櫟屬（*Lithocarpus*）

　　石櫟屬在栗亞科中算是外型出眾的一群，因為其它三屬殼斗皆為瓣狀且外生有刺，但只有石櫟屬殼斗屬於杯狀。經過研究顯示，金鱗栗屬與石櫟屬的親緣關係反而較為接近，與同是瓣狀的栗屬、苦櫧屬反而較疏遠。有學者提出石櫟屬杯狀殼斗之構造，可能由金鱗栗屬的殼斗內瓣與外瓣合生形成而來（Oh and Manos, 2008）。

　　石櫟屬中文又稱為柯屬，因為堅果果皮非常厚硬而得名。種類相當豐富，全世界約有 300 種，主要分佈於亞洲熱帶、亞熱帶地區，範圍與苦櫧屬相仿，只有一種密花柯（*L. densiflorus*）分佈於美國西岸。且經過研究後她竟然與亞洲石櫟屬關係疏遠而與櫟屬較為親近，並認為她應從石櫟屬中分出獨立成一新屬 *Notholithocarpus*（Manos, Cannon & S.H.Oh, 2008）。

　　在臺灣原生有 14 種。《臺灣植物誌》第二版將本屬之杏葉石櫟、鬼石櫟特分為殼斗全部包覆堅果的石櫟屬（*Lithocarpus*），其餘種類皆為部分包覆的柯屬（*Pasania*），但目前已經較少採用此分類方式，因此本書同意 *Pasania* 併入 *Lithocarpus* 不做區別。

水青岡亞科（*Fagoideae*）

1. 水青岡屬（*Fagus*）

　　水青岡屬也稱山毛櫸屬，皆為落葉樹，她們最特別的特徵是雌花序只由兩朵雌花於總苞上所組成，而家族其他屬的雌花會單朵或者3朵、5朵、7朵集成一個小型聚繖花序（dichasial cyme），即我們常說的3朵一簇、5朵一簇，並由許多這樣的小花序排列在長軸上才形成一完整的雌花序。而且會發現小型聚繖花序的花數量多為單數，僅水青岡屬是偶數兩朵，因此就有學者認為是聚繖花序的中間那朵雌花消失所造成（K. Kubitzki, 1993）。而雄花聚集於花序前端形成頭狀花序，也是殼斗科中水青岡屬特殊的特徵。

　　全世界大約有10-13種水青岡（陳子英等人，2011），多分佈在北半球溫帶地區，與亞熱帶高山上，最北於挪威，最南於越南北部。如歐洲與西亞有歐洲水青岡（*F. sylvatica*）、北美東部與墨西哥的美洲水青岡（*F. grandifolia*）、日本的日本水青岡（*F. japonica*）與圓齒水青岡（*F. crenata*）、中國大陸的米心水青岡（*F. engleriana*）、光葉水青岡（*F. lucida*）、長柄水青岡（*F. longipetiolata*）、巴山水青岡（*F. hayatae* subsp. *pashanica*），臺灣僅有一種臺灣山毛櫸（*F. hayatae*）。

2. 櫟屬（*Quercus*）

　　櫟屬植物中在殼斗科中較特別的是其雌花多為單生的，個別排列於花序軸上，少有3個為一簇，她也是殼斗科中種類最多分佈最廣泛的屬。

　　櫟屬殼斗上的小苞片變化非常豐富，且有地域之區隔，因此又被分為溫帶地區小苞片覆瓦狀排列的櫟亞屬（*Quercus* subg. *Quercus*）約325種，與亞洲熱帶亞熱帶地區小苞片合生為同心環狀的青剛櫟亞屬（*Quercus* subg. *Cyclobalanopsis*）約90種等兩大類群，本書也採用此分類方式。《臺灣植物誌》與《中國植物誌》則皆將青剛櫟亞屬提升為一獨立的青剛櫟屬。

　　櫟屬植物種類也占臺灣殼斗科中最多，有7種為櫟亞屬、12種為青剛櫟亞屬，共有19種。而其中僅櫟亞屬中4種為落葉樹，其餘皆是常綠樹。

二、檢索圖

Start!

苦櫧屬

雄花 3 朵集成一簇
排列在花序軸上

雌花 3 朵集成一簇，
成熟後殼斗內包覆著
3 顆堅果

星刺栲
堅果果皮被毛較
濃密，看不見果
皮

細刺苦櫧
堅果果皮被毛
較稀疏，可看
見果皮

雄花單朵排列
在花序軸上

雌花單朵生長，成
熟後殼斗內包覆著
1 顆堅果

印度苦櫧
托葉宿存，殼斗
刺為光滑無毛或僅
被稀疏短毛

臺灣苦櫧
托葉早落，殼斗
刺密被黃色短毛

堅果較大，直徑
大於 1.5CM，果
皮被較密的毛

堅果較小，直徑
小於 1.5CM，果
皮被稀疏的毛

烏來柯
殼斗杯狀只包覆堅
果 1/3，不開裂。
雄花序軸柔軟下垂

殼斗包覆堅果，
成熟後開裂。雄
花序軸較為堅韌
一點

長尾栲
殼斗的附屬物為點瘤
狀，成熟後開裂為 3 瓣；
葉下表面有銀色至褐色
金屬光澤附屬物

桂林栲
殼斗成熟後 3 開
裂，葉下表面為
光滑、綠色的

火燒柯
殼斗的附屬物為刺狀，長於
1CM，成熟後開裂為 5 瓣；
葉下表面有火紅色附屬物

大葉苦櫧
殼斗成熟後 4 開
裂，葉下表面有
褐色金屬光澤的
附屬物

反刺苦櫧
殼斗的附屬物為刺狀，短於
1CM，成熟後開裂為 3 瓣；
葉下表面為光滑、綠色的

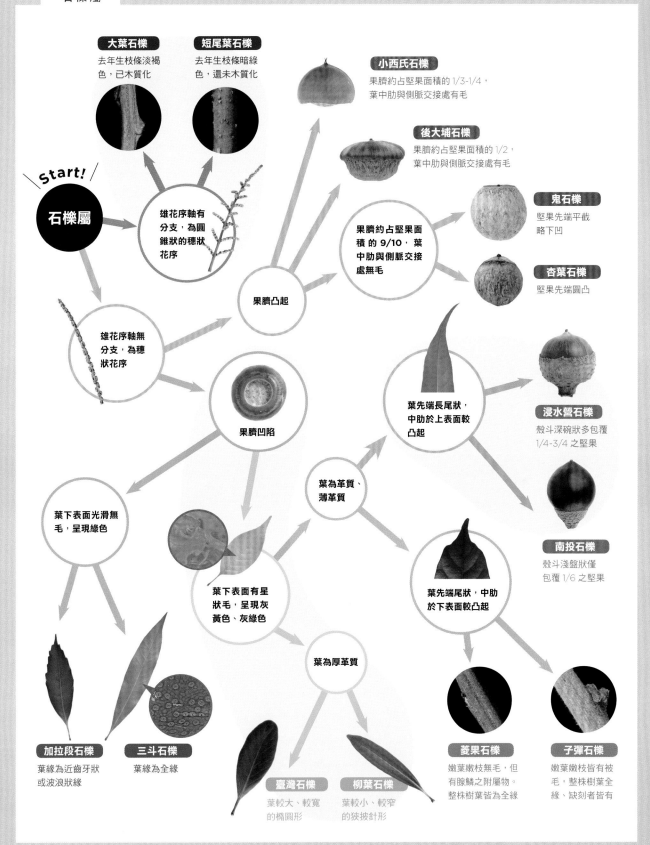

大葉石櫟
去年生枝條淡褐色，已木質化

短尾葉石櫟
去年生枝條暗綠色，還未木質化

小西氏石櫟
果臍約占堅果面積的 1/3-1/4，葉中肋與側脈交接處有毛

後大埔石櫟
果臍約占堅果面積的 1/2，葉中肋與側脈交接處有毛

Start!

石櫟屬

雄花序軸有分支，為圓錐狀的穗狀花序

果臍約占堅果面積的 9/10，葉中肋與側脈交接處無毛

鬼石櫟
堅果先端平截略下凹

杏葉石櫟
堅果先端圓凸

果臍凸起

雄花序軸無分支，為穗狀花序

葉先端長尾狀，中肋於上表面較凸起

浸水營石櫟
殼斗深碗狀多包覆 1/4-3/4 之堅果

果臍凹陷

葉為革質、薄革質

南投石櫟
殼斗淺盤狀僅包覆 1/6 之堅果

葉下表面光滑無毛，呈現綠色

葉下表面有星狀毛，呈現灰黃色、灰綠色

葉先端尾狀，中肋於下表面較凸起

葉為厚革質

加拉段石櫟
葉緣為近齒牙狀或波浪狀緣

三斗石櫟
葉緣為全緣

臺灣石櫟
葉較大、較寬的橢圓形

柳葉石櫟
葉較小、較窄的狹披針形

菱果石櫟
嫩葉嫩枝無毛，但有腺鱗之附屬物。整株樹葉皆為全緣

子彈石櫟
嫩葉嫩枝皆有被毛，整株樹葉全緣、缺刻者皆有

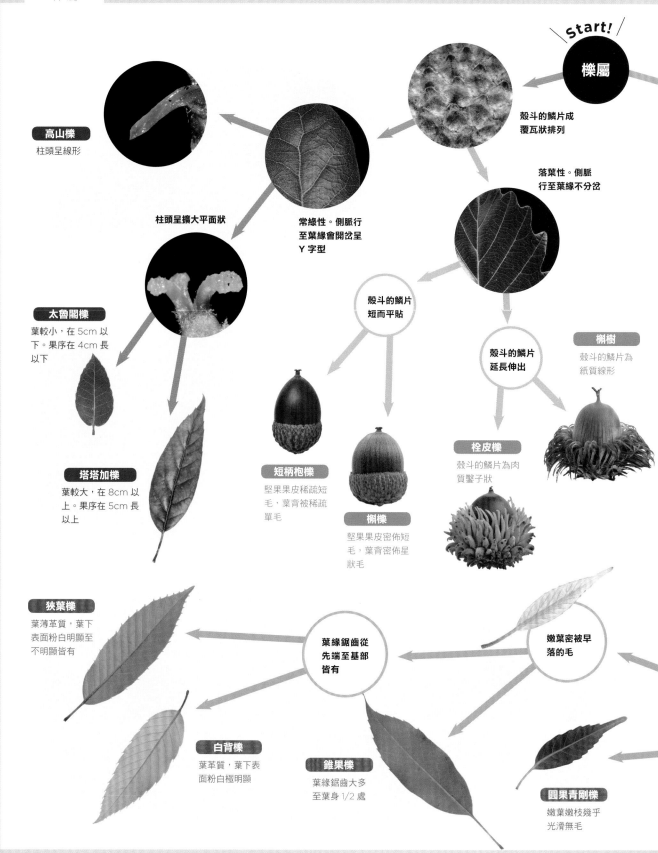

Start!

櫟屬

殼斗的鱗片成
覆瓦狀排列

落葉性。側脈
行至葉緣不分岔

高山櫟
柱頭呈線形

常綠性。側脈行
至葉緣會開岔呈
Y 字型

柱頭呈擴大平面狀

殼斗的鱗片
短而平貼

殼斗的鱗片
延長伸出

槲樹
殼斗的鱗片為
紙質線形

太魯閣櫟
葉較小，在 5cm 以
下。果序在 4cm 長
以下

栓皮櫟
殼斗的鱗片為肉
質鑿子狀

塔塔加櫟
葉較大，在 8cm 以
上。果序在 5cm 長
以上

短柄枹櫟
堅果果皮稀疏短
毛，葉背被稀疏
單毛

槲櫟
堅果果皮密佈短
毛，葉背密佈星
狀毛

狹葉櫟
葉薄革質，葉下
表面粉白明顯至
不明顯皆有

葉緣鋸齒從
先端至基部
皆有

嫩葉密被早
落的毛

白背櫟
葉革質，葉下表
面粉白極明顯

錐果櫟
葉緣鋸齒大多
至葉身 1/2 處

圓果青剛櫟
嫩葉嫩枝幾乎
光滑無毛

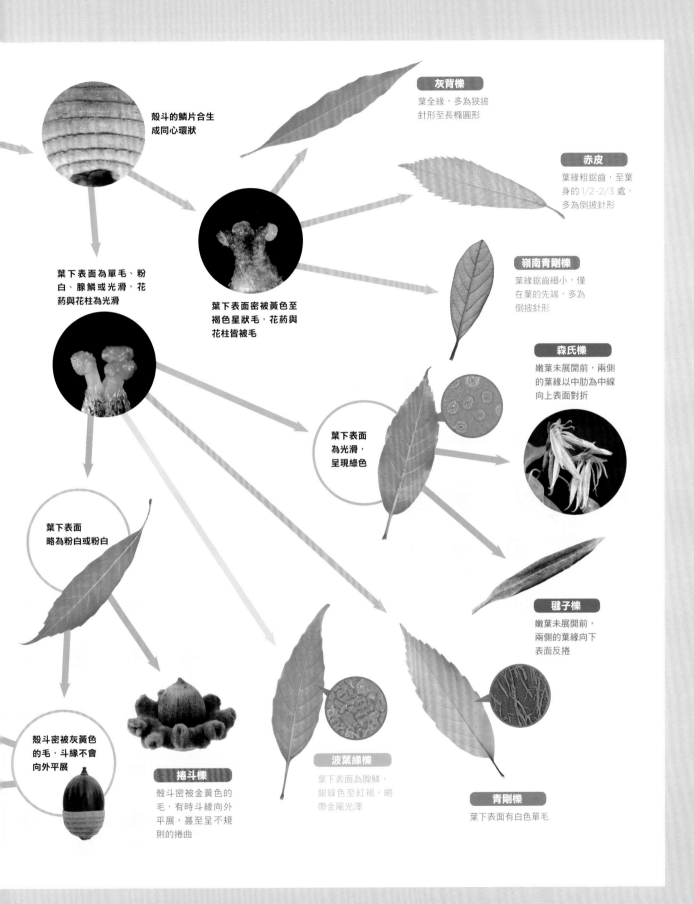

殼斗的鱗片合生
成同心環狀

灰背櫟
葉全緣，多為狹披
針形至長橢圓形

赤皮
葉緣粗鋸齒，至葉
身的 1/2-2/3 處，
多為倒披針形

葉下表面為單毛、粉
白、腺鱗或光滑，花
葯與花柱為光滑

葉下表面密被黃色至
褐色星狀毛，花葯與
花柱皆被毛

嶺南青剛櫟
葉緣鋸齒細小，僅
在葉的先端，多為
倒披針形

森氏櫟
嫩葉未展開前，兩側
的葉緣以中肋為中線
向上表面對折

葉下表面
為光滑，
呈現綠色

葉下表面
略為粉白或粉白

櫧子櫟
嫩葉未展開前，
兩側的葉緣向下
表面反捲

殼斗密被灰黃色
的毛，斗緣不會
向外平展

捲斗櫟
殼斗密被金黃色的
毛，有時斗緣向外
平展，甚至呈不規
則的捲曲

波葉緣櫟
葉下表面為腺鱗，
銀綠色至紅褐，略
帶金屬光澤

青剛櫟
葉下表面有白色單毛

板栗

別名｜ 栗子、中國板栗、毛栗子、魁栗、風栗
學名｜ *Castanea mollissima* Blume

栽培種

當年生的枝條
有快成熟的果實
｜9月1日

30cm

分佈

原產中國大陸，現已廣泛栽培。臺灣很早即隨移民從大陸引進至各處零星栽植，以嘉義中埔較多。

物候

花期4-5月，花葉同出，果實當年8月底-9月底成熟，12-1月葉漸落。

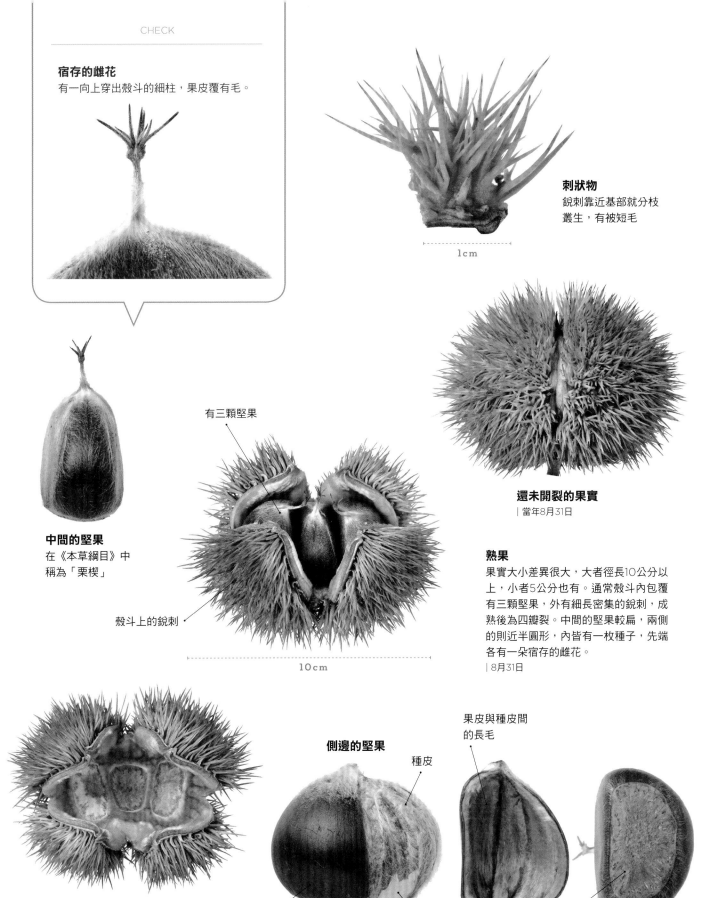

宿存的雌花

有一向上穿出殼斗的細柱，果皮覆有毛。

刺狀物

銳刺靠近基部就分枝
叢生，有被短毛

1cm

有三顆堅果

中間的堅果

在《本草綱目》中
稱為「栗楔」

殼斗上的銳刺

還未開裂的果實

| 當年8月31日

熟果

果實大小差異很大，大者徑長10公分以
上，小者5公分也有。通常殼斗內包覆
有三顆堅果，外有細長密集的銳刺，成
熟後為四瓣裂。中間的堅果較扁，兩側
的則近半圓形，內皆有一枚種子，先端
各有一朵宿存的雌花。

| 8月31日

10cm

殼斗俯視

側邊的堅果

果皮與種皮間
的長毛

種皮

果皮

食用的種仁

果臍略凸

3cm

當年生枝條

新葉

雄花序

20cm

開花的枝條
花序與嫩葉同出，花盛開時當年
新葉已成熟，雄花序硬挺混合花
序於近枝條先端的葉腋所長出，
其餘則為雄花序。
| 4月26日

雌雄混合花序

當年生枝條
密生短毛，皮孔淺黃
色，大而明顯。

3cm

去年生枝條
褐色或綠色，皮孔
多，白而明顯。

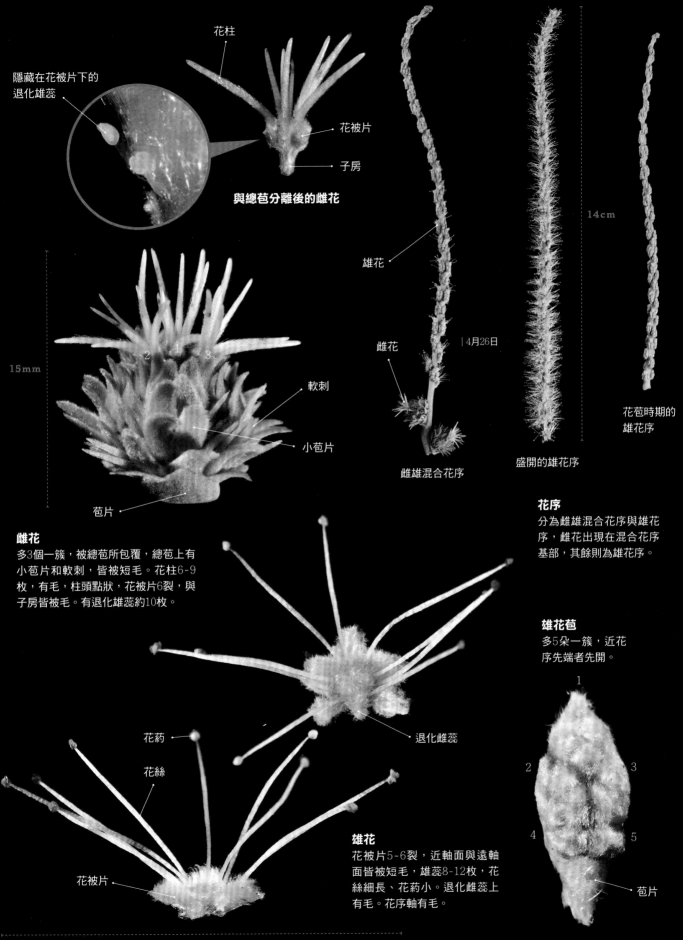

花柱

隱藏在花被片下的
退化雄蕊

花被片

子房

與總苞分離後的雌花

軟刺

小苞片

苞片

2 1 3

15mm

雄花

雌花

| 4月26日

雌雄混合花序

14cm

盛開的雄花序

**花苞時期的
雄花序**

花序
分為雌雄混合花序與雄花
序，雌花出現在混合花序
基部，其餘則為雄花序。

雌花
多3個一簇，被總苞所包覆，總苞上有
小苞片和軟刺，皆被短毛。花柱6~9
枚，有毛，柱頭點狀，花被片6裂，與
子房皆被毛。有退化雄蕊約10枚。

雄花苞
多5朵一簇，近花
序先端者先開。

花藥

花絲

退化雌蕊

1

2 3

4 5

苞片

花被片

雄花
花被片5~6裂，近軸面與遠軸
面皆被短毛，雄蕊8-12枚，花
絲細長、花藥小。退化雌蕊上
有毛。花序軸有毛。

9mm

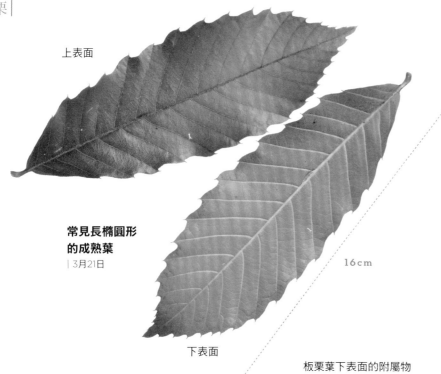

上表面

常見長橢圓形
的成熟葉
| 3月21日

下表面

16cm

倒卵狀橢圓形

較狹長的

板栗葉下表面的附屬物

托葉

嫩葉 對摺尚未張開 ·
| 3月14日

嫩葉 | 4月26日

下表面

上表面

5cm

板栗的葉子在枝條上為螺旋狀互生。
托葉大而明顯、兩片對生早落,葉片
革質,第一側脈明顯,約13~18對,
葉緣為具有短芒刺的鋸齒,葉形變化
大,多為長橢圓形,葉先端漸尖,
基部平截、圓鈍或有時兩邊略呈不對
稱。成熟葉上表面綠色,下表面覆有
白色絨毛與星狀毛,葉柄、中肋和側
脈也覆有絨毛。嫩葉黃綠色,由沿中
肋的對摺展開。綠葉於1月時會逐漸轉
黃掉落。

較小的

較大的

栗子也是橡實

　　栗子是大家非常熟悉的一種堅果類食物，除了在夜市常見的糖炒栗子外，還可以做成各式各樣的料理，像西式的栗子蛋糕、栗子果醬，或是栗子雞、佛跳牆、粽子等中式的料理，應用很廣泛。而在吃栗子時或許大家比較少去注意的是，其實她也是殼斗家族的一員喔，我們稱之為板栗，原本在一顆顆的栗子外面有殼斗所包覆著，但因為殼斗多刺也佔空間，到市面上販賣時早已將殼斗去除了，所以栗子果實真實的樣貌大家反而陌生。

栗子與中國文明

　　追究起中國歷史與板栗的關係可以說是緊密相連、密不可分，早從甲骨文就有「栗」字出現，就代表中國人那時已經注意並使用這種果實。看這「木」上長了三顆圓形的果實，果實還長出鉤刺呢，只是令人蠻好奇為何刺是畫彎的而不是直的。

　　而板栗對於早期中國社會的變遷是很有影響力的，例如有巢氏在選擇築巢時也離開不了板栗，《莊子‧盜跖》：「古者禽獸多而人少，於是民皆巢居以避之，晝拾橡栗，暮棲木上，故命之曰有巢氏之民。」雖然這則故事有神化色彩，但也讓後人緬懷板栗對於中國尚在摸索農業時期的恩澤，提供先人重要食物來源。且拜栗子之賜，中國文明逐漸衣食穩定，還發展出一些禮儀和品味，這時栗子依然沒有缺席，而是變成重要祭祀的祭品與上流社會的禮品，記載著周代的各種禮儀的《儀禮》就有提到栗子的用途。

　　栗子的食用價值非常高，可當菜中的配料，沒米吃的時候又可充做糧食，還能當藥補強身健體。《本草綱目》記載：「治腎虛腰腳無力，以袋盛生栗懸幹，每旦吃十余顆，次吃豬腎粥助之，久必強健。」唐代孫思邈也稱：「栗，腎之果也，腎病宜食之。」而且據說慈禧太后能到老時皮膚仍細嫩有光澤，就是與她最喜吃「栗子面小窩頭」的甜點有關。所以栗子是非常棒的食物，號稱「乾果之王」當之無愧。但李時珍也勸告大家：「仍須細嚼，連液吞咽，則有益。若頓食至飽，反致傷脾矣。」所以還是細細品嚼適量就好，可別一次吃太多。

農園中板栗開花的景況。

結實累累的板栗樹。

嘉義中埔的栽培「栗」史

　　板栗在中國栽培相當興盛，我一直以為臺灣的栗子全為中國進口，但近年吃到同事與朋友用新鮮栗子所做的點心，且滋味與市售不同，好奇詢問之下才知道原來臺灣也有栽培板栗，就在嘉義的中埔鄉，也是臺灣唯一有板栗產銷班的地方。於是查詢一些資料後，選好板栗開花的時間就去「林家栗園」拍照拜訪。

　　林家栗園位於中埔鄉的社口村，是臺灣種植面積最大、歷史最久的栗子園。對我這不速之客，林家成員的林德淵大哥還是很熱心為我介紹。他說：「某次他阿公的阿公去阿里山找朋友玩，吃到朋友請的烤栗子後非常喜愛那香甜的味道，於是要了幾顆堅果回來種，後來也都成樹了，於是就利用這些母樹慢慢將其他作物改植成板栗，且經過不斷挑選出良好品種嫁接，傳到他這已是第五代超過百年歷史，才有現今看到的規模。」對於臺灣栽培板栗稀少的原因，林大哥也解釋道：「一年的產量其實很有限，而且種下去要到產量具有規模需要的時間比較久，因為這是留下的祖產就繼續收。但板栗的好處就是還具有野性，果實也不是嬌嫩的，可以粗放經營，不需施肥、灑農藥、套袋，最忙就是收果實的時候而已，其實省下不少成本。」有趣的是，我們都是用臺語對談，開始聊天時還不太懂林大哥提到音似「喇舌」的東西是啥，後來才會意到指的就是栗子，與臺語發音的「六姐」相近。

簡單又不傷害枝葉的採果工具。

正將殼斗與栗子剝離的農家。

縱裂的樹皮。

後來按照林大哥的建議，到八月底我又去栗園拍果實，看著林家大小忙進忙出，大人在工寮內先用雨鞋踩著蝟刺的殼斗，再用剪刀撥開，俐落的將栗子取出，小孩則提著籃子把落下的果實撿夾回來。在農園四處閒逛時，還無意間看到一支先端有兩根平行鐵鉤的竹竿，原來是將果實從樹上扯下卻又不傷害枝條的工具，對於用慣高枝剪的自己與一些採種人士用檳榔刀對待野外植物的手法，農家們愛惜枝條的方式實在讓我慚愧不已。

每到果熟的季節就會有買栗子的人親自前來，其實多半也是來參觀栗子在樹上神奇的模樣，有的走進板栗樹林體驗撿栗子的樂趣，有的乾脆也坐下來幫忙剝殼斗，與農家們打成一片。我也買了一些，林媽媽還教我用一斤栗子配一斤鹽小火慢炒，而且再三叮嚀炒之前要先把堅硬的果皮畫一道開口，不然加熱的栗子會變成一粒粒「小炸彈」爆開喔。建議各位讀者不妨九月時到中埔走走，探訪臺灣獨一無二的板栗農園。若您喜歡吃栗子，更要帶些新鮮道地的臺灣栗子回家品嚐。

新鮮飽滿的栗子。

長尾栲

別名 | 卡氏櫧、長尾尖葉櫧、鋸葉長尾栲、白校欑、
單刺栲、小紅栲、米櫧

學名 | *Castanopsis carlesii* (Hemsl.) Hayata

 LC 無危

帶果的枝條
去年生枝條上有發育中
的果實，此枝條今年沒
有新生的嫩枝。
陽明山｜9月1日

去年生枝條

去年生老葉

發育中果實

18cm

分佈

臺灣與中國長江以南各省。普遍分佈
在臺灣由低至中海拔山區，海拔約
100-2400m左右。

物候

常綠樹。2-3月為抽芽期，花葉同出。
盛花期約在3-6月間，隨海拔越高就越
晚開花。果實於隔年10-12月成熟。

宿存的雌花
會略向果序軸傾斜。果皮表面被有一些易脫落的短毛。

殼斗與刺
殼斗所延伸出的刺，呈短刺狀或瘤點狀，規則排列或散生。表面密生黃色短毛。

發育中果實

果實成熟開裂
日月潭｜隔年12月5日

10cm

休眠的雌花
｜隔年3月22日

發育中幼果
｜隔年9月5日

2cm

堅果

殼斗

三瓣裂，堅果較大的
梨山中橫

宿存雌花

其他形態的果實

堅果圓錐形，
從殼斗的圓洞露出
陽明山｜11月17日

堅果圓錐形，
殼斗三瓣裂
屏東滿州｜10月9日

熟果
殼斗包覆堅果一枚，果實成熟後殼斗開裂，有時會反捲狀，呈三瓣裂、不規則開裂或不開裂，殼斗內壁被毛。成熟堅果圓錐形或圓球形，深褐色或黑褐色。
｜11月1日

種子

果皮

近果軸面

果臍
於堅果底部微凸起，左右對稱，從橫斷面觀之，較寬平的為靠近果軸面，較窄尖的為遠離果軸面。

堅果圓球形，
殼斗不規則開裂
蓮華池｜11月21日

雌花序

嫩葉

當年生枝條

雄花序

20cm

去年生枝條

去年老葉

開花的枝條
花序與嫩葉同出,但雄花盛開時
有些嫩葉已展葉。雄花序挺立
但會微微下垂,多腋生在嫩葉葉
腋。雌花序則腋生在嫩枝先端。
| 3月22日

當年生嫩枝
被些許的附屬物。

去年生枝條
褐色,密生淡褐色皮孔。

2cm

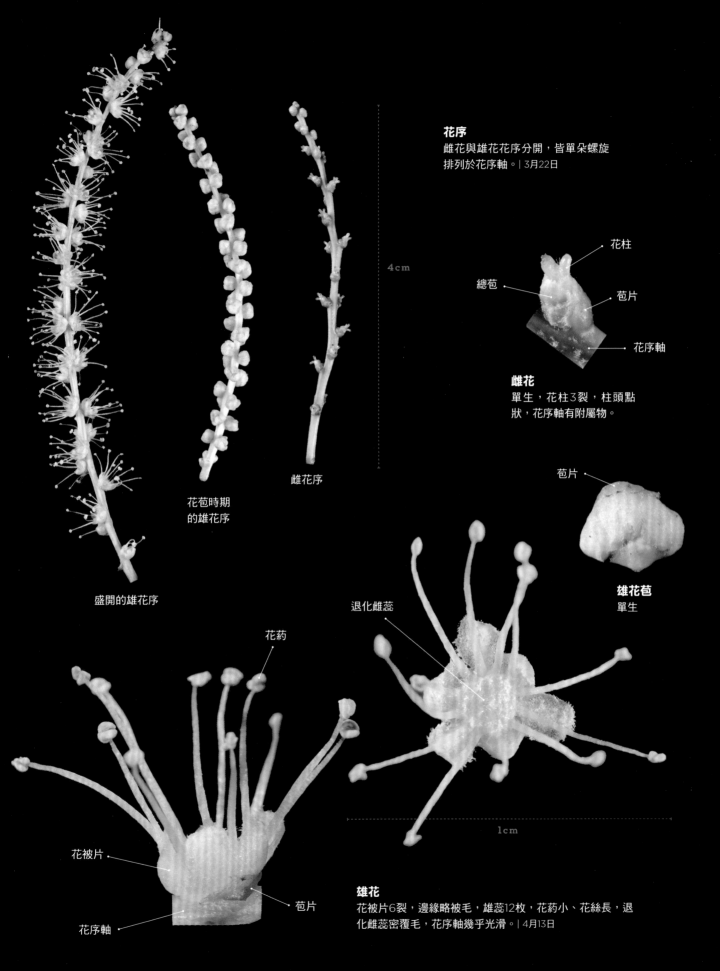

花序
雌花與雄花花序分開，皆單朵螺旋
排列於花序軸。| 3月22日

4cm

花柱

總苞

苞片

花序軸

雌花
單生，花柱3裂，柱頭點
狀，花序軸有附屬物。

苞片

雄花苞
單生

雌花序

花苞時期
的雄花序

盛開的雄花序

退化雌蕊

花藥

1cm

花被片

苞片

花序軸

雄花
花被片6裂，邊緣略被毛，雄蕊12枚，花藥小、花絲長，退
化雌蕊密覆毛，花序軸幾乎光滑。| 4月13日

上表面

12cm

下表面

**中低海拔地區常見
橢圓形的成熟葉**
葉脈數較多，下表面黃
綠色，較偏向*C.carlesii
var. sessilis*單刺苦櫧的
型態。日月潭|5月26日

葉下表面較銀白色，
也是日月潭常見。
|6月29日

上表面

下表面

中海拔地區常見的成熟葉
第一側脈較少對，下表面銹
綠色，較偏向*C.carlesii* var.
*carlesii*長尾栲的型態。
梨山中橫|6月9日

嫩葉

托葉

全緣葉，
較卵形的

較狹長的

長尾栲葉在枝條的排列為二列狀互生，托葉
兩片對生早落。葉片薄革質，第一側脈約
6~14對。葉緣細鋸齒緣、粗鋸齒、波浪狀
或全緣皆有。葉形與大小變化極多，從橢圓
形、卵形，先端明顯呈尾狀。成熟葉葉上表
面深綠色，葉背有淺綠色、銀白色、黃褐色
或鏽色之附屬物。嫩葉未展開前為沿中肋向
上表面對折，淡綠色，下表面有類似腺鱗之
附屬物。常綠樹。

葉下表面黃褐色。
陽明山|9月28日

葉柄短、全緣
的萌蘗葉

上表面

下表面

**中海拔地區另一
常見的成熟葉**
葉緣明顯波浪狀，
下表面銹褐色。
梨山中橫|11月1日

嫩葉
日月潭|3月3日

**恆春半島葉下表面較紅、
卵形的成熟葉**
被細分為*C.carlesii
var. taiwanensis*
臺灣小紅栲

上表面

上表面

下表面

下表面

較大的

2cm

下表面

長尾栲 > STORY

森林中有妳真好

　　長尾栲是 1899 年由英國植物學家赫姆斯利 (William Botting Hemsley) 所發表的植物，引證英國領事官卡萊斯 (William Richard Carles) 在中國福建所採獲的標本，並以他的姓氏做為種小名，因此也有卡氏櫧一稱。

　　她與其相近種植物可說是苦櫧屬植物中，分佈最為廣泛、數量最龐大的類群，中國大陸、日本、臺灣、印度、中南半島、菲律賓、馬來西亞與印尼都有她們的蹤跡。根據過往的森林資源調查結果，臺灣森林的各科喬木植物中，就以殼斗家族的木材蓄積量為最多，可見其在臺灣森林中重要的地位。而長尾栲又是家族中最熱心、最會刷存在感的成員，好像深怕有哪一處森林她沒參與到，幾乎處處可見。

　　但或許是果實比較小、外觀比較樸實，又或者真的太常出現了，讓人們對她興趣缺缺。這個森林的存在王，到了網路上聲量卻直直落變成吊車尾，討論她的熱度與她常見的程度

完全不成比例。不過從生態角度來看，長尾栲是臺灣森林不可或缺的要角，因為有數不清的昆蟲動物都是靠她吃飯維生。花盛開期間整個樹冠轉為黃白色，在一片翠綠的森林中特別顯眼，並散發出濃濃氣味，這都是在吸引昆蟲動物們來吸取花蜜花粉。同一時間嫩葉也正在展開，各式各樣的毛毛蟲拼命啃食這輩子最大的一餐。而至秋冬之際，小巧無刺、皮薄的果實，讓她的食用門檻與其他同家族堅果相比，著實降低不少，一些嘴巴小、牙齒不利的森林動物也能分一杯羹嘗嘗堅果的美味。

而這樣不設防、人人好的態度換來更多動物取食合作，且小巧好攜帶的果實比起又大又重的種類，應該更有傳播上的優勢，另外再加上對環境強韌的適應力，這些條件是不是幫助長尾栲成為最繁盛族群的關鍵呢？這個問題值得我們進一步深入探討。也因為不論人與動物都易與長尾栲親近，使她變成家族中觀賞植物與動物互動的最佳舞台，在森林中大家不妨多駐留觀察看看喔！

就是要栲考你

長尾栲也因為分佈廣泛，不同區域有些許特徵的差異，在分類上產生不同的意見。例如原先廖日京教授把大陸、臺灣的此群植物皆視為與日本產的 *C.cuspidata* 相同種類，所以在《臺灣植物誌》第二版中即使用此學名。後來《中國植物誌》認為大陸、臺灣產的為同種但有別於日本，廖老師最後同意這觀點，於是在 2003 年自行出版的著作中改用 *C. carlesii* 這個學名，也造成這兩個學名目前都有書籍在使用的情形，而本書也採用廖老師與《中國植物誌》所使用的學名。

不僅如此，在臺灣長尾栲也曾被細分出一些變種，廖日京教授就認為分佈於北部、中部地區海拔 700 公尺以下，葉較大、葉脈 11-14 對，葉下表面銀白色者為單刺苦櫧 (*C. carlesii* var. *sessilis*)；而分佈在中、高海拔，葉較小、葉脈 6-9 對，葉下表面帶褐鏽者為長尾尖葉櫧 (*C. carlesii* var. *carlesii*)；沈中桴博士甚至將恆春半島葉多呈卵形的族群特分出稱為臺灣小紅栲 (*C. carlesii* var. *taiwanensis*)。而除此之外還有全緣葉、波緣狀葉與上述各變種之中間型，更有與烏來柯、大葉苦櫧、細刺苦櫧葉形相仿之植株，形態多變複雜，堪稱臺灣殼斗之最。不過近年也不少人把臺灣的長尾栲視為一大種，就不再細分這些變種了。

也因為長尾栲的存在與普遍性，讓苦櫧屬是最難單以葉去鑑別的一群植物。如果大學裡植物分類或樹木學課程的跑櫃測驗，助教心狠手辣刻意把「栲」這類的果實都拔掉，僅留枝葉做為殼斗科的考題，那估計這班同學與助教先前應該結下不小樑子吧！

南投地區造林地伐木
後留存的長尾栲，傘
狀樹形十分優美。

恆春半島地區低矮的長尾栲。

長尾栲 VS. 烏來柯

　　曾聽過魚池的鄉民以臺語稱長尾栲為「水柯仔」，因為以前的人在山中缺水時會砍她的枝幹取水飲用，所以或許與烏來柯類似，都富含了相當水分。不僅如此，烏來柯與長尾栲長的也十分相似，無花無果、單以枝葉要比較出她們之間的差異還頗為困難，雖然不是有長尾栲的地方就有烏來柯，但可以說有烏來柯的地方也會有長尾栲，因此也無法以地域去區分。有時可以樹皮有深溝縱裂為烏來柯，無深溝較平坦者為長尾栲，卻又因為環境潮濕，樹上附著滿滿的苔蘚、蕨類等而無法辨識，讓生態調查時難以判斷。目前我會以去年生枝條去辨別，皮孔不明顯但有網紋裂的是烏來柯，相反的皮孔多而明顯，但裂紋不清楚則為長尾栲。只是我個人看過的標本畢竟有限，這方法就交給大家參考並驗證看看是否可靠了。

最小的國家級天然紀念物

　　1919 年日本政府為了保存歷史遺跡、稀有天然動植物等文化財，制定了「史蹟名勝天然紀念物保存法」，臺灣在日治時期由臺灣總督府所指定的稱為國家級天然紀念物也有 19 項，就有一種不起眼，出現時間短暫的寄生植物「菱形奴草」(*Mitrastemon yamamotoi* var. *kanehirai*) 也名列其中，而長尾栲正是她的主要寄主植物。菱形奴草為帽蕊草科帽蕊草屬 (*Mitrastemon*) 植物，是 1924 年由金平亮三博士在南投蓮華池所發現，由於數量十分稀少，構造又特殊，因此在 1941 年被選為天然紀念物加以保存。從發現至今九十多年間也才在東眼山發現另一處少量菱形奴草的生育地，可見其族群之脆弱與珍貴。她平時都寄生於長尾栲的根部，只有 10 月的開花生殖季節，花從土中冒出我們才得以見上一面。且因為她與大多數植物不同，她不行光合作用製造養分，終其一生都得仰賴長尾栲供應養分，因此又被稱為全寄生植物或異營性植物。

密密麻麻的奴僕小人正熱鬧開趴，左上角為苦主長尾栲的主幹。

出芽期(左一、右一)、雄蕊期(左二)與逐漸推開雄蕊帽隱約露出雌蕊(右二)，菱形奴草緩慢婉約的轉性過程，如同女扮男裝的少女以真面目示人前羞澀的心境，「千呼萬喚始出來，猶抱蕊筒半遮面」。

菱形奴草果熟後爆漿流出一顆顆種子，並散發出一股酸腐味。

　　菱形奴草雖然只見其花，但就是因為花的構造十分特殊，為人所津津樂道。一般植物的兩性花，雄蕊會圍繞在雌蕊周邊或合生成雄蕊筒，但菱形奴草的雄蕊卻演化成「帽子狀」完全把雌蕊套住，也因此才有「帽蕊草」的稱呼。等雄蕊花粉散播完畢，其內的雌蕊也日漸膨大，就自然而然的將雄蕊頂開裸露出柱頭，接受其他花朵的花粉。最終她拋開漢子的外殼，變成一位真正的雌性為族群繁衍後代。會有這特殊的機制是要阻絕自身的花粉接觸到柱頭以避免自花授粉的情形，來增加後代的適應力以面對環境的變化。

　　菱形奴草除了構造特殊外，在傳粉與種子傳播也是有手段的，例如她會分泌蜜汁，利用勺子狀的鱗葉把蜜汁累積儲存起來，有時量會多到溢滿出來，目的是想吸引螞蟻、蜂類、蠅類等昆蟲訪花來幫助傳粉，所以常常可見到許多螞蟻在花朵上爬來爬去或蒼蠅停棲在上。而在果實成熟後會自裂流出漿狀物質，種子也在其中，但她的種子如何傳播進土中，抵達長尾栲根部或移動至其他長尾栲植株，是依靠螞蟻帶回巢儲存？還是有其他媒介的幫助呢？至目前為止尚未明白，需待更多的觀察研究了。

梨山附近造林地、農墾地周遭，與針葉樹混生的長尾栲群落，於盛花期時她們優勢的程度一覽無遺。

桂林栲

別名 | 錐櫟、栲櫟
學名 | *Castanopsis chinensis* (Spreng.) Hance

VU 易危

去年生枝條
有接近成熟的果實

當年生枝條

|12月28日

25cm

分佈

越南、中國南部與西南部，如貴州、廣東、廣西、湖南與雲南等地。在臺灣桂林栲族群較稀少，分佈侷限於屏東縣中央山脈西部山區，海拔750-1000m左右，瑪家鄉真笠山、白賓山和來義鄉棚集山等有分佈記錄。於2017年《臺灣維管束植物紅皮書名錄》中被列為國家易危(NVU)。

物候

常綠樹，3月為抽芽期，花葉同出，盛花期約在4-5月初，果實於隔年11-12月成熟開裂。

宿存的雌花
基部有拉長之果皮與堅果做連接。果皮表面密被黃色的毛。

宿存雌花　種仁　種皮　果皮

遠離果軸面

內果皮表面間的長毛

靠近果軸面

果臍
略為凸起，左右對稱

堅果

殼斗延伸出的刺

7cm

2cm

刺狀物
於針刺基部合生為柱狀。表面被些許短毛。
| 12月31日

熟果
殼斗包覆堅果一枚，果實成熟後殼斗多呈三瓣裂，其內壁覆有長毛。成熟堅果長柱形，內有種子一枚。
| 12月29日

殼斗俯視

棕色長毛

殼斗未開裂
果實近成熟 | 12月31日

總苞已有針刺
| 當年5月9日

發育中果實

針刺已經相當明顯
| 當年11月17日

9cm

生長速度落後的幼果
| 隔年9月19日

發育中的幼果
| 隔年9月19日

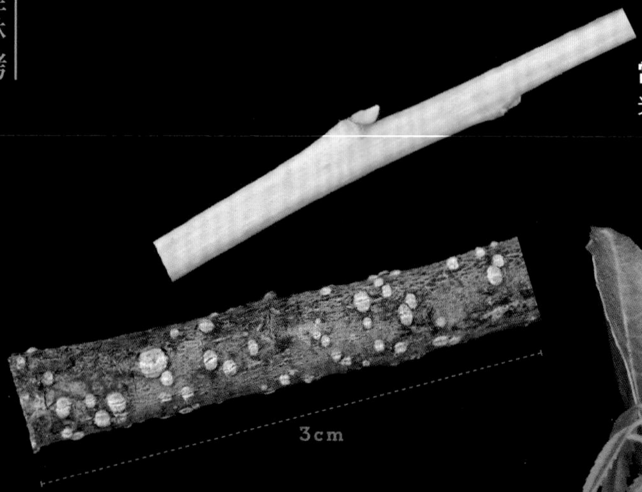

當年生嫩枝
光滑無毛，有明顯的稜。

嫩葉

去年生枝條
灰褐色，皮孔大而明顯，
有縱網紋。│5月9日

3cm

雌花序

花同時擁有雄
蕊雌蕊之花序

20cm

雄花序

開花的枝條
花序與嫩葉同出，但雄花盛開時
嫩葉已經展葉。雄花序挺立但會
微微下垂，出現在嫩葉葉腋上。
雌花序則在嫩枝先端。│5月9日

盛花時期
的雄花序

花苞時期的
雄花序

雄花序

10cm

花序
雌花與雄花花序分開，雌花為單朵螺旋排
列於花序軸。雄花也為單朵排列於花序軸
上。有時可見到兩性花的花序。

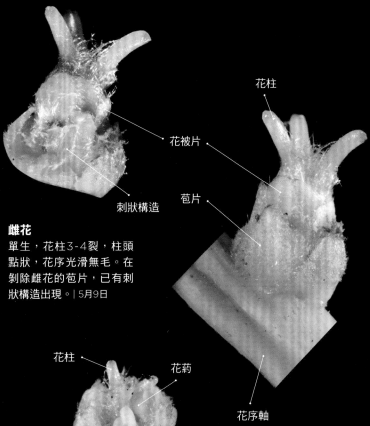

花柱

花被片

苞片

刺狀構造

花序軸

雌花
單生，花柱3-4裂，柱頭
點狀，花序光滑無毛。在
剝除雌花的苞片，已有刺
狀構造出現。| 5月9日

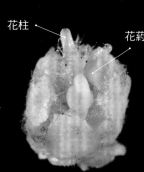

花柱

花藥

有時雌花序會出現
有雄蕊與雌蕊並存的花

雄花苞
單生

2mm

花被片

花藥

花序軸

10mm

花絲

退化雌蕊

雄花
花被片6裂，邊緣被毛，雄蕊為12-14枚，
花藥小、花絲長。退化雌蕊黃色，密被
毛，會分泌蜜汁和氣味吸引昆蟲前來傳
粉。花序軸光滑無毛。| 5月9日

上表面

常見披針形的
成熟葉
| 5月13日

14cm

下表面

長橢圓形的

嫩葉

細長的托葉

桂林栲葉在枝條的排列為螺旋狀互生，托葉兩片對生早落。葉片薄革質，第一側脈約10~14對。葉緣為粗鋸齒緣。葉形變化不大，多為披針形至長橢圓形。先端漸尖，基部楔形略下延至葉柄。成熟葉葉表深綠色，葉下表面淺綠色，皆光滑無毛。嫩葉未展開前為沿中肋向上表面對折，桃紅色或淺綠色。常綠樹。

較小而細長的

上表面

4cm

下表面

嫩葉 | 5月9日

長卵形的

桂林栲>STORY

　　桂林栲最早是由德國植物學家施普倫格爾 (Sprengel) 發現於中國大陸，於 1826 年發表的殼斗科植物，種小名 *chinensis* 為產自中國之意。原先是被歸類在栗屬，後來 1869 年時英國外交官兼植物學家漢斯 (Hance)，才確定了桂林栲為苦櫧屬植物。

亨利的福爾摩沙植物名錄

　　桂林栲在臺灣被發現的過程十分有趣，2005 年周富三、廖俊奎、楊智凱等人在屏東瑪家山區發現一種在臺灣未曾見過的殼斗科苦櫧屬植物，經過比對後發現其特徵與分佈在大陸南方的桂林栲相同，因此 2006 年他們將這一發現登在期刊《Taiwania》上發表為一新發現種。這是非常重要的發現，因為在臺灣的原生植物大多已經被發現與紀錄，近年還能有未知的喬木植物，且還是大家族殼斗科的機會真的很微小。

不過有些人對桂林栲是否為「新發現種」還存有疑問，因為早在 1896 年《福爾摩沙植物名錄》(A LIST OF PLANTS FROM FORMOSA) 一書上已經出現 *Castanopsis chinensis* 這桂林栲的學名，裡面並引證四份標本 (no.60, 556, 1641, 1710)，採集地為萬金庄 (Bankinsing)、鵝鑾鼻 (S. Cape)，很巧的是與 2005 年所發現的桂林栲地點同在臺灣南部地區。這本書是由一位愛爾蘭醫生奧古斯丁·亨利 (Augustine Henry) 所作，紀錄 1854 年以來西方植物學者來臺採集發表的所有資料，也包含 1892 至 1895 年他自己所採集的成果，所以這是在臺灣植物研究上非常重要的著作，往後日治時期的日籍植物學者也是從這份名錄開始了解臺灣的植物狀況。

臺灣苦櫧變成桂林栲

但是自此之後一百多年時間，臺灣所有植物相關的典籍卻未再記錄過，也未再有人採集過桂林栲植物標本，實在相當不尋常，難道是被植物學家們忽略了嗎？還是當初採集地已被開發再也找不到了嗎？其實都不是，當年 Henry 所採集的 *Castanopsis chinensis* 四份標本有其中三份，在他的著作發表後，僅隔三年的 1899 年，就被另一位英國植物學家斯坎 (Skan) 指定為模式標本，發表成 *Castanopsis tribuloides* var. *formosana*，即一中國名為蒺藜栲 (*Castanopsis tribuloides*) 的變種。而 1909 年經早田文藏博士於英國邱植物園研究這三份標本後，就在 1913 年的《臺灣植物資料》(Materials for a flora of Formosa) 著作中發表了臺灣苦櫧 (*Castanopsis formosana*)，並在書中認為 Skan 的蒺藜栲變種與臺灣苦櫧非常相似。至 1969 年《臺灣植物誌》第一版就已經確認 Skan 的蒺藜栲變種與臺灣苦櫧是同種的關係了。

亨利採集當時鑑定為桂林栲的標本no1710，現存於英國邱植物園（邱植物園網站）。

《福爾摩沙植物名錄》中，所記錄的桂林栲（臺大標本館數位典藏網站）。

在熱門登山路線上的桂林栲，是山友休息乘涼的好去處。

縱裂的樹皮，會片狀剝落。

所以簡單的說，雖然早在 1896 年桂林栲已經登上臺灣植物名錄中，但當時 Henry 所採的根本就不是桂林栲，而是普遍分佈在恆春半島的臺灣苦櫧，於 2006 年發表的才真是桂林栲，也確實是新紀錄到的殼斗科植物。我們事後諸葛來看，Henry 的名錄上雖誤登了桂林栲，卻在 110 年後真的發現她存在於臺灣南部，你們說這不是美麗又有趣的錯誤嗎？

反刺苦櫧

別名 | 反刺栲、反刺櫧、甜櫧、埃氏栲
學名 | *Castanopsis eyrei* (Champ. ex Benth.) Tutcher

EN 瀕危

去年生枝條

當年生葉子

發育中果實

帶果的枝條
當年生枝條。常常
老枝條會長出3個
新枝條。
| 11月28日

當年生雌花序

18cm

分佈

香港、中國長江流域及其以南各省,分佈廣泛。在臺灣的族群集中在中部地區,如臺中八仙山、裡冷林道,南投關刀山、守城大山、惠蓀林場等地區,海拔600-1600m左右。於2017《臺灣維管束植物紅皮書》中被列為國家瀕危(NEN)類別。

物候

常綠樹,2月為抽芽期,花葉同出,盛花期約在3-4月中,果實於隔年11-12月成熟開裂。

CHECK

宿存的雌花
會略向果序軸傾斜。果皮表面被有一些易脫落的短毛。

宿存雌花

果皮

種子

果臍
於堅果底部的凸起，為左右對稱，從橫斷面觀之，較寬平的為靠近果軸面，較窄尖的為遠離果軸面。

遠離果軸面

靠近果軸面

堅果

殼斗

2cm

與果軸相連的地方

殼斗上的短刺，會向基部方向彎曲。

刺狀物
於基部合生後再分叉而出。表面密生黃色短毛。
| 11月3日

熟果
殼斗包覆堅果一枚，果實成熟後殼斗開裂幅度小，呈二瓣裂或二大一小的三瓣裂，小瓣為貼近果序軸的，殼斗內壁覆有短毛。成熟堅果圓錐形深褐色，內有種子一枚。| 11月28日

遠離果軸面

靠近果軸面

發育中幼果
| 隔年8月24日

7cm

| 當年8月24日

發育中幼果
| 隔年8月2日

發育中果實

接近成熟的果實
| 隔年11月2日

果實成熟開裂了
| 隔年12月7日

殼斗未開裂
果實接近成熟，殼斗還未開裂，但已可在先端的洞口看到堅果外露。| 12月7日

雌花序

雄花序

開花的枝條
花序與嫩葉同出，但雄花盛開時
嫩葉已展葉。雄花序挺立但會微
微下垂，多腋生在嫩葉葉腋。雌
花序則腋生在嫩枝先端。
| 4月17日

當年生嫩枝

去年生枝條

嫩葉

30cm

當年生嫩枝
被稀疏的附屬物。

去年生枝條
暗褐色，密生白色皮孔。
| 4月17日

3cm

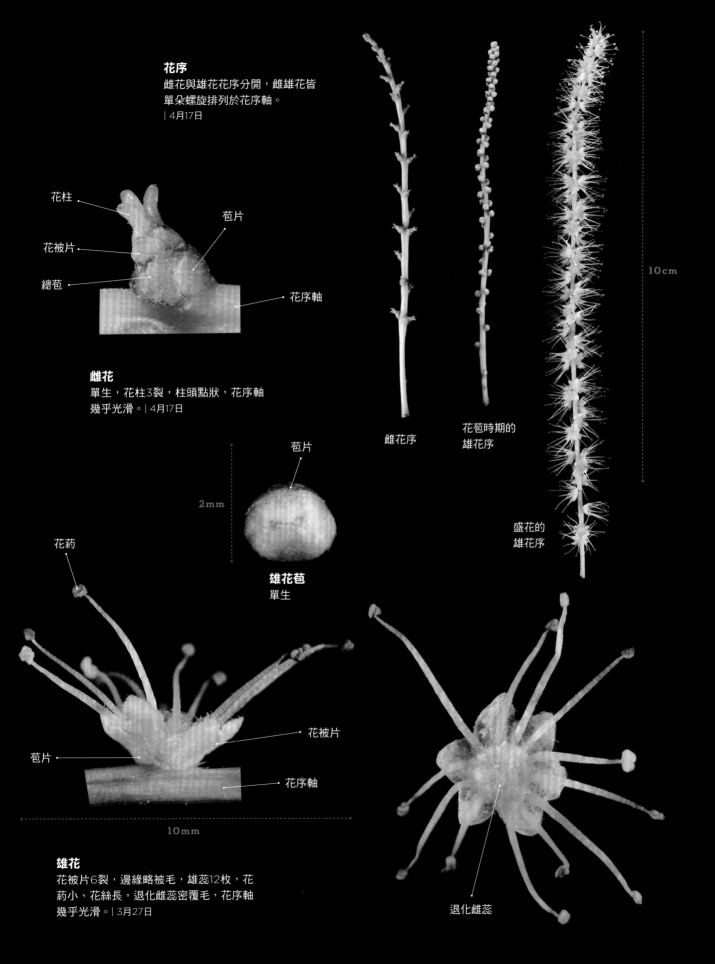

花序
雌花與雄花花序分開，雌雄花皆
單朵螺旋排列於花序軸。
| 4月17日

花柱

花被片

總苞

苞片

花序軸

雌花
單生，花柱3裂，柱頭點狀，花序軸
幾乎光滑。| 4月17日

苞片

2mm

雄花苞
單生

花藥

花被片

苞片

花序軸

10mm

雄花
花被片6裂，邊緣略被毛，雄蕊12枚，花
藥小、花絲長，退化雌蕊密覆毛，花序軸
幾乎光滑。| 3月27日

退化雌蕊

雌花序

花苞時期的
雄花序

盛花的
雄花序

10cm

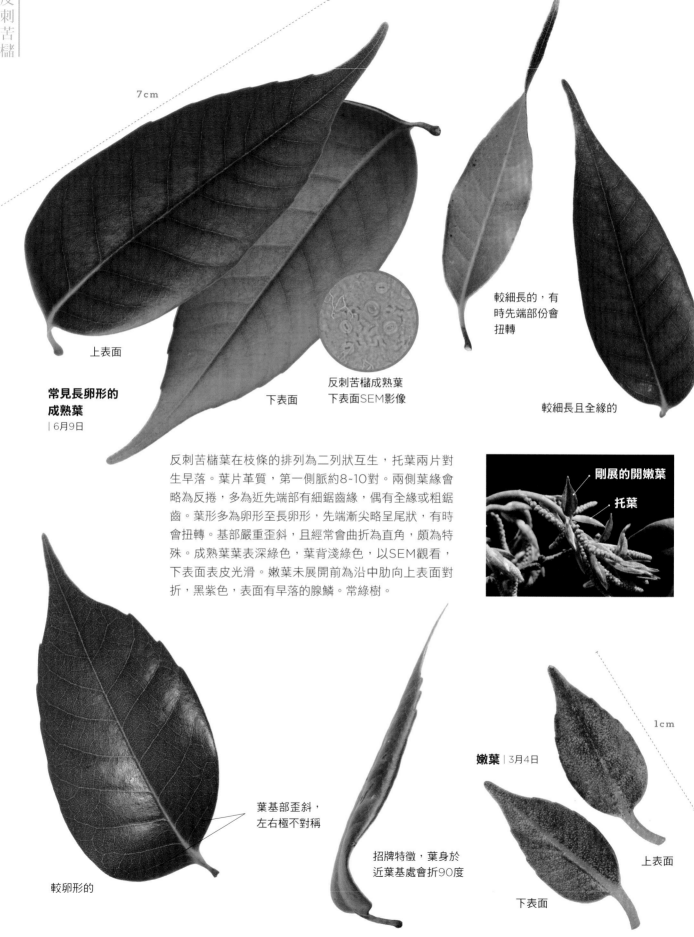

7cm

上表面

**常見長卵形的
成熟葉**
| 6月9日

下表面

反刺苦櫧成熟葉
下表面SEM影像

較細長的，有
時先端部份會
扭轉

較細長且全緣的

反刺苦櫧葉在枝條的排列為二列狀互生，托葉兩片對生早落。葉片革質，第一側脈約8~10對。兩側葉緣會略為反捲，多為近先端部有細鋸齒緣，偶有全緣或粗鋸齒。葉形多為卵形至長卵形，先端漸尖略呈尾狀，有時會扭轉。基部嚴重歪斜，且經常會曲折為直角，頗為特殊。成熟葉葉表深綠色，葉背淺綠色，以SEM觀看，下表面表皮光滑。嫩葉未展開前為沿中肋向上表面對折，黑紫色，表面有早落的腺鱗。常綠樹。

剛展的開嫩葉

托葉

葉基部歪斜，
左右極不對稱

較卵形的

招牌特徵，葉身於
近葉基處會折90度

嫩葉 | 3月4日

1cm

上表面

下表面

　　反刺苦櫧首次在香港的跑馬地 (Happy Valley) 被發現，是由一名英國皇家砲兵軍官 John Eyre 於 1849 至 1851 年間駐紮香港期間所採得的，他也曾與著名的英國外交官兼植物學家漢斯 (Henry Fletcher Hance) 一同採集過標本，因此種小名 *eyrei* 就是為紀念他以他的名字命名。

苦櫧屬裡的小不點

　　一開始接觸到反刺苦櫧這名稱，會讓我對她的樣貌有不少想像。初次見到果實後，那斗刺真如其名是向基部彎曲的，令人印象深刻。後來又見到更多種類的苦櫧屬植物時，會發現其實這不是反刺苦櫧才獨有的特徵，不過這並不影響她的特殊性。臺灣苦櫧屬植物中有一群是堅果小型的，包括有殼斗不包被堅果且沒有斗刺的烏來柯、殼斗包被堅果但斗刺極短甚至只是瘤狀突起的長尾柯、斗刺較密較長的火燒柯，最後就是特徵介於她們之間的反刺苦櫧。

仔細看反刺苦櫧的殼斗並非完全包覆住堅果，她會在先端形成一小小圓洞，使堅果露出一部份果皮，若想像這圓洞繼續往下擴大那就與烏來柯有些相似了，另外她的斗刺較長尾栲長些，但又比火燒柯短上許多，所以反刺苦櫧就像介於其他種類之間的那塊拼圖，將這些看似無關的特徵連接在一起。或許也就是因為那說長不長說短不短，有些稀疏的彎刺，才讓我們清楚看見她的「反」吧。

縱向深溝裂的樹皮。

飢荒時的救星

反刺苦櫧在中國大陸被稱為甜櫧，而相近的生育地還有另外一種「苦櫧（*C. sclerophylla*）」的殼斗科植物，堅果也是小型的。這一苦一甜在過去苦難年代都扮演著救荒解飢的重責大任，平時也是普通老百姓解饞的零嘴小菜。甜櫧可以直接生食，但通常還是會煮過或炒過使風味更佳，而苦櫧苦澀味更重就不能了，必須曬過煮過磨粉後再加工為「苦櫧豆腐」，若有機會到大陸的福建、浙江等地或許可以品嘗這道特別的菜餚。在臺灣可能反刺苦櫧分佈不夠普遍，所以還沒聽過會在生活上拿來食用的人。不過我有生食過種仁，雖稱不上苦澀，但風味還是比不上小西氏石櫟或大葉苦櫧。

花期正剛開始，樹冠佈滿桃紅的嫩葉。

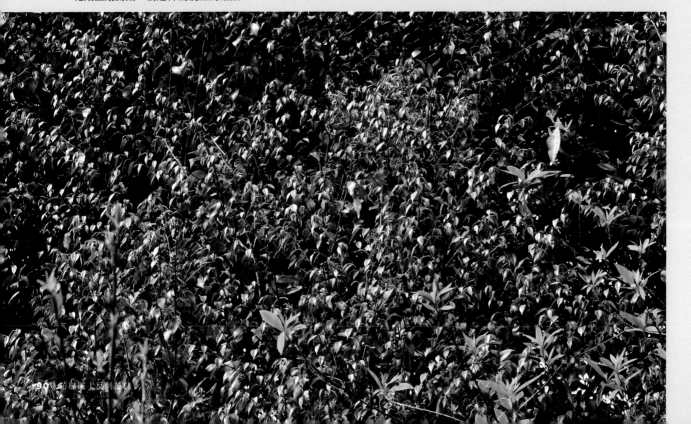

多主幹，萌蘗
分枝旺盛。

關刀山附近正綻放花朵
的反刺苦櫧。

火燒柯

別名 | 火燒栲、栲樹、栲、紅栲、紅葉栲
學名 | *Castanopsis fargesii* Franch.

LC 無危

當年生葉子

當年生枝條

果序軸

去年生枝條
先端有熟果

19cm

分佈

香港、中國長江流域及其以南各省，分佈廣泛。在臺灣中國四川與長江以南一帶區域。
海拔500-1400m，在臺灣普遍見於南投、臺中等中部山區，桃園、新竹、苗栗、嘉義也有紀錄。

物候

常綠樹，2-3月初為抽芽期，花葉同出，盛花期約在4-5月初，果實於隔年11-12月成熟開裂。

宿存的雌花
會略向果序軸傾斜。果皮表面被有一些
易脫落的短毛。

15cm

殼斗分化出刺來
| 隔年7月7日

休眠的雌花
| 隔年4月16日

發育中果實
| 隔年8月29日

成熟開裂的
| 隔年12月4日
此果序僅一果實
完全發育成熟

宿存雌花　種仁　果皮較薄　褐色種皮

遠果軸面

近果軸面

果臍
凸起，為左右對稱，有凸紋，從橫
斷面觀之，較寬平的為靠近果軸
面，較窄尖的為遠離果軸面。

熟果
殼斗包覆堅果一枚，果
實成熟後殼斗呈4大1小
的五瓣裂，小瓣為貼近
果序軸的，其內壁覆有
短毛。成熟堅果球形褐
色，有淺條紋，內有種
子一枚。
| 11月24日

堅果　　　　　　殼斗

殼斗延伸
出的刺

5cm

小瓣的
靠近果軸

大瓣的

殼斗未開裂
果實近成熟。
| 11月11日

刺狀物
於基部合生後再分
叉而出。表面被有
白色短毛。
| 12月1日

1cm

雌花序

雄花序

嫩葉

開花的枝條
花序與嫩葉同出，但雄花盛開時
嫩葉還未展葉。雄花序挺立但
會微微下垂，多出現於近嫩枝的
基部端。雌花序則腋生在嫩枝先
端。嫩葉多出於嫩枝先端。
| 4月16日

去年生枝條

當年生嫩枝

去年老葉

20cm

當年生嫩枝
密被紅色短毛，宿存。

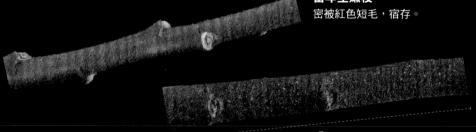

去年生枝條
暗褐色，密生白色皮
孔，但被宿存的短毛
所覆蓋，不甚明顯。
| 4月16日

3cm

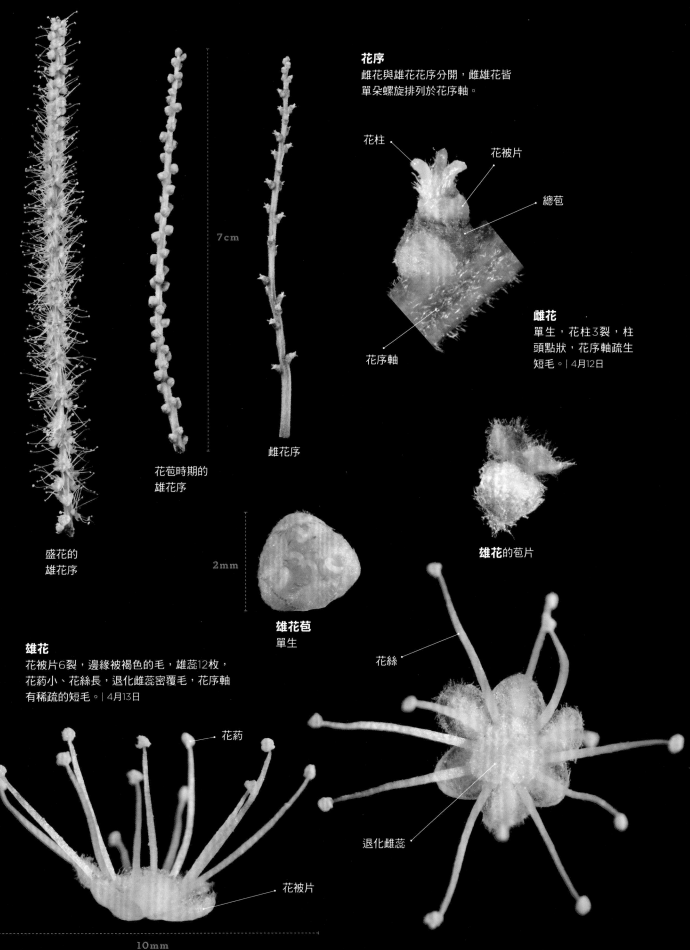

花序
雌花與雄花花序分開，雌雄花皆
單朵螺旋排列於花序軸。

花柱

花被片

總苞

花序軸

雌花
單生，花柱3裂，柱
頭點狀，花序軸疏生
短毛。| 4月12日

雌花序

7cm

花苞時期的
雄花序

盛花的
雄花序

2mm

雄花的苞片

雄花苞
單生

花絲

雄花
花被片6裂，邊緣被褐色的毛，雄蕊12枚，
花藥小、花絲長，退化雌蕊密覆毛，花序軸
有稀疏的短毛。| 4月13日

花藥

退化雌蕊

花被片

10mm

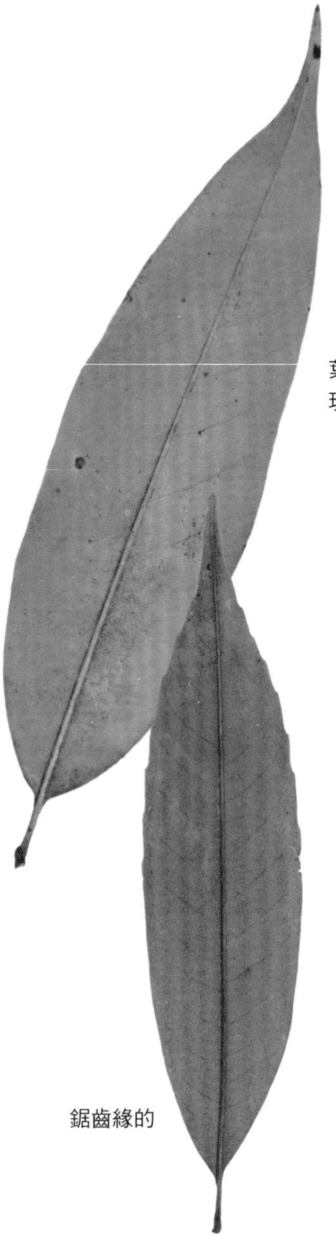

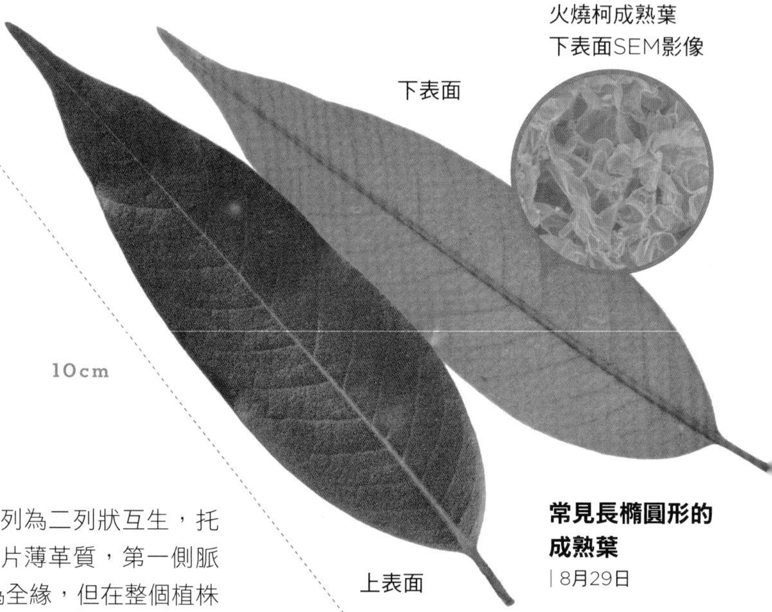

火燒柯成熟葉
下表面SEM影像

下表面

葉背附屬物脫落呈
現綠色的老葉

10cm

上表面

**常見長橢圓形的
成熟葉**
| 8月29日

火燒柯葉在枝條的排列為二列狀互生，托葉兩片對生早落。葉片薄革質，第一側脈約10~15對。葉緣多為全緣，但在整個植株中還是可以找到幾片鋸齒緣的。葉形多為長橢圓形，先端漸尖，基部楔形。成熟葉葉表深綠色，葉背紅褐色，以SEM觀看，下表面表皮覆有薄壁細胞的附屬物，等葉老後會退落。嫩葉未展開前為沿中肋向上表面對折，兩面皆紅褐色。常綠樹。

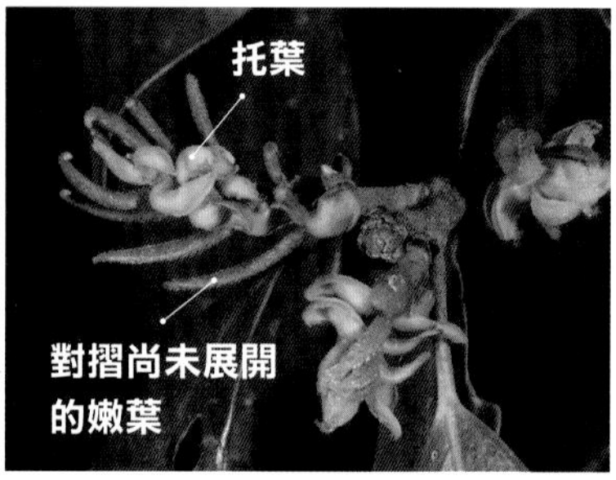

托葉

**對摺尚未展開
的嫩葉**

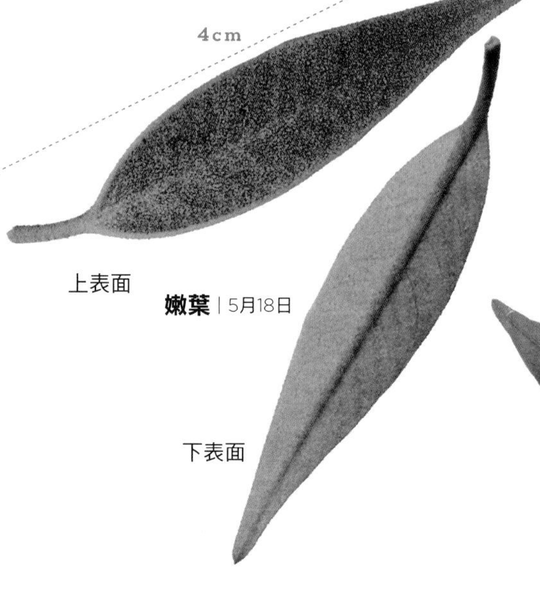

鋸齒緣的

4cm

較卵圓形的

上表面

嫩葉 | 5月18日

下表面

較小的

較大的

火燒柯 > STORY

　　火燒柯最早是 1899 年由一位法國籍神父 Paul Guillaume Farges 在大陸四川城口所發現的，因此種小名 *fargesii* 就以他的名字來命名紀念。而在臺灣最早發現火燒柯的紀錄，是由川上瀧彌 1905 年 12 月間於新竹的五指山中所採獲。

火燒的由來

　　火燒柯是臺灣幾十種殼斗科中算最好認識與記憶的，絕對讓你看過一次就終身難忘，因為光她這「火燒」兩字就夠響噹噹了。不過先民會給這嚇人的稱號並非與火有直接的關係，而是她那火紅色的葉背，所以當在樹底下仰望她時，樹冠葉子不是綠的而是一片焦紅，讓人有這樹被火燒過的錯覺，這個特徵在臺灣殼斗家族中算獨一無二了，因此非常容易辨

在火燒柯樹下抬頭仰望。

別。另外我發現其實火燒柯還有一個更像被火燒過的時期，那就是當她白色的雄花在盛開完盡皆凋落後，樹枝上正充滿發育中的嫩葉，而嫩葉也是紅色的，所以整個樹冠層就從雪白一下轉為紅褐色，與周邊其他綠色的樹木相比，顯得十分搶眼，這也是另一個觀賞「火燒」的角度吧！

火燒柯在中央山脈中部地區的族群龐大極易發現她的蹤跡，如南投日月潭、蓮華池、臺中八仙山森林遊樂區都是合適的觀察地點。

是栲不是柯

不過在臺灣最常使用的中文名火燒柯，其實不這麼合適，因為她是屬於苦櫧屬的植物，用「柯」來稱呼有些名不符實，畢竟「柯」多用來描述石櫟屬的植物，所以在中國大陸就稱她為栲樹或紅葉栲。

火燒柯的堅果雖然與大葉苦櫧相比小號不少，但結實量多且味道香甜也是過去山上小孩最愛的零嘴之一，只要用鹽炒或丟入燒柴的餘燼中悶燒，就是一道簡單美味、野趣十足的山中珍品了。

鹽炒火燒柯堅果。

當花期結束後就變為以嫩
葉為主的紅褐色。

八仙山森林遊樂區火燒柯
盛花時雪白的樹冠。

臺灣苦櫧

別名 | 臺灣栲、臺灣錐栗、臺灣錐
學名 | *Castanopsis formosana* (Skan)Hayata

LC 無危

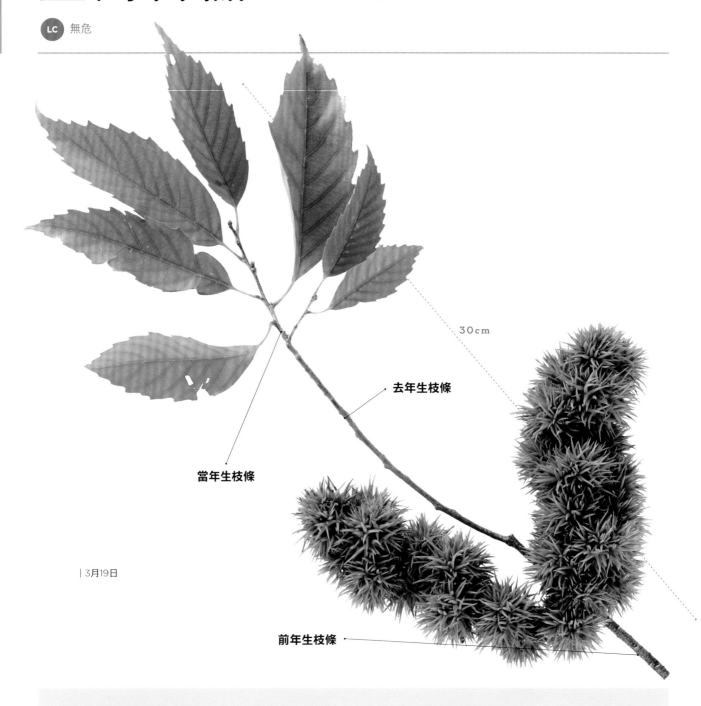

30cm

去年生枝條

當年生枝條

| 3月19日

前年生枝條

分佈

臺灣與海南島。常見於高雄、屏東、臺東等區域，嘉義中埔、大埔、宜蘭蘭崁山也有紀錄，海拔100-1600m左右。

物候

常綠樹，2-3月為抽芽期，花序嫩葉同出，主要盛花期約在2-5月，有時候10-11月的第二次生長季也抽出花序，果實於後年3-4月成熟開裂。

宿存的雌花

堅果尖端有宿存雌花，會略向果序軸傾斜，雌花基部有拉長之果皮與堅果做連接。果皮表面密被黃色短毛。

發育中果實
| 隔年11月11日

| 當年11月11日

宿存雌花

種子與種皮

內果皮表面間的長毛

近果序軸面

遠果序軸面

果臍

堅果底部的果臍略為凸起，左右對稱，從橫斷面觀之，較寬平的為靠近果序軸面，較窄尖的為遠離果序軸面。

堅果成熟殼斗開裂的
| 後年4月8日

殼斗

堅果

熟果

殼斗包覆堅果一枚，果實成熟後殼斗呈4大1小的5瓣裂，小瓣為貼近果序軸的，其內壁覆有短毛。成熟堅果桃子形，內有種子一枚。
| 4月6日

殼斗延伸出的刺

7cm

大瓣的

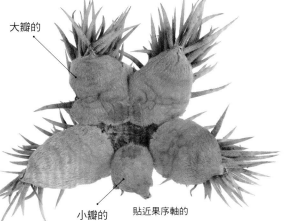

小瓣的　貼近果序軸的

殼斗未開裂

果實近成熟但殼斗還未開裂。| 4月6日

2cm

刺狀物

殼斗延伸出刺狀的附屬物，於針刺基部合生並不明顯。表面被有黃色短毛。| 1月26日

印度苦櫧

別名 | 印度栲、漸尖葉櫧、恆春椎栗
學名 | *Castanopsis indica* (J. Roxb. ex Lindl.) A. DC.

NT 近危

近成熟的果序
由前年雌花序發育而來

當年正盛開的雌花序

等待發育的去年生的雌花序

| 3月19日

50cm

分佈

廣泛分佈於中國南部、印度、尼泊爾、孟加拉、緬甸、泰國、越南等熱帶區域。在臺灣普遍分佈於高雄、屏東、臺東等區域，海拔100-1500m左右。

物候

常綠樹，2-3月為抽芽期，花序嫩葉同出，盛花期約在3-4月，果實於後年3-4月成熟開裂。

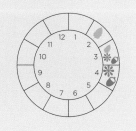

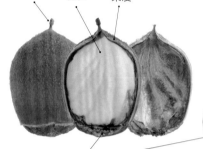

CHECK

宿存的雌花

堅果尖端有宿存雌花，會略向果序軸傾斜，雌花基部有拉長之果皮與堅果做連接。果皮表面密被黃色短毛。

| 隔年3月4日

發育中果實
| 隔年11月11日

堅果成熟殼斗開裂的
| 後年3月29日

15cm

宿存雌花　種仁　果皮

遠果序軸面

果臍

堅果底部的果臍略為凸起，左右對稱，從橫斷面觀之，較寬平的為靠近果序軸面，較窄尖的為遠離果序軸面。

近果序軸面

較尖細的

闊卵形的

堅果

殼斗

殼斗未開裂

果實近成熟但殼斗還未開裂，新鮮的針刺呈翠綠色。| 4月7日

殼斗延伸出的刺

7cm

刺狀物

針刺從略為隆起的基部放射而出。針刺表面幾乎光滑，或有稀疏短毛。
| 4月8日

1cm

遠果序軸面

大瓣的

熟果

殼斗包覆堅果一枚，果實成熟後殼斗呈4大1小的五瓣裂，小瓣為貼近果序軸的，其內壁覆有短毛。成熟堅果長柱形至闊卵形皆有，內有種子一枚。| 5月8日

近果序軸面

小瓣的

22cm

開花的枝條
與嫩葉同出，但雄花盛開時
嫩葉已經展葉。雄花序挺立
但會微微下垂，平均分佈在
嫩枝上。雌花序則出現在嫩
枝先端。
| 3月4日

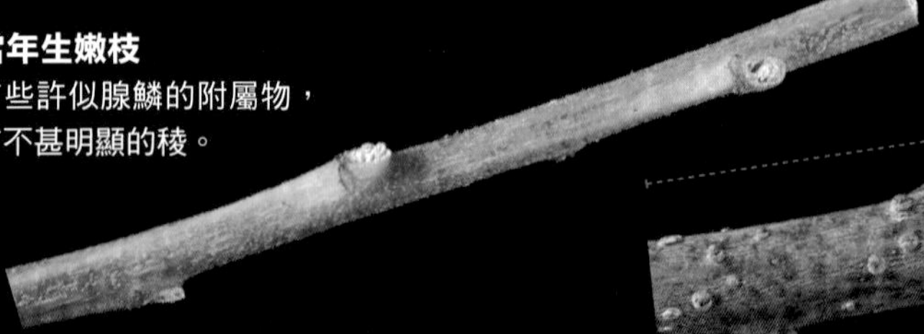

雄花序

雌花序

當年生嫩枝
有些許似腺鱗的附屬物，
有不甚明顯的稜。

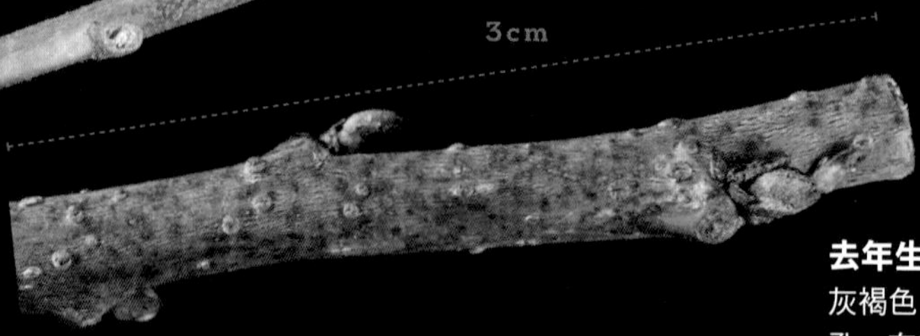

3cm

去年生枝條
灰褐色，有圓型皮
孔，有縱裂紋。

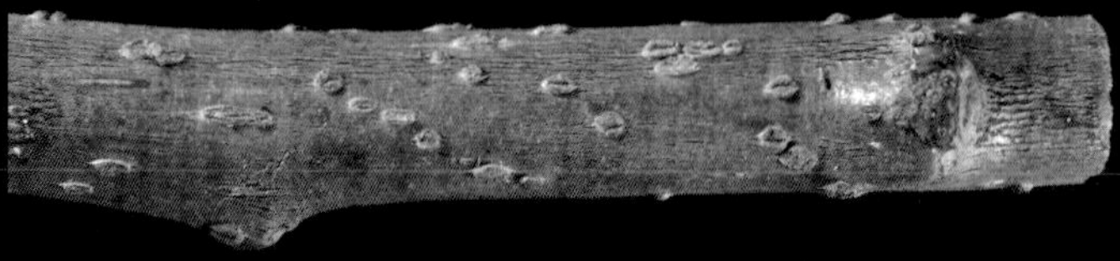

前年生枝條
與去年生枝條相似，
較粗。| 3月20日

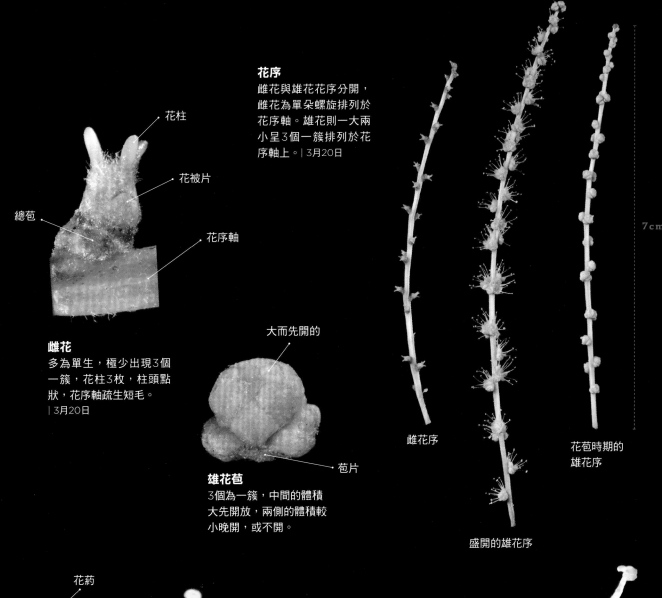

花柱

花被片

總苞

花序軸

雌花
多為單生，極少出現3個
一簇，花柱3枚，柱頭點
狀，花序軸疏生短毛。
| 3月20日

花序
雌花與雄花花序分開，
雌花為單朵螺旋排列於
花序軸。雄花則一大兩
小呈3個一簇排列於花
序軸上。| 3月20日

大而先開的

苞片

雄花苞
3個為一簇，中間的體積
大先開放，兩側的體積較
小晚開，或不開。

雌花序

花苞時期的
雄花序

7cm

盛開的雄花序

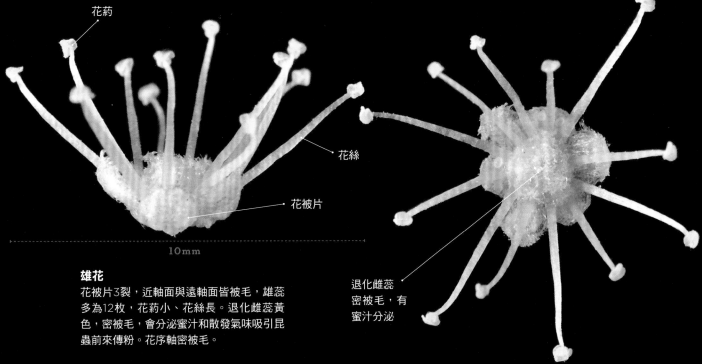

花藥

花絲

花被片

10mm

雄花
花被片3裂，近軸面與遠軸面皆被毛，雄蕊
多為12枚，花藥小、花絲長。退化雌蕊黃
色，密被毛，會分泌蜜汁和散發氣味吸引昆
蟲前來傳粉。花序軸密被毛。

退化雌蕊
密被毛，有
蜜汁分泌

雄花序

25cm

雌花序

開花的枝條
雄花序挺立但會微微下垂，出
現在嫩枝上或者老葉的葉腋。
雌花序則在嫩枝先端。
| 3月4日

宿存托葉

當年生嫩枝
有短毛與腺鱗
的附屬物，有
不明顯的稜。

4cm

去年生枝條
灰褐色，皮孔大而
圓，有宿存短毛。

前年生枝條
與去年生枝條相似，但
短毛已脫落。| 3月4日

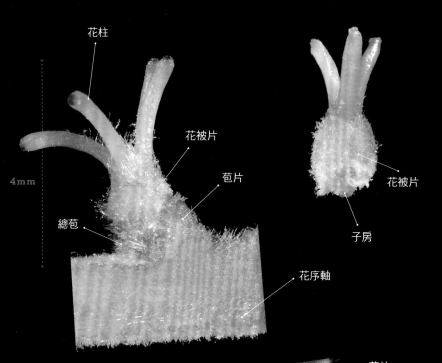

花柱

花被片

苞片

總苞

4mm

花被片

子房

花序軸

雌花
單生，花柱較長，3-4枚，柱
頭點狀，花序軸密生短毛。
| 3月4日

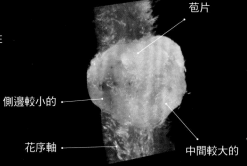

苞片

側邊較小的

花序軸

中間較大的

雄花苞
3個為一簇，中間的體積大
且先開放，兩側的體積小
較晚開，或不開。

10cm

盛開與花苞時期的　　　雌花序
雄花序 | 3月4日

花序
雌花與雄花花序分開，雌花為單朵
螺旋排列於花序軸。雄花則一大兩
小呈3個一簇排列於花序軸上。

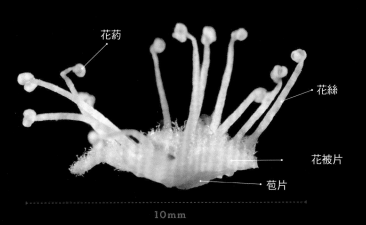

花藥

花絲

花被片

苞片

10mm

雄花
花被片6裂，邊緣被褐色的毛，雄蕊12枚，
花藥小、花絲長，退化雌蕊密覆毛，花序軸
有稀疏的短毛。| 4月13日

退化雌蕊三角形，
密被毛

上表面

10cm

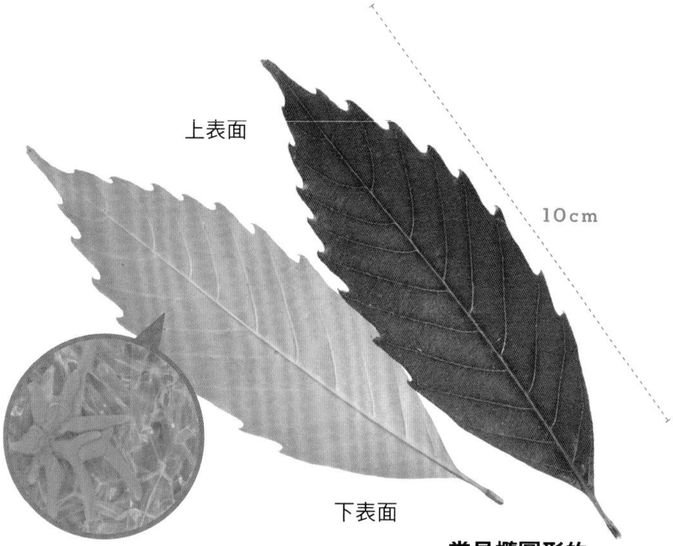

臺灣苦櫧成熟葉
下表面SEM影像

下表面

**常見橢圓形的
成熟葉**
| 10月13日

臺灣苦櫧

臺灣苦櫧葉在枝條的排列為螺旋狀互生，托葉兩片對生早落。葉片紙質，第一側脈約7~11對。葉緣為粗鋸齒為主，鋸齒尖端會再向中肋回勾，偶爾也可見淺波浪葉緣之葉子。葉形多為橢圓形至長橢圓形。先端漸尖，基部楔形。成熟葉葉表深綠色，葉下表面銀綠色，以SEM觀看，下表面表皮覆有類似薄壁細胞的附屬物。嫩葉未展開前為沿中肋向上表面對折，桃紅色。常綠樹。

橢圓形的

較大的

披針形的

嫩葉

托葉

發育中
花序

葉較小的

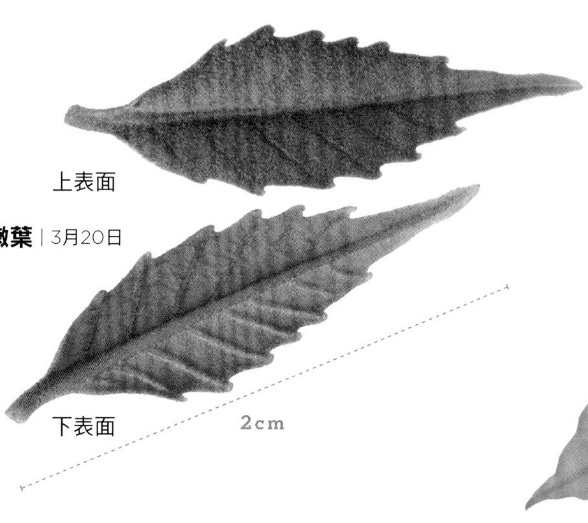

上表面

嫩葉 | 3月20日

下表面　　　2cm

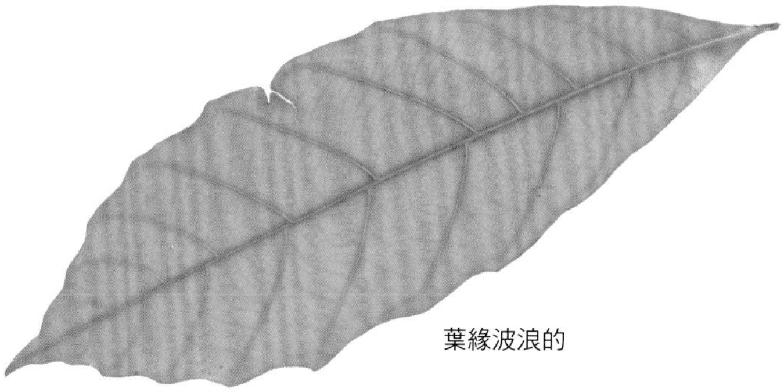

葉緣波浪的

卵形、鋸齒不明顯的

較小的

倒披針形

下表面為
銀綠色的

上表面

下表面

嫩葉 | 3月4日

2cm

印度苦櫧

印度苦櫧葉在枝條的排列為螺旋狀互生，托葉兩片對生，會宿存於枝條一段時間。葉片厚紙質，第一側脈約14-20對。葉緣為粗鋸齒，鋸齒尖端會再向中肋回勾，偶爾也可見淺裂之葉子。葉形多為披針形、長橢圓形，有時有卵形或倒披針形。先端漸尖，基部楔形。成熟葉葉表深綠色，葉背紅褐色或銀綠色，以SEM觀看，下表面表皮覆有類似薄壁細胞的附屬物。嫩葉未展開前為沿中肋向上表面對折，上表面紫紅色、下表面黃色，兩面皆密生早落的短毛，且下表面也覆有類似薄壁細胞的附屬物。常綠樹。

托葉

嫩葉

宿存托葉

印度栲成熟葉
下表面SEM影像

下表面

鋸齒淺裂，偶
爾可在植株上
找到這奇特的
葉形

較大的萌蘗葉

15cm

常見披針形的成熟葉
| 3月4日

上表面

臺灣苦櫧

被誤認的臺灣苦櫧

　　臺灣苦櫧的標本在臺灣最早由奧古斯汀・亨利 (Augustine Henry)1894 年 5 月於恆春半島的萬金庄所採獲，但一開始被鑑定為桂林栲 (*Castanopsis chinensis*)。後來英國植物學家斯坎 (S. A. Skan) 在 1899 年的林奈學會植物學雜誌中將她發表成 *Castanopsis tribuloides* var. *formosana*，即一中國名為蒺藜栲 (*Castanopsis tribuloides*) 的新變種，變種名 *formosana* 為產自福爾摩沙之意。接著 1913 年早田文藏博士根據佐佐木舜一於南仁山所採獲的標本發表臺灣苦櫧這一新種，並也以 *formosana* 為其命名，產自福爾摩沙之意。在當時他只覺得與亨利所採獲的很相似但卻與蒺藜栲差異很大，才另以新種處理。至《臺灣植物誌》第一版才認定亨利採得的是臺灣苦櫧，而 1913 年早田博士的就變成重複發表。印度苦櫧則於 1863 年發表在英國的植物學雜誌，種小名 *indica* 為產自印度之意。

後年才會果熟的怪咖

大多的植物都是當年開的花當年結果，但是有許多殼斗科植物卻是當年開的花要到隔年才熟成，印度苦櫧與臺灣苦櫧又更特殊了，開花後等到隔年年底還沒有成熟，似乎覺得懷胎二十個月還不夠久，竟然要再延後四、五個月至後年開花時期才願意成熟開裂，形成在每年三、四月正當盛花時果實也正成熟的奇特景象，而臺灣殼斗家族中也只有她們在這時間點熟果。

臺灣苦櫧 VS. 印度苦櫧辨識技巧

除了有共通的物候特徵外，他們在臺灣的分佈狀況相近，都是南部地區十分常見的物種，我們可以從側脈較少較疏離、嫩葉有稀疏毛、斗刺密生毛者為臺灣苦櫧；側脈較多較緊密、嫩葉有密毛、斗刺光滑者為印度苦櫧來做區別。不過出了臺灣，印度苦櫧分佈可是非常廣泛的，從印度沿中南半島至中國大陸華南地區，都可以見到她的蹤跡，相比之下臺灣苦櫧的範圍要小的多，僅在臺灣南部與海南島。另外臺灣苦櫧還有分類的問題，《中國植物誌》將她與秀麗錐 (*Castanopsis jucunda*) 合併為同一種類，但因為《中國植物誌》描述秀麗錐之堅果果皮上幾乎無毛，與臺灣苦櫧密被毛有明顯差異，所以對合併的處理我持保留看法。

印度苦櫧

花序盛開的臺灣苦櫧。

臺灣苦櫧花期結束，新葉將樹冠抹成桃紅色，在綠油油的森林中特別搶眼。中海拔地區花期較晚，於6月拍攝。

你幫我，我幫你 互利共生

這兩種樹種每年開花結果時，對許多小昆蟲與動物都是一年一度難得的大餐，而因為結果期與許多植物果熟時間錯開，對一些哺乳類、小型齧齒動物來說，能在三月時還有這樣鮮美的堅果能食用一定要好好把握大吃特吃一番！

林試所就曾在六龜做一個有趣的試驗，試驗人員把 320 顆印度苦櫧堅果裡藏了磁鐵，將這些堅果放置林地上，再以金屬探測器追蹤這些堅果的去向。發現在夜晚時會有刺鼠前來光顧，其中有 45 顆在現場就地吃掉，有 169 顆在移動後被吃掉，64 顆是找不到失蹤的，有 42 顆果實則被埋藏起來。但被埋藏的果實中不是被真菌感染就是發芽後夭折，只有一顆發育為小苗。從這試驗我們可以瞭解到在天然的環境下要長出一棵小苗是多麼困難的事情，而且印度苦櫧已經是發芽率非常高的種類，若是像南投石櫟發芽率極低的種類，那必須是天選之果才能當那一株小苗了。所以在野外看到的樹木們都有著艱困的成長背景，應該好好被珍惜才是。

另外也有對堅果散播的距離作統計，約 80% 都在移動十公尺的範圍內，最遠也不過 20 多公尺而已，但可別小看這十幾二十公尺呢！假設離母樹 10 公尺的新苗木經過 20 年成長為大樹，結果後又再傳播 10 公尺，這樣平均 1 年移動半公尺，1 百萬年後就已移動 500 公里的距離了。當然這是非常簡單的假設，依實際情況，種子不會同一方向直線傳播，也可能還有讓傳播距離更遠的動物存在等因素影響，都是很有趣的問題。所以這短短的幾公尺不但能擴張族群範圍，還能因應氣候環境變遷移至避難所，可說是至關重要呢！因此樹木為動物提供果實，動物幫助樹木繁衍移動，這就是生態上常見的互利共生現象。

印度苦櫧常形成板根。

如同大多數苦櫧屬成員，印度苦櫧果尚未全熟，還在樹上就
已經是一些動物的佳餚了。

牡丹鄉哭泣湖邊頗為優
勢的印度苦櫧，在花期
時一覽無遺。

大葉苦櫧

別名 ｜ 吊皮栲、吊皮錐、川上氏櫧、赤栲、赤勾
學名 ｜ *Castanopsis kawakamii* Hayata

NT 近危

當年生雌花序

25cm

當年生枝條
葉腋有休眠雌花序

發育中果實

去年生枝條
葉腋有發育中果實

｜7月19日

分佈

中國福建、江西、廣東與廣西等省。海拔400-1400m，在臺灣常見於南投、臺中等中部山區，屏東壽峠、里龍山也有分佈。

物候

常綠樹，3月為抽芽期，花葉同出，盛花期約在3月底-4月中，果實於隔年11-12月成熟開裂。

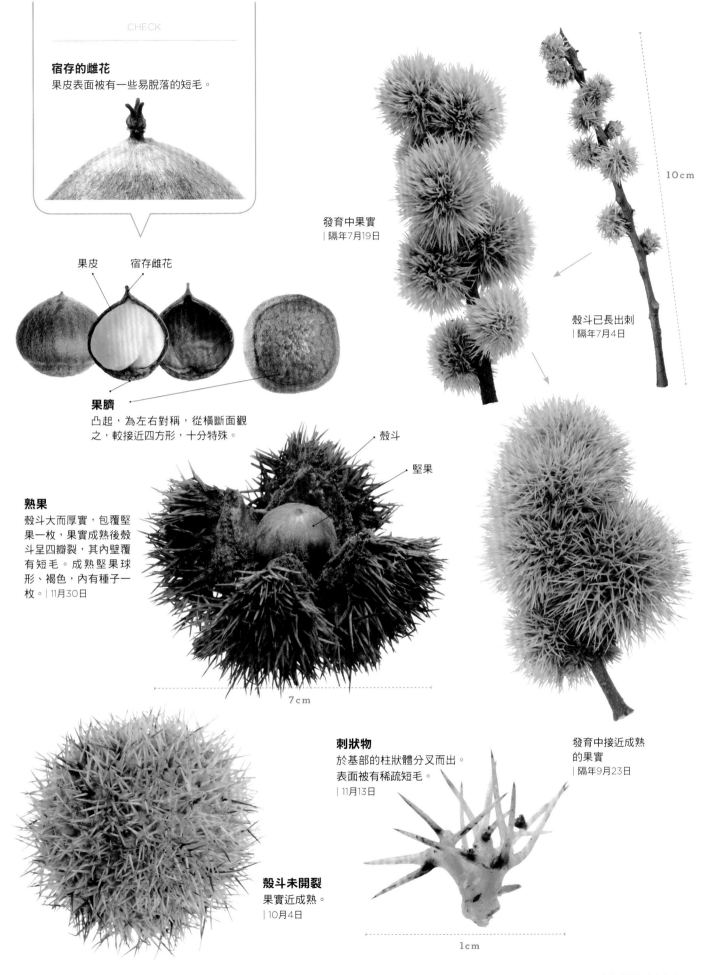

宿存的雌花
果皮表面被有一些易脫落的短毛。

果皮　宿存雌花

果臍
凸起，為左右對稱，從橫斷面觀之，較接近四方形，十分特殊。

發育中果實
| 隔年7月19日

10cm

殼斗已長出刺
| 隔年7月4日

殼斗

堅果

熟果
殼斗大而厚實，包覆堅果一枚，果實成熟後殼斗呈四瓣裂，其內壁覆有短毛。成熟堅果球形、褐色，內有種子一枚。| 11月30日

7cm

發育中接近成熟的果實
| 隔年9月23日

刺狀物
於基部的柱狀體分叉而出。表面被有稀疏短毛。
| 11月13日

殼斗未開裂
果實近成熟。
| 10月4日

1cm

雄花序

嫩葉

當年生嫩枝

去年的雌花序

30cm

雌花序

開花的枝條
花序與嫩葉同出，雄花盛開時
嫩葉已經展葉。雄花序挺立
但會微微下垂，多出現於近嫩
枝的基部端。雌花序則腋生在
嫩葉葉腋。嫩葉多出於嫩枝先
端。| 3月24日

去年生枝條

去年老葉

當年生嫩枝
被稀疏的腺鱗，無毛。

3cm

去年生枝條
褐色，密生淺褐色皮孔。
| 3月24日

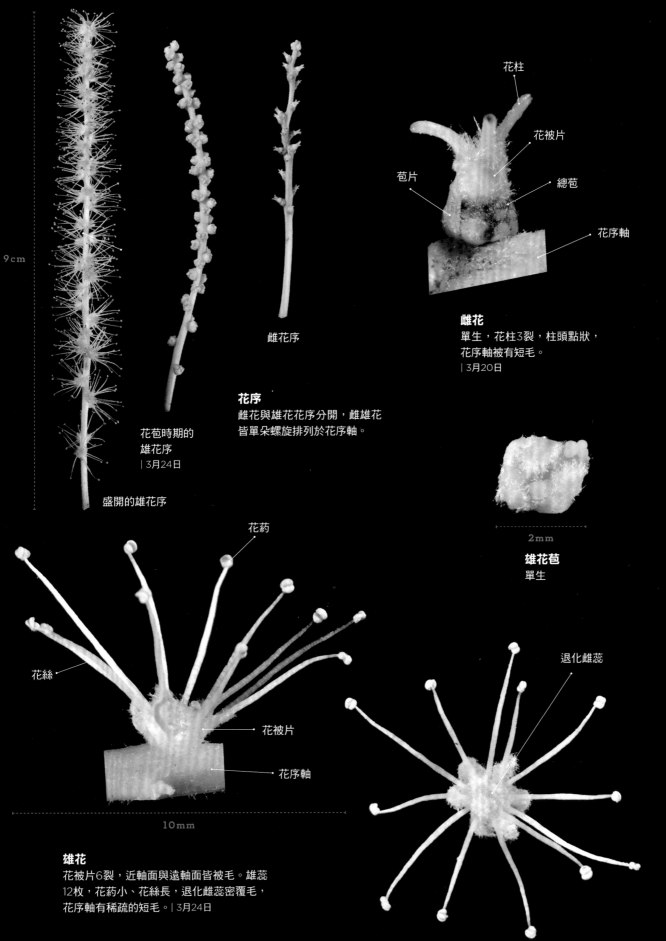

花柱

花被片

苞片

總苞

花序軸

雌花
單生，花柱3裂，柱頭點狀，
花序軸被有短毛。
| 3月20日

9cm

雌花序

花苞時期的
雄花序
| 3月24日

盛開的雄花序

花序
雌花與雄花花序分開，雌雄花
皆單朵螺旋排列於花序軸。

2mm

雄花苞
單生

花藥

花絲

花被片

花序軸

退化雌蕊

10mm

雄花
花被片6裂，近軸面與遠軸面皆被毛。雄蕊
12枚，花藥小、花絲長，退化雌蕊密覆毛，
花序軸有稀疏的短毛。| 3月24日

常見的成熟葉
| 9月29日

10cm

橢圓形的

上表面

下表面

大葉苦櫧成熟葉
下表面SEM影像

大葉苦櫧葉在枝條的排列為二列狀互生，托葉兩片對生早
落。葉片薄革質，第一側脈約7~10對。葉緣多為僅先端有一
至二對細鋸齒為主，再混搭一些全緣葉，但有少數植株以鋸
齒葉為主。葉形多為倒卵形至倒卵狀長橢圓形、長橢圓形。
先端漸尖略呈尾狀，基部楔形或不對稱歪斜。成熟葉葉表深
綠色，葉背黃褐色至銀綠色、綠色皆有，以SEM觀看，下表
面表皮覆有類似腺鱗的附屬物。嫩葉未展開前為沿中肋向上
表面對折，上表面紫紅色，下表面灰白色。常綠樹。

陰暗處較大的葉子

較狹長的

**對摺尚未張開
的嫩葉**

托葉

鋸齒明顯且超過葉
身一半的，偶爾可
以見到以此葉型為
主的植株。

嫩葉 | 3月20日

上表面

下表面

4cm

葉緣全緣的

較小的

以葉下表面綠色
為主的植株

大葉苦櫧 > STORY

臺灣首任博物館館長

　　大葉苦櫧的種小名 *kawakamii* 為人名川上氏之意，所以又稱為川上氏櫧，是為了紀念
川上瀧彌與森丑之助，於 1906 年 8 月間在南投水社首次採得這植物的標本。川上瀧彌是臺
灣博物學會與臺灣博物館（當時稱為總督府殖產局附屬博物館）的創始人與第一任館長，對
於臺灣的動植物、礦物的研究有很大的貢獻，而在此之前還主持了臺灣有用植物調查，這
是臺灣植物發現史上非常輝煌的一段時期，因此以川上氏命名的臺灣植物就有四十種之多。
另外大葉苦櫧的樹皮是臺灣殼斗家族中樹皮剝落最大最明顯的，所以在中國大陸則稱她為
「吊皮錐」，用來形容樹皮大片剝落的樣子。

開花盛況。

最好吃的橡實

　　南投山上的人會稱大葉苦櫧為「赤勾」，臺語音同「恰高」，來形容殼斗外有赤紅色
的尖刺。很有趣的是，當我在拍攝殼斗科植物時，有時會有路人好奇看我在拍的東西，遇
到好幾位已經認出是殼斗科植物的人會問我這是不是「恰高」，不過大部分都沒猜對。接
著我就會請他們形容一下「恰高」的特徵，發現他們都對硬刺與其中的那顆堅果印象深刻，
並毫不猶豫的告訴我它有多好吃。雖然我沒吃過，但聽到這麼多人都稱讚，可信度很高。

　　而且不僅是人類，連野生動物似乎也對「恰高」情有獨鍾。結果期在「恰高」樹下尋
找果實時，常常看見滿地的殼斗，且那又大又刺的外型就和馬糞海膽像極了，所以我們也
會給她山中海膽的綽號。但翻找殼斗時不太容易發現完整的堅果，不是被咬一口，就是只
剩下殘破的果皮，反而在隔壁的別種殼斗科植物沒有蝟集的硬刺保護，相比之下卻沒這麼
受到青睞，因此「恰高」可說是名符其實的山珍海味。

「恰高」vs.「恰咖」誰厲害

　　有位蓮華池當地的志工大姊，退休後陪著先生，兩人就以打赤腳徒步的方式到處去健走旅行，保持身體健康。她還隨身帶著一組理髮器材，走到哪就幫人剪到哪，而且是免費的，所以在蓮華池工作的那段日子，我都沒去過理髮店。某次她幫我剪髮時聊到赤腳走路會不會怕受傷這件事，她說走久了腳底會形成厚繭自然就能有保護功效，比鞋子還棒。

　　當我還半信半疑時，她又講了更駭人聽聞的事情，她某個叔叔在山上行走一輩子，從沒穿過鞋也不怕採到地上的石頭或刺物，而且還非常愛吃「恰高」。「恰高」成熟時殼斗開裂小，堅果常常被包覆住一起掉下來，要把多刺的殼斗打開才能取出品嘗，而她叔叔的辦法就是赤腳用力踩扁殼斗，然後在地上前後滾搓，直到堅果跑出來為止。聽完我一整個驚呆了，當回神過後覺得非常有意思，因為我不知道人一輩子不穿鞋，腳皮可以長到多厚，但透過「恰咖」與「恰高」比拚的結果，就可以想像勝出的「恰咖」有多少能耐了，應該會是一雙兼具方便、經濟耐穿、健康合身又環保的完美皮鞋吧！

成熟的堅果還在殼斗中。

片狀剝落的樹皮，是臺灣殼斗家族中樹皮剝落最大最明顯的，在中國大陸稱為吊皮栲，但也有少數植株樹皮剝落不明顯。

掉了滿地的山中海膽。

細刺苦櫧

別名 | 草野氏櫧、細刺栲
學名 | *Castanopsis kusanoi* Hayata

LC 無危 特

去年生枝條
先端有快成熟的果實

當年生枝條

25cm

奮起湖 | 11月14日

分佈

特有種。族群分佈較星刺栲廣泛，分佈於嘉義阿里山奮起湖一帶，高雄藤枝、六龜、出雲山，屏東大漢山，花蓮鳳林、瑞穗，海拔800-1800m。

物候

常綠樹，5月底-6月為抽芽期，花葉同出，盛花期約在7月，果實於隔年11-12月成熟開裂。

宿存的雌花

位於中間堅果的雌花會略向果序軸傾斜，左右兩堅果的雌花則向中間靠攏。雌花基部有拉長之果皮與堅果做連接。果皮表面被短毛，仍可見褐色果皮。

外觀仍與
雌花相似
| 隔年6月10日

15cm

| 當年11月14日

宿存雌花　種子　果皮　內果皮表面
的長毛

長出刺發育中的
幼果 | 隔年7月22日

果臍

平坦，左右對稱，或受擠壓呈不規則形。

有3顆堅果

刺狀物

於針刺基部合生為柱狀。表面被有些許短毛。
| 11月21日

1.5cm

快要成熟
還未裂的果實
| 隔年11月14日

殼斗延伸
出的刺

殼斗未開裂

果實近成熟。
| 11月14日

5cm

熟果

殼斗包覆堅果三枚，果實成熟後殼斗呈4大1小的五瓣裂，小瓣為貼近果序軸的，其內壁覆有短毛。成熟堅果互相擠壓呈半圓錐形，內有種子一枚。| 12月8日

大瓣的

小瓣的，貼近果序軸

星刺栲

別名 | 短刺櫧、短星刺栲、松田氏櫧
學名 | *Castanopsis stellatospina* Hayata

LC 無危　**特**

去年生枝條
有近熟果

當年生枝條

25cm

台東達仁 | 9月17日

<table>
<tr><td>分佈</td><td>物候</td></tr>
</table>

特有種。族群較稀少，侷限分佈於屏東縣滿州、牡丹與臺東達仁，海拔400m以下。

常綠樹，3-5月為抽芽期，花葉同出，盛花期約在4-5月初，果實於隔年11-12月成熟開裂。

CHECK

宿存的雌花

位於中間堅果的雌花會略向果序軸傾斜，左右兩堅果的雌花則向中間靠攏。果皮表面密被毛，無法直接看到果皮。

長出刺發育中的幼果
| 隔年7月21日

總苞略為膨大
| 當年10月9日

8cm

休眠中雌花
| 當年5月13日

宿存雌花　　種子　果皮

2cm

果臍
平坦，受擠壓呈不規則錐狀形。

接近成熟還未裂的果實
臺東達仁 | 隔年11月14日

堅果3顆

刺狀物
於基部合生為柱狀後再分叉而出。表面密被短毛。此標本攝於屏東牡丹，但於達仁一帶所見短毛則較此稀疏許多。
| 5月13日

殼斗延伸出的刺

5cm

1cm

殼斗些微開裂
果實近成熟。
| 11月4日

熟果

殼斗包覆堅果三枚，果實成熟後殼斗呈4大1小的五瓣裂，小瓣為貼近果序軸的，其內壁密被長毛。成熟堅果互相擠壓呈半圓錐或不規則形，內有種子一枚。
| 11月4日

密被長毛

小瓣的，近果軸面

當年生嫩枝
被稀疏早落的短毛。

去年生枝條
褐色，有大而圓形的皮孔。
| 7月22日

3cm

雄花序

雌花序

當年生枝條

嫩葉

25cm

開花的枝條
花序與嫩葉同出，雄花盛開時嫩葉
已經展葉。雄花序挺立但會微微下
垂，二列狀排列出現在嫩枝上。雌
花序則在嫩枝先端。
大漢山 | 7月22日

發育中果實

去年生枝條

花序
雌花與雄花花序分開，雌花為
3個成一簇排列於花序軸。雄
花則一大兩小呈3個一簇排列
於花序軸上。

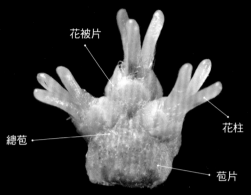

花被片

花柱

總苞

苞片

雌花
3個一簇，花柱3裂，柱頭點
狀，花序軸被些許短毛。
│7月22日

中間較大的

側邊較小的

苞片

雄花苞
3個為一簇，中間的體積大且先
開放，兩側的體積小較晚開。

10cm

花苞時期
的雄花序

雌花序

盛開的雄花序

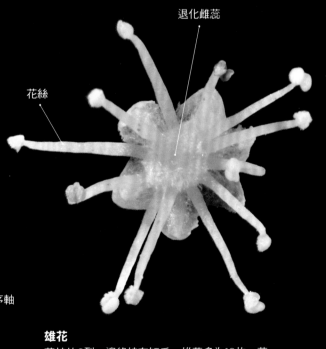

退化雌蕊

花絲

花藥

花被片

花序軸

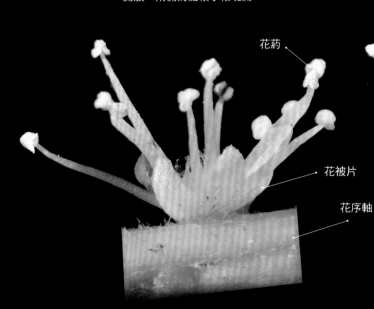

6mm

雄花
花被片6裂，邊緣被有短毛，雄蕊多為12枚，花
藥小、花絲長。退化雌蕊密被毛，會分泌蜜汁和
氣味吸引昆蟲前來傳粉。花序軸被稀疏短毛。

當年生嫩枝
被些許早落的短毛。

4cm

雄花序

雌花序

去年生枝條
褐色，有大而圓形的皮孔。
| 5月13日

去年生枝條

20cm

嫩葉

開花的枝條
花序與嫩葉同出，雄花盛開時嫩葉已經
展葉。雄花序挺立但會微微下垂，多為
二列狀排列出現在嫩枝上。雌花序則在
嫩枝先端，較雄花晚開。
屏東牡丹 | 4月3日

花序

雌花與雄花花序分開，雌花呈3個一簇排列於花序軸。雄花則一大兩小呈3個一簇排列於花序軸上。| 4月2日

11cm

雌花序

花苞時期的雄花序

盛開的雄花序

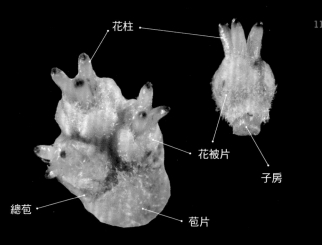

花柱

花被片

子房

總苞

苞片

雌花

3個一簇，花柱3裂，柱頭點狀，花序軸被些許短毛。| 4月25日

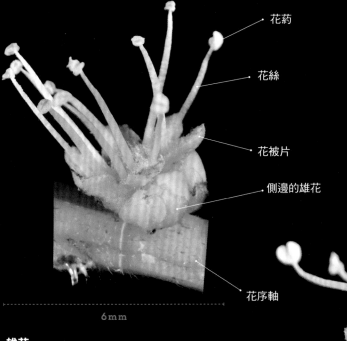

花藥

花絲

花被片

側邊的雄花

花序軸

6mm

雄花

花被片6裂，邊緣被有短毛，雄蕊多為10-12枚，花藥小、花絲長。退化雌蕊密被毛，會分泌蜜汁和氣味吸引昆蟲前來傳粉。花序軸被稀疏短毛。| 4月2日

退化雌蕊

2mm

雄花苞

3個為一簇，中間的體積大且先開放，兩側的體積小較晚開。

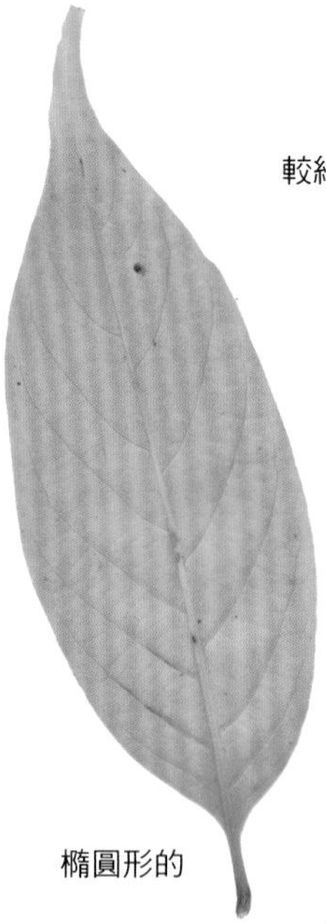

較細長的

較小的

橢圓形的

**奮起湖常見的
長橢圓形成熟葉**
| 6月10日

上表面

15cm

下表面

葉下表面的
腺鱗附屬物

細刺苦櫧

細刺苦櫧葉在枝條的排列為二列狀互生，托葉兩片對生早落。葉片薄革質，第一側脈約9~12對。葉緣以全緣、先端粗鋸齒為主的皆有。葉變化頗多，以橢圓形至長橢圓形較常見。先端尾狀漸尖，基部略為歪斜或呈楔形。成熟葉葉上表面深綠色，葉下表面為帶點金屬光澤的銀綠色或者紅褐色，老葉會較新葉紅褐，覆有類似腺鱗的附屬物。嫩葉未展開前為沿中肋向上表面對折，桃紅色。常綠樹。

先端有鋸齒的

嫩葉.

托葉

嫩葉 | 7月22日

下表面

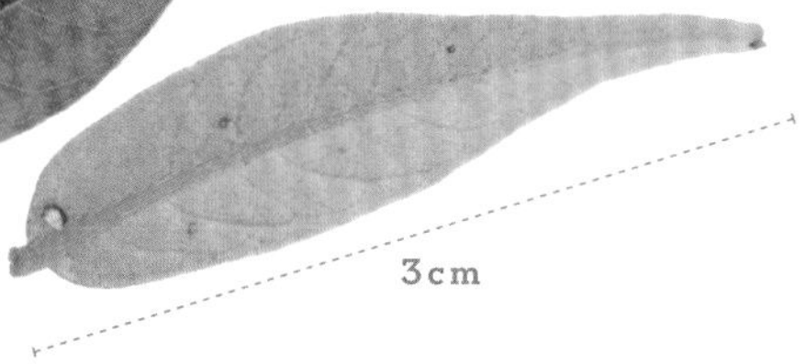

上表面

3cm

花蓮西林林道的植株全緣葉與鋸齒葉皆有。其葉下表面普遍也較奮起湖者更為紅褐色。
| 10月5日

托葉　嫩葉

星刺栲

星刺栲葉在枝條的排列為二列狀互生，托葉兩片對生早落。葉片薄革質至革質，受風吹襲處葉片會較厚，第一側脈約8~12對。葉緣以葉身先端1/3處的粗鋸齒為主。葉形以披針形至橢圓形最為常見。先端尾狀漸尖，基部略為歪斜。成熟葉葉上表面深綠色，葉下表面為帶點金屬光澤的紅褐色，老葉會較新葉紅褐，覆有類似腺鱗的附屬物。嫩葉未展開前為沿中肋向上表面對折，桃紅色。常綠樹。

年輕的葉子
下表面顏色較綠
| 5月13日

橢圓形的

常見的披針形
成熟葉
葉下表面顏色較紅
| 10月13日

上表面

下表面

10cm

較大的、
全緣葉的

略為倒披針形的

葉下表面的
腺鱗附屬物

較細小的

花蓮西林林道

高雄藤枝

阿里山

浸水營古道

臺灣各地細刺苦櫧堅果被毛情形。

細刺苦櫧、星刺栲 > STORY

橡實家族裡的三胞胎

　　殼斗家族大多是一個殼斗包覆或呈托著一顆堅果，但是苦櫧屬植物中有一群成員是殼斗中包覆三個堅果，像臺灣的星刺栲與細刺苦櫧就是屬於這一類。此特徵在苦櫧屬植物中獨樹一格，所以很容易與其他種類區別，但是她們彼此之間的關係很緊密，外觀非常接近，使得辨識與分類上較不容易釐清。

難分難解的星刺與細刺

於日治時期，早田文藏、金平亮三等日本學者，曾陸續將臺灣產的這一類植物分成六個種類，如表所示：

學名	C. stellato-spina	C. kusanoi	C. brevispina	C. brevistella	C. matsudai	C. sinsuiensis
中文名	星刺栲	細刺苦櫧		短星刺栲	松田氏櫧	浸水營栲
採集地點	南仁山	阿里山	南仁山	浸水營	牡丹	浸水營
採集時間	1909.1.14	1909.2	1909.1.	1918.12.14	1919.7.18	1918.12.14
採集者	Shunsuke Kusano（草野俊助）	Shunsuke Kusano（草野俊助）	Shunsuke Kusano（草野俊助）	Ryoso Kanehira（金平 亮三）	Matuda Eizi（松田英二）	Ryoso Kanehira（金平 亮三）
斗刺特徵	基部合生程度高且較粗較彎，密生絨毛	斗刺稍粗彎，有些被毛，基部合生位置稍深		較細直，基部合生位置較淺		
葉子特徵	葉較大通常上半部有鋸齒，極少全緣	葉較大通常上半部有鋸齒，偶有全緣		葉較小而全緣		葉較小而全緣
《臺灣植物誌》第一版分類方式	C. stellato-spina	C. kusanoi	C. stellato-spina	C. kusanoi	C. stellato-spina	C. kusanoi
《臺灣植物誌》第二版分類方式	C. fabri	C. kusanoi	C. fabri	C. kusanoi	C. fabri	C. kusanoi
《中國植物誌》	C. fabri	C. fabri	C .fabri	C. fabri	C. fabri	C .fabri

後來《臺灣植物誌》第一版就把具有硬刺合生明顯、粗而彎、密生絨毛等特徵的歸類為星刺栲；硬刺稍微合生、較細直、疏生絨毛等特徵的歸類為細刺苦櫧，形成這兩個種類。而《中國植物誌》則把臺灣所產的星刺栲與細刺苦櫧，皆與中國大陸的羅浮錐視為同一種植物。後來廖日京教授發現《中國植物誌》所描述羅浮錐之特徵「堅果表面平滑無毛」，明顯與臺灣所產不同，所以他於 2003 年的殼斗科專書中認為星刺栲與細刺苦櫧都還是臺灣特有的種類，與中國羅浮錐不同，目前我在本書採用這一種看法。

另外可以發現過去多由殼斗硬刺與葉特徵去區分她們，但從野外經驗知道許多殼斗科植物其葉形變幻莫測，殼斗附屬物的特徵也非一成不變，如三斗石櫟殼斗鱗片有時合生、有時分離；長尾栲殼斗上有的是短刺、有的只是瘤點微突。若從這兩點特徵去區分星刺栲與細刺苦櫧，這變化豐富又如此相近的物

大凍山與人工林混生的細刺苦櫧，雄花即將盛開。

種其實頗為困難。而又因為鑑別方式不同，所以不同書籍所列出的分佈地點往往皆不盡相同，會令讀者或研究調查人員感到困惑。

　　以目前我的經驗認為，這兩種植物最大區別特徵在於堅果表面的毛覆蓋程度多寡。因為毛較長而密生以至於無法看到堅果表皮者為星刺栲，只侷限分佈在滿州、牡丹與達仁等低海拔地區；若毛較短而稀疏，能清楚見到堅果表皮的則為細刺苦櫧，其分佈較廣、海拔較高，如嘉義阿里山奮起湖、花蓮鳳林瑞穗、高雄藤枝、屏東浸水營等。不過我個人採集過的標本仍有限，此區分方法是否能合理應用在臺灣這一類的所有族群，今後還有待大家的驗證了。因此星刺栲、細刺苦櫧，甚至中國大陸的羅浮錐，都可以再進一步的研究以釐清她們之間的關係。

被在乎的那棵樹

　　在嘉義縣大凍山的停車場裡有一棵細刺苦櫧，非常引人注目，因為她就 " 停 " 在其中一

個停車格中，起初只覺得很特別並沒有多想，而且相鄰的停車格常常是山友露營車停放的熱門地點，或許就是想留著她來遮陽吧。某一次在那拍攝細刺苦櫧的果實時，遇到一位當地的大哥騎摩托車載著小女童來撿果實，就與他聊天，他說：「這種樹他們當地稱呼為『暗柯』，因為她的木材不易燃燒，放進爐灶中會使火光變小變暗，但是她的果實很好吃，每年的落果期都會撿拾堅果烤來吃，從小到大已經吃了幾十年，現在也會帶著孫女一起來撿，所以當要蓋停車場時，就特別請求施工單位把這棵留下來，因為這不但是我的回憶而已，還要傳承給兒孫輩」。聽到這邊我很感動，原來這棵樹留在這裡是有原因的，並由衷的謝謝他做了這件非常有意義的事情，要不是大哥的堅持，我應該就找不到這麼棒的拍攝地點，無法聽到他的故事，也無法與這棵細刺苦櫧結緣了。

總覺得忙碌的生活，好像漸漸讓人失去「在乎」的事物，等到哪天突然想到時早已事過境遷，只剩下回憶與唏噓。我想在這位大哥的珍惜下，等這位女孩長大再來到這棵細刺苦櫧時，一定會想起童年與阿公在樹下撿果的美好時光吧！

佇立在大凍山停車場粗壯的細刺苦櫧，樹上果實累累。

烏來柯

LC 無危

別名｜淋漓、淋漓柯、椳、椳仔、椳仔樹、柯椳、
旺來柯、鱗苞栲

學名｜*Castanopsis uraiana* (Hayata) Kaneh. & Hatus.

當年生枝條
今年花期時沒有
出雌花序

15cm

去年生枝條
有發育中果序

分佈

中國大陸福建、江西、湖南、廣東、廣西。在臺灣海拔
200-1200m，可見於基隆、臺北石碇、烏來、三峽，宜
蘭福山，新竹尖石，苗栗大湖、頭份、卓蘭，臺中東
勢、和平，南投魚池、埔里、巒大山，臺東達仁林場。

物候

花期2月中-3月中，花
葉同出，果實隔年12
月成熟。

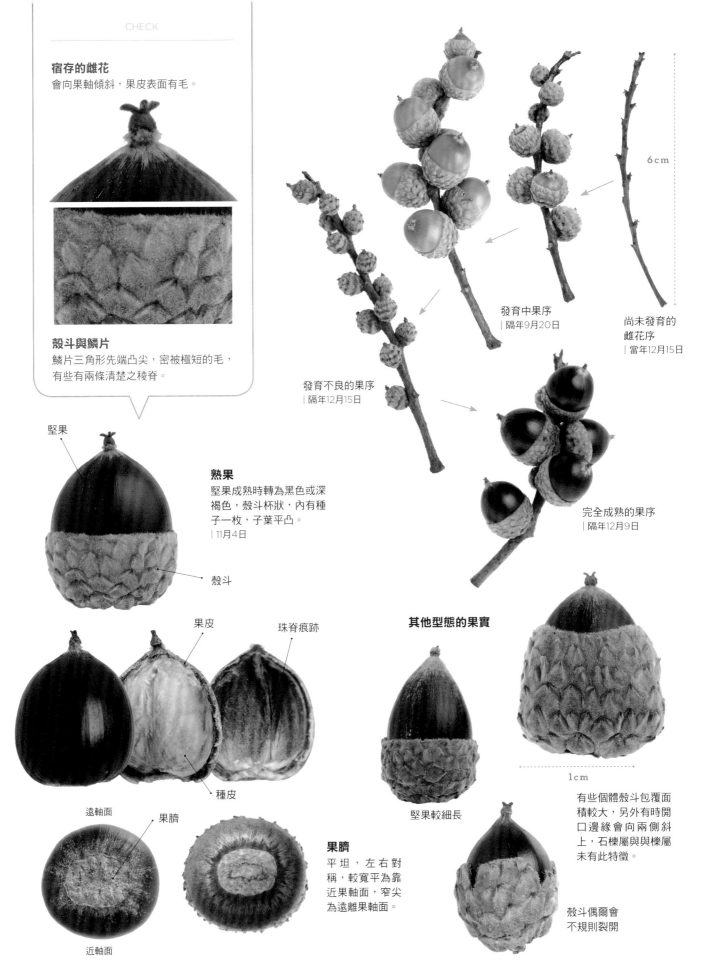

宿存的雌花
會向果軸傾斜，果皮表面有毛。

殼斗與鱗片
鱗片三角形先端凸尖，密被極短的毛，
有些有兩條清楚之稜脊。

堅果

熟果
堅果成熟時轉為黑色或深
褐色，殼斗杯狀，內有種
子一枚，子葉平凸。
| 11月4日

殼斗

果皮

珠脊痕跡

種皮

遠軸面

果臍

近軸面

果臍
平坦，左右對
稱，較寬平為靠
近果軸面，窄尖
為遠離果軸面。

發育不良的果序
| 隔年12月15日

發育中果序
| 隔年9月20日

尚未發育的
雌花序
| 當年12月15日

6cm

完全成熟的果序
| 隔年12月9日

其他型態的果實

堅果較細長

1cm

有些個體殼斗包覆面
積較大，另外有時開
口邊緣會向兩側斜
上，石櫟屬與與櫟屬
未有此特徵。

殼斗偶爾會
不規則裂開

雌花序

開花的枝條
花序與嫩葉同出，雄花
盛開時嫩葉也展開，雄
花序柔軟下垂，靠近嫩
枝基部，雌花序則腋生
在嫩枝先端。│3月2日

嫩葉

當年嫩枝條

20cm

老葉

雄花序

去年生枝條
暗褐色，有明顯菱
形網紋裂，皮孔小
而稀疏。

當年生嫩枝
幾乎光滑，僅有稀
疏且早落的短毛和
腺鱗。│3月6日

去年生枝條

2cm

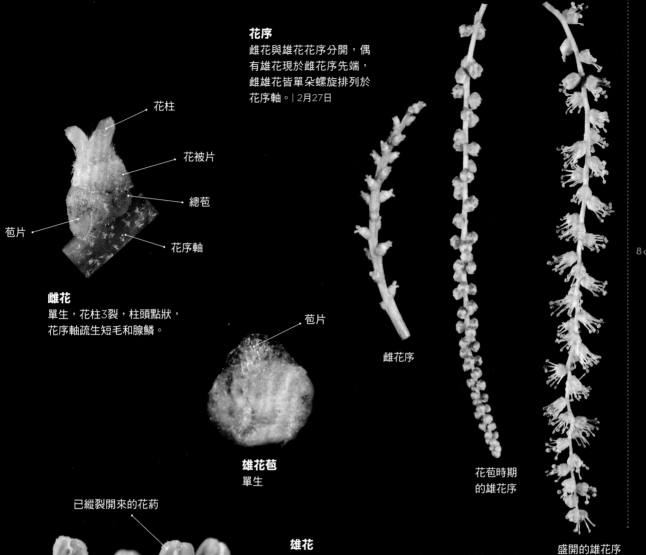

花柱

花被片

總苞

苞片

花序軸

花序
雌花與雄花花序分開，偶
有雄花現於雌花序先端，
雌雄花皆單朵螺旋排列於
花序軸。｜2月27日

雌花
單生，花柱3裂，柱頭點狀，
花序軸疏生短毛和腺鱗。

苞片

雄花苞
單生

雌花序

花苞時期
的雄花序

8cm

盛開的雄花序

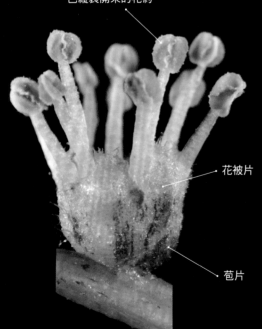

已縱裂開來的花藥

花被片

苞片

雄花
杯狀，打開角度較小，花被片6裂，遠軸面無毛
近軸面有毛，雄蕊12枚，退化雌蕊極小，上密覆
捲毛，發出味道較淡，不如其他苦櫧屬成員來的
濃烈。花序軸幾乎光滑。｜3月5日

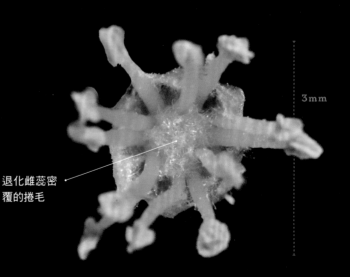

3mm

退化雌蕊密
覆的捲毛

下表面

上表面

2cm

嫩葉 | 3月3日

較細長的

以全緣葉比例較多的植株，曾被早田文藏博士發表為*Quercus randaiensis*，在烏來及巒大山採集過，較少見。

陰暗處較大的葉子

托葉

嫩葉

烏來柯葉在枝條的排列為二列狀互生，托葉兩片對生早落。葉片革質，第一側脈明顯，約7~11對。葉緣前半部鋸齒緣或全緣，葉形卵狀橢圓形至橢圓形為多，先端尾狀漸尖，基部兩側不對稱歪斜明顯。成熟葉葉表深綠色，葉背覆有腺鱗，灰綠色帶點金屬光澤。嫩葉為黃綠色，葉背鱗秕淺黃色，中肋於葉背有毛，成熟即脫落。常綠樹。

較卵圓形的

基部對稱的

較常見的成熟葉
| 9月20日

尾狀的葉尖

7cm

一般葉間偶爾參雜的極小葉

上表面

下表面

烏來柯成熟葉下表面SEM影像

歪斜的基部

鋸齒過半的

泉湧淋漓的傳說

　　烏來柯因首次發現於臺北烏來地區而得名，其種小名也是烏來之意。但在先民口中她還有另外一個響叮噹的俗名，就叫做「淋漓柯」或「淋漓」，與我們常用的汗水淋漓來形容溼透的樣子是相同意思。過去的先民因為生活必需，得常常砍伐樹木與利用，所以對於樹種的印象往往來自木材的性質，譬如說砍柴時好不好砍、木材的軟硬、顏色、紋理或易不易燃等特性來稱呼不同的物種。

　　而相傳「淋漓柯」就是在砍伐時常有大量樹液從切口流出才得此稱號，甚至有資料用泉湧來形容，讓我在初認識此植物時就對這般的畫面有無限想像！有次林試所的研究人員想在蓮華池取材，用來製做殼斗科木材標本，要我幫他們找尋合適的對象，因為要砍伐的樹徑需一定大小以上，所以心中對這工作有千百個不願意。考慮過後只好選了樹型為多個主幹組成的種類，既能滿足標本大小又能保全性命免於絕子絕孫，而烏來柯正好符合此特

涵碧步道入口棒
棒雞腿的樹型。

柔軟下垂的雄花序在風中招搖。

性，我還特地請求在砍伐時能讓我見證這傳說的泉湧。當鋸木工人準備就緒，我也興奮的拿著相機想抓住那樹液流出的一刻，但只見一陣鍊鋸嘶吼過後樹幹應聲倒地，切口卻不見任何樹液流出，那多年來的想像瞬間幻滅，心中還在失望之餘，工人則繼續將樹幹分段以便搬運，當切到靠近樹冠端約小腿粗的側枝時，突然一小股樹液從樹皮與木材間的裂縫竄流出來，剩餘的水分則緩慢滴滲到地上。

或許先民留下的傳說是「三分有點像，七分靠想像」吧，也或許剛好這棵樹樹液較少，雖與壯觀的「泉湧」有段差距，但已經足夠讓我們理解「淋漓」這稱號了。

殼斗家族中的四不像

烏來柯在植物分類上的「歸屬」問題，長久以來一直受到學者們的關注，從曾經發表過的學名中發現，她幾乎待過臺灣殼斗科植物所有的屬，如 *Quercus uraiana*、*Pasania uraiana*、*Synaedrys uraiana*、*Lithocarpus uraiana*、*Shiia uraiana*、*Castanopsis uraiana*，甚至還為了她設立了淋漓屬 *Limlia uraiana*，這項驚人的紀錄要歸功於她奇特的長相。烏來柯因殼斗為杯狀半包覆不開裂、鱗片為覆瓦狀排列，與苦櫧屬所常見的殼斗全包覆、附生硬刺且成熟開裂之特徵差異極大，故早期認為與石櫟屬關係較近，但她的葉在小枝上為二列排列、葉緣鋸齒基部歪斜、樹皮縱向溝裂、雌雄花序分開等等，都是 *Castanopsis* 苦櫧屬的特徵，若置於石櫟屬感覺又與其他該屬植物格格不入。而日本學者 Masam. 與 Tomiya 在1948 年乾脆以「淋漓」之發音創立 *Limlia* 淋漓屬，內僅有烏來柯一種。之後臺灣的植物書籍即在這三屬間各自選擇所認同的學名。

直到近代一些更深入探討的論文，如〈臺灣產殼斗科植物之分類與花粉形態之研究〉(沈中桴，1984)、〈淋漓之性狀及其分類地位之研究〉(劉思謙，1985)、與〈臺灣產苦櫧屬植物分類與遺傳變異之探討〉(陳玄武，1997) 等等，研究結果皆顯示烏來柯與苦櫧屬關係最為密切，所以目前 *Castanopsis uraiana* 這學名已經普遍為人所接受。

其實就殼斗特徵來看，烏來柯在苦櫧屬植物中並不孤單喔，因為在中國大陸也有與她相似的種類，如枹絲錐 (*Castanopsis calathiformis*)、毛葉杯錐 (*Castanopsis cerebrina*) 和苦櫧 (*Castanopsis sclerophylla*) 等等，殼斗也皆是杯狀無刺不開裂的，但雄花序就硬挺如一般苦櫧屬植物。所以相比之後烏來柯最特別的反而是那下垂的雄花序，柔軟程度是其他苦櫧屬成員所望其項背。

深溝縱裂的樹皮。

美麗可愛的樹姿

烏來柯北由基隆、南至臺東中低海拔山區皆有分佈，且常出現在溪谷兩側的邊坡，較少在稜線上，以北部烏來福山一帶及中部魚池地區最容易找尋，如日月潭涵碧步道的闊葉林主要就以烏來柯所組成，是非常理想的觀察地點。烏來柯樹型優美極具有特色，因為在較低矮處主幹就長出許多側枝，所以在空曠的環境，樹冠常形成棒棒雞腿的模樣，有些甚至是將樹幹全部包覆的球形，十分渾圓可愛。而在森林中與其他樹木競爭後則偏向半圓形，從遠方望過去，樹冠群就像一片片的積雨雲漂浮於樹海中。

樹液從樹幹滴滲而出。

另外，縱向深溝裂的樹皮隨著樹幹向上蜿蜒也令人印象深刻，非常容易辨別。曾經有此一說，以前的木工師傅蓋房子處理樑柱木材時，會稱樹皮一絲一絲的木材為「椆仔」，而烏來柯也有這個特性且材質很好，因此被稱為「正椆仔」。也因為木材不錯且福建、廣東等地也有這種樹，從大陸移民過來開墾的漢人對她不陌生，有些烏來柯分佈較多的地方就以其名為地名，例如宜蘭淋漓坑、苗栗淋漓坪等等。不過我到宜蘭淋漓坑找尋時，發現已經都開闢為果園、人工林與農地，並沒有烏來柯的蹤影，只能從地名去想像了。

在日月潭湖畔樹形
渾圓的烏來柯。

臺灣山毛櫸

別名 | 臺灣水青岡、早田氏山毛櫸
學名 | *Fagus hayatae* Palib.

LC 無危　特

| 6月7日

10cm

當年生枝條

去年生枝條

殘存的冬芽鱗片

分佈

特有種。在臺灣東北部海拔約1300-2100m之稜線上，可見於新北市南北插天山，新竹鳥嘴山，宜蘭之阿玉山、銅山、大白山及蘭崁山等。

物候

花期約4月初-4月中，花葉同出，果實當年9月成熟。10月底-11月初陸續黃葉、落葉，豐欠年的開花結果量差異極大，經學者調查發現，約4-6年才有一次豐年，依我自己在國家山毛櫸步道四年的觀察，2009、2011、2012為欠年，要找個開花的枝條都非常難，只有2010年是大豐年，結實量很大。

宿存的雌花
果皮覆有毛。

宿存花柱

宿存花被片

殼斗俯視

殼斗四瓣裂

半透光脊稜（翅）

露出於殼斗外
的宿存雌花

果皮

果臍
呈三角形微凹，
面積小。

種子

線形軟刺

熟果
有一總花梗形成的果梗，
約與果實等長，殼斗全包
覆兩枚堅果，外有線形軟
刺的附屬物，成熟後四瓣
裂，堅果三角錐形，內有
種子一枚，果皮薄，在超
出種子三側邊之處形成半
透明的脊稜或稱為翅，外
覆有毛。

堅果兩枚

2.5cm

殼斗

果梗

殼斗尚未開裂
| 當年6月6日

果實成熟殼斗開裂
| 當年9月8日

臺灣山毛櫸

去年生枝條
紅褐色，光滑，
皮孔明顯。
| 4月7日

2cm

去年生枝條

當年生嫩枝
密披長柔毛，宿存
至隔年落盡。

雌花序

開花的枝條
花序與嫩葉同出，雄花
序腋生於嫩枝基部，雌
花腋生於先端。
| 4月4日

嫩葉

雄花序

6cm

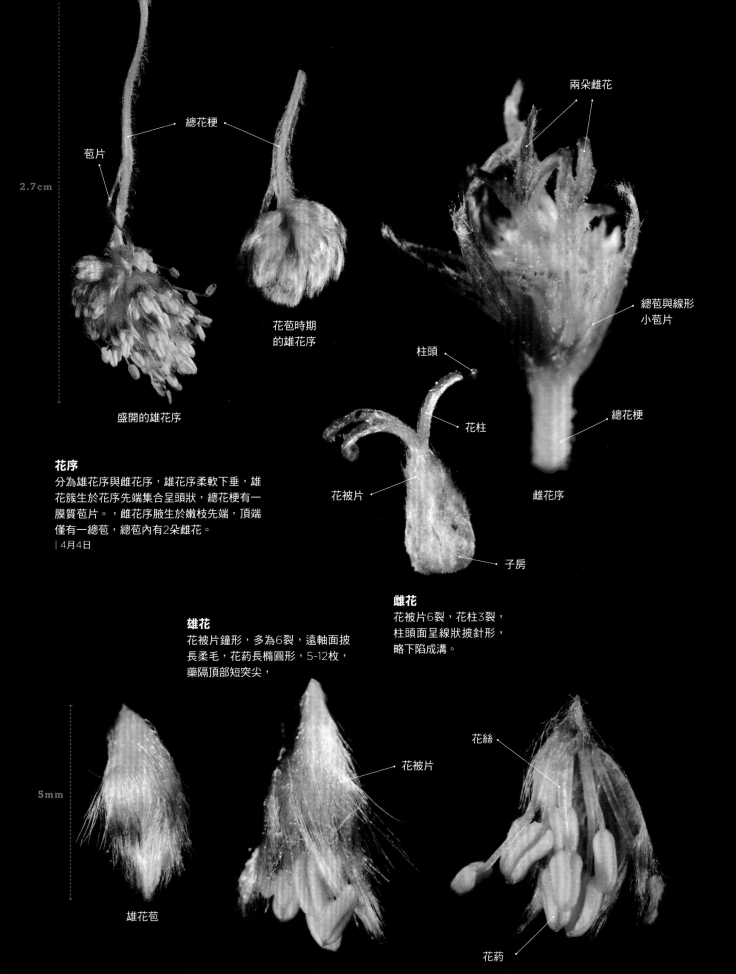

總花梗

苞片

2.7cm

兩朵雌花

總苞與線形
小苞片

花苞時期
的雄花序

總花梗

柱頭

盛開的雄花序

花柱

花被片

子房

雌花序

花序
分為雄花序與雌花序，雄花序柔軟下垂，雄
花簇生於花序先端集合呈頭狀，總花梗有一
膜質苞片。，雌花序腋生於嫩枝先端，頂端
僅有一總苞，總苞內有2朵雌花。
| 4月4日

雌花
花被片6裂，花柱3裂，
柱頭面呈線狀披針形，
略下陷成溝。

雄花
花被片鐘形，多為6裂，遠軸面披
長柔毛，花藥長橢圓形，5-12枚，
藥隔頂部短突尖，

花絲

花被片

5mm

雄花苞

花藥

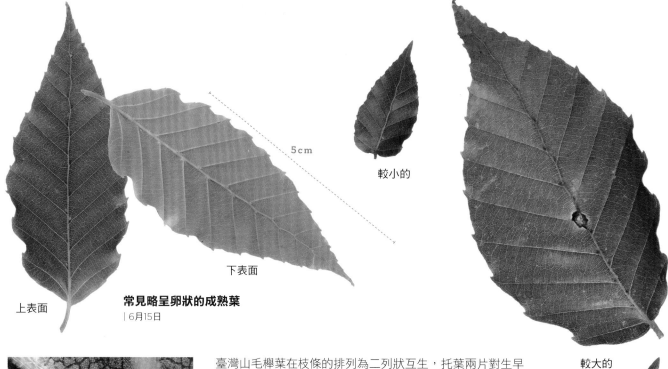

5cm

較小的

下表面

上表面

常見略呈卵狀的成熟葉
| 6月15日

較大的

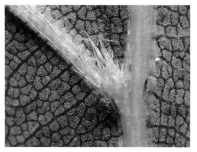

中肋與側脈交接的腋窩處有毛。

臺灣山毛櫸葉在枝條的排列為二列狀互生，托葉兩片對生早落，葉片紙質，葉形多為略成卵狀的橢圓形，先端漸尖，基部寬楔形至心形，中肋成之字形，越靠近先端越明顯，第一側脈明顯，直達齒端，約7~11對，葉背的中肋與側脈有毛，其交接的腋窩處有毛，葉緣鋸齒緣，成熟葉葉表深綠色，葉背顏色稍淺。嫩葉摺扇狀，兩面的中肋與側脈有長毛，表面的毛於成熟後脫落，葉背葉肉密披黃色腺鱗，於成熟後脫落。綠葉於11月葉色轉黃，約兩周後掉落。

托葉

芽鱗   嫩葉

秋季的黃葉
| 11月16號

菱形

葉基部心形

闊卵形

較細長

上表面

下表面

1cm

嫩葉 | 4月10號

以早田文藏博士之名命名

　　臺灣山毛櫸最早由植物採集家小西成章在 1906 年於臺北三峽的插天山一帶所採穫，標本送交東京帝國大學理學部植物教室的早田文藏教授鑑定。最初以 *Fagus sylvastica* var. ？這未定的學名刊登在 1908 年的《臺灣高地植物誌》上，認為可能是歐洲山毛櫸 (*Fagus sylvastica*) 的變種。但後來俄羅斯古植物學家 Palibin, Ivan Vladimirovich 認為是新種，因此 1911 年時以學名 *Fagus hayatae* 正式發表於《Materials for a flora of Formosa》一書中，延用至今。「*Fagus*」屬是「二名法」的創始者—林奈在 1753 年設立的，*Fagus* 一詞在拉丁文中就是山毛櫸的意思，而種小名「*hayatae*」為人名早田氏之意，是命名者 Palibin 為了感謝早田文藏所以用其姓氏來命名。

臺灣冰河時期的孑遺植物

　　臺灣山毛櫸目前在臺灣分佈非常狹隘，只在南北插天山、鳥嘴山、阿玉山、銅山、大白山及蘭崁山等特定地區的稜線上以小面積純林存在著。根據劉平妹教授、沈中桴博士與

山毛櫸葉上常見雙翅目癭蚋科的蟲癭，貌似堅果，生長在葉脈上，會隨落葉掉至地面。

黃淑玉等人的研究，從一些湖泊、三角洲及盆地沉積的花粉化石紀錄發現，水青岡屬在中更新世 (約 20 萬年前) 的冰河時期是臺灣東北部很重要的建群物種，且種類不只一種，最南還可能分佈到北迴歸線附近，因此了解到水青岡屬植物在當時分佈遠比現存的廣泛許多。

　會有這樣的變化主要來自地球氣候的變遷，當冰河時期來臨時全球氣溫降低，海平面下降一百多米，而深度僅有七八十米的臺灣海峽即消失形成陸橋，原先在高緯度地區的山毛櫸逐漸南遷，就經由陸橋從中國大陸進入臺灣，而落葉性的山毛櫸比一些常綠樹種更適應這種低溫的環境漸漸形成優勢的純林，而對山毛櫸來說臺灣就是冰河時期的「避難所」。但當冰期消退氣溫回暖時，山毛櫸又逐漸回到高緯度的地區，但有些族群卻往高海拔的山區遷移，隨氣溫上升她們也只能繼續往上爬，直到今日這種退縮於稜線的局面，有如逃難時卻不小心進入了死胡同的窘境。因此像臺灣山毛櫸這種冰河時期廣泛分佈，現今卻退縮形成的稀有種，也被稱之為「冰河孑遺」的植物。另外，臺灣山毛櫸皆分佈在東北季風盛行的地區，因此學者們推測這種終年冷涼多濕的氣候或許也是她選擇棲地的條件。在中國大陸有個相近種類—巴山水青岡 (*Fagus pashanica*)，也是小族群零星分散在湖北、湖南、陝西、四川與浙江等省。沈中桴博士在他的世界水青岡屬專題論文中認為該分類群為臺灣山毛櫸的亞種 (*Fagus hayatae* subsp. *pashanica*)，《中國植物誌》(Flora of China) 則與臺灣產的視為同一種，所以到目前為止，這兩個分類群的關係還尚未明確，需待更多的研究，來解開這些山毛櫸在族群遷徙、演化歷史的秘密。

金黃閃耀的山毛櫸。

以稜線為區隔，東向迎風坡面團聚著雲霧與西面的背風坡面。

北臺灣的金色山脈

因為臺灣山毛櫸的稀有性和特殊性，政府單位對於她的保護與研究給予很大的關注，是目前「文化資產保存法」所公告的五種珍稀植物之一，並劃設「插天山自然保留區」予以保護。自 2009 年開始，林務局推動「臺灣水青岡森林生物多樣性調查及保育機制之研究」三年計畫，對臺灣山毛櫸進行廣泛且深入的研究，成果可參考陳子英教授所編著的《冰河子遺的夏綠林—臺灣水青岡》一書。

而除了學術研究的價值外，臺灣山毛櫸的四季變化也是非常具有觀賞性，在春季時約清明節前後，嫩葉剛從冬芽吐出春意濃鬱；夏季枝葉茂盛，一片綠意盎然；秋季約在十月底至十一月初時，葉子陸續轉黃，從遠處望去整個稜線形成一條金色山脈，極為壯觀。若在林下仰望葉子透著陽光，樹冠層又變的金碧輝煌、閃耀動人。但這樣的美景稍縱即逝，黃葉只能維持兩到三周的時間，而量最大葉最黃又只有短短三四天的光景，因此不等人的美景得好好把握。

等葉落盡後就進入冬季，這時強勁的東北季風所帶來豐厚的水氣，使得森林常籠罩在雲霧中，映上後方多姿擺弄的枝幹，真像在看一場山中的皮影戲！而臺灣山毛櫸最佳的觀賞地點就在太平山的「臺灣山毛櫸國家步道」，由早期伐木時運送木材的鐵道所改建而成，建議讀者們在休閒時不妨去走一走喔。

驚險難忘的阿玉山行

回憶起我第一次見到臺灣山毛櫸是在大學的時候，老師連同助教、學生一行約二十多人前往宜蘭阿玉山做樹木學的戶外教學。原以為是短途山路，所以只帶了半天的水與乾糧，早上八點浩浩蕩蕩從福山植物園出發，一路走走停停邊看植物，到下午兩點多才陸續抵達山頂的廢墟，這時大伙兒士氣高昂的拍登頂照留念，而且看老師所遙指的位置，山毛櫸應該就在不遠處的稜線上等著我們！

吃完乾糧稍作休息後又繼續前行，雖說不遠但穿過一片箭竹草地和人造林後，就在稜線上不停的爬上爬下，好不容易看到山毛櫸時竟然已經五點多了。接著老師說大家來抱一抱山毛櫸的樹幹吧，等等下切後沿著溪谷就到福山園區了。那時已經走一天的路，而天色漸晚又無水無糧其實心中不免擔憂，但聽老師這麼一說後覺得情況應該沒這麼糟吧，高興的給山毛櫸一個抱抱後一夥人又往溪谷走去。之後的情境大概就是一個晴朗的夜空，掛著碩大皎潔的月亮，月光將森林染成灰藍色調。但這深山夜裡卻一點也不平靜，老師在前頭

淡定的喊著快到了快到了，助教拿著一兩盞頭燈努力尋著路線和預防潛伏的蛇，後頭大學生們則是一個緊挨著一個發出聲音或聊著天，確保後面同學有跟上，樹上的貓頭鷹則歪著頭望著這群不速之客，不時也來參個兩聲。

好不容易抵達溪谷時，已經走快10個小時沒喝水了，大夥兒就像難民一樣搶著裝溪水，從來不知道水是這麼的好喝。就這樣又一路摸黑，走到園區時已經是半夜一點了！在園區工作的大哥們也連帶受累，不但扛了一箱箱運動飲料一直在園區外圍等候、在餐廳煮了鹹粥，還要載我們到火車站才下班回家。

事後回想，若當時遇上天候不佳、有人受傷或被蛇類所咬，那後果可不堪設想。這次有驚無險的山毛櫸之旅，大夥兒能平安下山實在非常幸運，也是一段永生難忘的經驗。

從步道向銅山遠望的金色山脈。

臺灣山毛櫸的春(左上)夏(右上)秋(左下)冬(右下)。

杏葉石櫟

別名 | 苦扁桃葉石櫟、杏葉柯、校力、校櫟、校栗
學名 | *Lithocarpus amygdalifolius* (Skan) Hayata

LC 無危

18cm

帶果的枝條
有快成熟果實。
臺東達仁 | 10月18日

當年生的枝條

去年生的枝條

分佈

在中國大陸分佈於北回歸線以南，如福建、廣東等地。在臺灣族群數量頗多，中部中海拔至低海拔山區都十分常見，如臺中大雪山、八仙山，南投蓮華池、溪頭，嘉義阿里山，高雄中之關、藤枝等，海拔約600-2300m。另外恆春半島如臺東大武、達仁，屏東牡丹、滿州等常見低海拔之族群，海拔約200-500m。

物候

常綠樹。花葉同出，花盛開時新葉已經成熟。恆春半島低海拔族群盛花期約在2-4月間，中低海拔族群則隨海拔越高盛花期越晚，約在4-7月間，果實於隔年10-12月成熟。

恆春半島

中央山脈

宿存的雌花
於恆春半島所採集的植株有明顯同心環線條的柱座。於南投地區的植株則沒有明顯的柱座。果皮密被短毛。

柱座

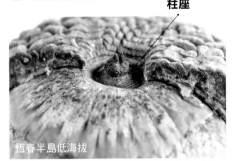

恆春半島低海拔

南投地區中海拔

殼斗與鱗片
鱗片變化多，覆瓦狀排列至癒合的皆有。形狀寬至狹窄皆有，中間的脊有的隆起明顯，有的則不明顯。

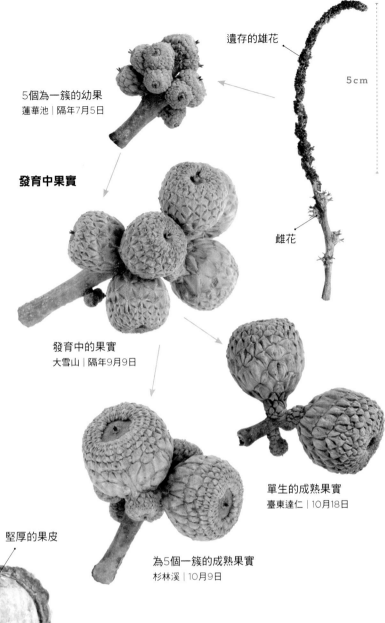

遺存的雄花

5cm

5個為一簇的幼果
蓮華池│隔年7月5日

發育中果實

雌花

發育中的果實
大雪山│隔年9月9日

單生的成熟果實
臺東達仁│10月18日

為5個一簇的成熟果實
杉林溪│10月9日

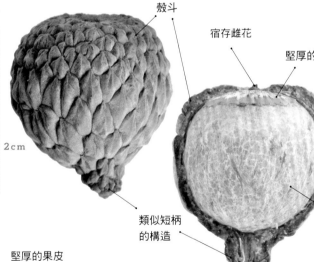

殼斗

宿存雌花

堅厚的果皮

2cm

類似短柄的構造

果臍
佔有大部分面積

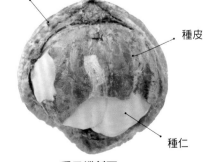

堅厚的果皮

種皮

種仁

種子縱剖面

熟果
於恆春半島果實多為單生或有3個一簇，於中部地區多為3至5個為一簇。殼斗幾乎包覆所有的堅果，只有在先端露出少數果皮。
│10月18日

其他形態的果實
鱗片為癒合的

鬼石櫟

鬼櫟、鬼柯、櫧葉石櫟、錐栗葉石櫟

學名 | *Lithocarpus lepidocarpus* (Hayata) Hayata

LC 無危　特

帶果的枝條
| 10月1日

雌雄混合花序

當年生枝條
有剛開完的花序

當年新葉

30cm

去年生枝條
先端有近成熟果實

分佈

臺灣特有種。常見，多分佈於中部、南部中高海拔山區，北起桃園北東眼山，南至臺東知本，海拔約800-2300m。

物候

常綠樹。5月為出芽期，6月新葉已經成熟，8月於新葉葉腋長出花苞，9月花盛開。果於隔年10月底-12月成熟。

宿存的雌花

沒有明顯的柱座。果皮密被稀疏的毛。

殼斗與鱗片

鱗片覆瓦狀排列，但是於殼斗底部和側邊的鱗片，因為增長的較大，其形狀、大小與脊的數量都不是很整齊，僅在頂部的鱗片才較有規律的排列。

同為一簇，
皆有發育的果實。

發育中果實

遺存的雄花

遺存的雄花

10cm

雌花

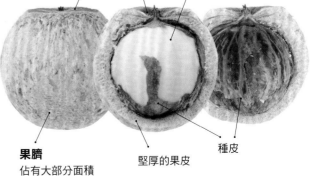

雌雄混合花序
| 10月1日

發育中果實
| 8月6日

發育中果實
| 5月31日

宿存雌花

堅果

堅厚的殼斗

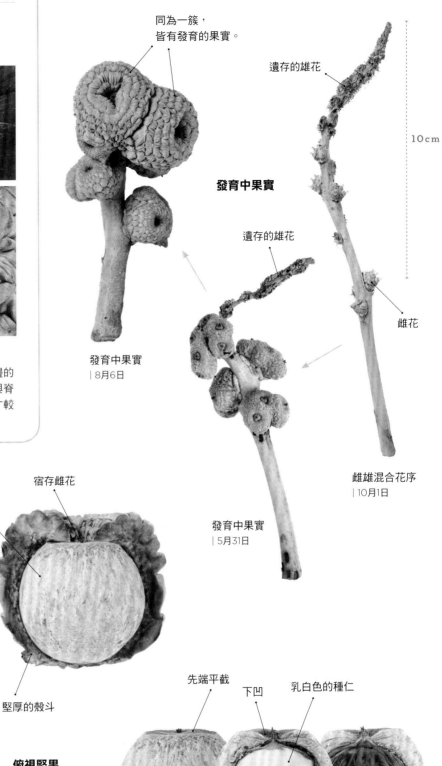

2cm

俯視堅果

先端平截

下凹

乳白色的種仁

種皮

果臍
佔有大部分面積

堅厚的果皮

熟果

果實多為3或5個合生為一簇。堅果多為圓球形，先端平截中央下凹，內有種子一枚。殼斗極厚硬，且除了先端宿存雌花外，幾乎將堅果全部包覆住，十分特別。
| 11月11日

開花的枝條
花序盛開時，當年新葉還未
完全成熟，雄花序硬挺上
舉，於當年枝條先端或靠近
先端的葉腋長出，雌雄混合
花序通常在最先端。
屏東牡丹｜4月10日

雌雄混合花序

雄花序

去年生老葉

當年生的新葉

15cm

去年生枝條

當年生嫩枝
密被黃色短毛，早落。

去年生枝條
覆蓋有類似腺鱗的附
屬物，皮孔不明顯。
｜6月10日

3cm

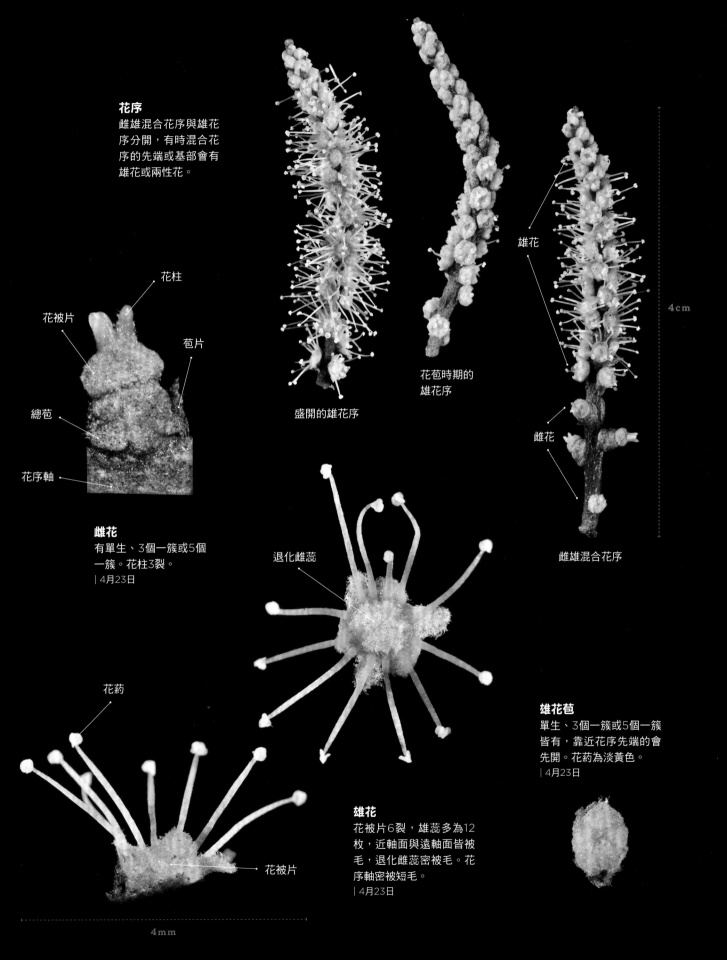

花序
雌雄混合花序與雄花
序分開,有時混合花
序的先端或基部會有
雄花或兩性花。

花柱

花被片

苞片

總苞

花序軸

雄花

花苞時期的
雄花序

盛開的雄花序

雄花

雌花

雌雄混合花序

4cm

雌花
有單生、3個一簇或5個
一簇。花柱3裂。
| 4月23日

退化雌蕊

花藥

雄花苞
單生、3個一簇或5個一簇
皆有,靠近花序先端的會
先開。花藥為淡黃色。
| 4月23日

花被片

雄花
花被片6裂,雄蕊多為12
枚,近軸面與遠軸面皆被
毛,退化雌蕊密被毛。花
序軸密被短毛。
| 4月23日

4mm

當年生嫩枝
有明顯的五條稜，密被
淡黃色短毛，早落。

4cm

去年生枝條
灰綠色，覆蓋有類
似腺鱗的附屬物，
皮孔淡黃色，小而
不明顯。
| 5月31日

雄花序

雌雄混合花序

30cm

當年生嫩枝

當年生的新葉

開花的枝條
花序盛開時，當年新葉已完
全成熟，雄花序硬挺上舉，
於當年枝條先端或靠近先端
的葉腋長出，雌雄混合花序
通常在最先端。
| 8月26日

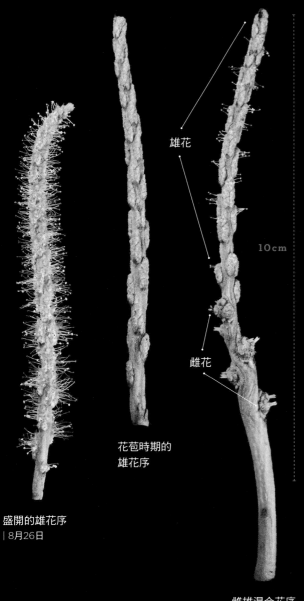

雄花

雌花

10cm

花苞時期的
雄花序

盛開的雄花序
| 8月26日

雌雄混合花序

花序
雌雄混合花序與雄花
序分開,混合花序的
基部會有雌花,雄花
則在近先端部。

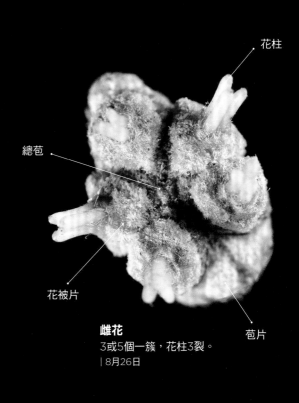

花柱

總苞

花被片

苞片

雌花
3或5個一簇,花柱3裂。
| 8月26日

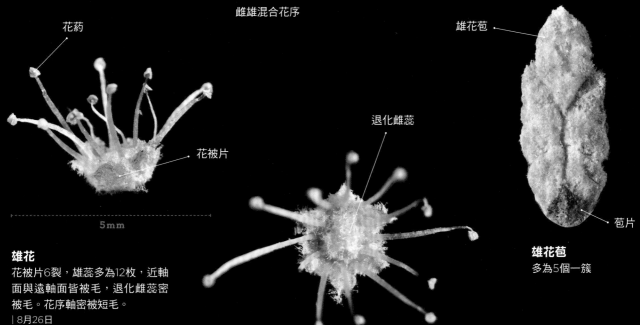

花藥

花被片

5mm

雄花
花被片6裂,雄蕊多為12枚,近軸
面與遠軸面皆被毛,退化雌蕊密
被毛。花序軸密被短毛。
| 8月26日

退化雌蕊

雄花苞

苞片

雄花苞
多為5個一簇

上表面

第一側脈較多

13cm

下表面

**於中部地區常見
長橢圓形的成熟葉**
大雪山林道｜9月11日

杏葉石櫟成熟葉下表面
SEM影像

葉背較銀白色的
蓮華池｜6月14日

較大的
屏東199縣道

杏葉石櫟

杏葉石櫟葉在枝條上為螺旋狀互生，托葉兩片對生早落。葉形變化豐富，主要分為恆春半島與中部中海拔兩種型。兩型互相比較：恆春半島之族群葉多為長倒卵至倒披針形、革質、第一側脈約10-14對；中部中海拔之族群葉多為長橢圓形、薄革質、第一側脈約18-20對。葉皆全緣、淺波浪或偶有齒牙狀，先端漸尖尾狀，基部漸漸縮為楔形，葉柄短。葉上表面光滑，下表面為略淺綠色、銀綠色或黃綠色皆有，以SEM觀看，下表面表皮覆有星狀毛，星狀毛上又有一層易破裂類似薄蠟的物質。嫩葉密被黃色早落的短毛。常綠樹。

較細長的
屏東199縣道

較小的
屏東199縣道

較細長的
大雪山林道
｜9月29日

葉緣波浪至齒牙狀的
屏東199縣道

**於墾丁半島常見
倒披針的成熟葉**
屏東199縣道｜5月1日

下表面

3cm

嫩葉｜9月9日

下表面

上表面

鬼石櫟成熟葉下表面
SEM影像

**常見長橢圓形的
成熟葉**
| 8月29日

上表面

20cm

下表面

較大的

較細長的

鬼石櫟

鬼石櫟葉在枝條上為螺旋狀互生，葉片略呈下垂，托葉兩片
對生早落。葉形變化不大，葉片革質，第一側脈明顯，約
13-17對。葉全緣會略呈淺波浪，多為橢圓至長橢圓形或長
卵形，先端短尾狀，基部漸漸縮為楔形，葉柄短。葉上表面
光滑，下表面為略白的淺綠色，以SEM觀看，下表面表皮覆
有星狀毛，星狀毛上又有一層易破裂類似薄蠟的物質。嫩葉
淺綠色，被有一些短毛。常綠樹。

托葉

嫩葉

5cm

上表面

嫩葉 | 5月31日

較小的

下表面

卵形的

杏葉石櫟

不是杏葉的杏葉石櫟

　　杏葉石櫟發現過程與臺灣石櫟相似，都是由愛爾蘭植物學家亨利·奧古斯丁 (Augustine Henry) 於 1894 年 5 月間在鵝鑾鼻 (South Cape) 所採集，後來標本交由英國植物學家斯坎 (S. A. Skan) 在 1899 年的林奈學會植物學雜誌中發表的新種。種小名 *amygdalifolia* 為形容其葉子很像扁桃樹 (*Amygdalus communis* L.) 的葉子，皆為披針形。扁桃樹為薔薇科桃屬植物，因為果實如扁掉的桃子而得名，人體的扁桃腺也是形如扁桃才有此稱，其種仁就是我們常吃的「杏仁果」，也能壓榨做為皮膚保養與按摩用油，又分為甜、苦兩品種，至於植物學家為何會選苦的做為杏葉石櫟的中文名就不得而知了。

　　不過有趣是，杏葉石櫟的葉形卻不是「杏葉」的，因為在植物分類中的杏樹 (*Armeniaca vulgaris*)，也就是種仁可以做成我們所喝有特殊味道的「杏仁茶」，其葉子是寬卵形的而非披針形。所以食物上我們常把「杏仁果」與「杏仁茶」這兩種植物搞混在一起，而橡實家族中卻也把「苦扁桃葉」與「杏葉」都用來稱呼同一種植物的葉形，也算是個意外巧合吧！

果臍面積最大化

由於杏葉石櫟與鬼石櫟的堅果大部分被殼斗包覆住，在橡實家族石櫟屬裡顯得很奇特。在石櫟屬中殼斗包覆堅果的方式可依據果臍（堅果與殼斗相連之處）型態分成兩類，第一類為果臍凹陷且占有面積小，僅以殼斗邊緣沿著果皮向上延伸，如浸水營石櫟、短尾葉石櫟等；第二類為果臍外翻凸出、面積較大，與殼斗一同包覆堅果，臺灣的杏葉石櫟與鬼石櫟這兩個種即是屬於這類群，且是世界的石櫟屬當中果臍占有面積最多的種類。而果臍面積的變化可以看成是一連續過程，在中國大陸、東南亞的石櫟屬中就有許多種類介於浸水營石櫟與杏葉石櫟之間，在臺灣則有小西氏石櫟與後大埔石櫟為代表。所以，雖然浸水營石櫟與杏葉石櫟都屬於殼斗包覆較多的，表面看起來比較相似，但若從果臍去觀察反而會認為這兩種有極大的差異了。

杏葉石櫟樹皮呈小片狀剝落。

中海拔的杏葉石櫟仍有板根的現象，如圖中的板根約一個小孩高度。

中海拔的谷某石櫟樹勢雄偉，恆春半島的族群相對矮小許多。

種內分化的族群

　　杏葉石櫟在臺灣從恆春半島低海拔至中部中海拔的山區都時常見得到，但這兩個是截然不同的環境，且從型態上與開花花期這兩個生育地的族群已經有所區別了，例如恆春半島所見葉形多為倒披針形，較厚，第一脈數約在 10-14 對，雌花與果實多為單生，堅果先端有柱座，花期 2-4 月；中海拔的族群，葉形多為長橢圓形、較薄，第一脈數約在 18-20 對，雌花多為 5 個一簇，果實殼斗多為 5 個相連，花期 4-7 月，堅果先端無柱座。所以於不同生育環境的篩選下，再加上花期不同形成生殖隔離，使基因無法交流，或許再過許久許久的時間之後，這兩族群的差異又更大，漸行漸遠，最後形成不同的種類吧！不過目前植物學者還未曾將這兩族群做過比較，也未曾做變種處理，若能對她們與中國大陸之杏葉石櫟族群，甚至加入臺灣特有的鬼石櫟一同做深入研究，說不定又能發現一段臺灣植物有趣的自然史。

山裡真的有鬼！

　　鬼石櫟是臺灣特有的植物，最早於 1906 年 12 月 5 日由森丑之助歷經一場生死交關的採集行動，倖存後所帶回來的標本，採集地為臺東的異肉福社 (Inikufukusha)。早田文藏博士將這一新物種發表在 1911 年《臺灣植物資料》(Materials for a flora of Formosa) 一書中，種小名 *lepidocarpus* 為果實有鱗片之意，形容殼斗上有許多鱗片。

鬼石櫟

力行產業道路兩側時常有鬼石櫟出現。

　　鬼石櫟一詞最早紀錄於佐佐木舜一於 1928 年出版的《臺灣植物名彙》(List of Plants of Formosa) 一書中，裡面有提到「オニガシ」，「オニ」是「鬼」的意思，「ガシ」為「樫」代表橡樹一類，就是我們現在稱呼的鬼石櫟，而在日語的接頭詞中，鬼可以代表「特大的」、「厲害的」。的確，鬼石櫟的果實在臺灣橡實家族中算塊頭最大的了，除了堅果外再加上厚厚的殼斗包覆著，直徑可以在 5 公分以上就像顆拳頭般大，不認識的人走在林子遇到了搞不好還大喊一聲：「這什麼鬼阿！」，不難想像當初遇見她的日本學者有多麼驚訝。也因為她夠大，就被研究人員相中其種仁富含澱粉的食用價值，曾計畫把她開發成混農林業的經濟樹種，將之種植在一些地質脆弱不適合農耕之坡地，以達到水土保持與經濟兼顧的效果。

有問題的模式標本

　　當時森丑之助所採的標本目前一份存放在林業試驗所植物標本館中（館號 7450，沒有果實），一份放置於日本東京大學植物標本館（館號 T00138，有果實）。但不知道是森氏在

採集時被布農族人追殺的緣故，或者整理標本時發生什麼問題，這標本裡面卻同時含有大葉石櫟的枝葉、鬼石櫟的果實。後來於 1981 年經廖日京教授研究過後發現這問題，認為早田文藏博士於原始發表文獻中有明確描述出鬼石櫟果實之特徵，所以就排除了大葉石櫟枝葉部分，將較易辨識的鬼石櫟果實的標本指定為選定模式標本 (lectotype)，以求學名的正確性與延續性。而同樣標本為鬼石櫟但較晚被發表的櫧葉石櫟 (*Lithocarpus castanopsisifolius*) 則被歸為 *Lithocarpus lepidocarpus* 的同物異名了，因此在《臺灣植物誌》第二版即使用 *L. lepidocarpus* 作為鬼石櫟的學名。但是 1999 年出版的《臺灣維管束植物簡誌 第二卷》卻有不同看法，認為 *L. lepidocarpus* 是杏葉石櫟，並以 *L. castanopsisifolius* 作為鬼石櫟學名，因此變成鬼石櫟有兩個學名的狀況。但最初早田文藏博士發表 *L. lepidocarpus* 時的拉丁文描述明確指出「堅果扁球形，直徑 1.5 公分，先端截斷的，下凹」，除大小偏小外，其餘特徵皆與鬼石櫟吻合，因此本書還是依據廖日京教授的方式來處理。

鬼石櫟 VS. 杏葉石櫟辨識技巧

　　鬼石櫟與杏葉石櫟是非常相近的物種，鬼石櫟的海拔要比杏葉石櫟稍高，從外觀型態上看葉子不易區分，普遍上來說鬼石櫟葉子要大些，主要的區別在於果實。鬼石櫟殼斗較厚，幾乎完全包覆堅果，堅果先端平截下凹；杏葉石櫟殼斗較薄，90% 包覆堅果，堅果先端凸起。兩者花期也錯開了，鬼石櫟花期甚晚約在 9 月底 -10 月間盛開，進入果熟期還有剛開完的花；而杏葉石櫟則於 2-7 月間開花。

鬼石櫟的樹皮也是呈小片狀剝落。

日本東京大學植物標本館館號 T00138 之幼果，被廖日京教授指定為 *Lithocarpus lepidocarpus* 之模式標本(圖片提供／蔡思怡)。

短尾葉石櫟

別名 | 短尾柯、大葉杜、東南石櫟、嶺南石櫟、嶺南柯
學名 | *Lithocarpus brevicaudatus* (Skan) Hayata

LC 無危

25cm

當年生枝條

帶果的枝條
在去年生枝條上有
發育中的果實。
| 9月20日

分 佈

廣佈於中國長江以南各省。在臺灣
普遍分佈於中低海拔山區,海拔200-
2000m左右。

物 候

常綠樹。3月為抽芽期,花葉同出,
花盛開時新葉已經成熟。盛花期約在
4-6月間,果實於隔年10-12月成熟。

宿存的雌花
果皮有一層白蠟覆蓋，無明顯的柱座。

殼斗與鱗片
鱗片三角狀，密被淺黃色短毛，有明顯的
棱脊。先端尖突有橘黃色短毛。

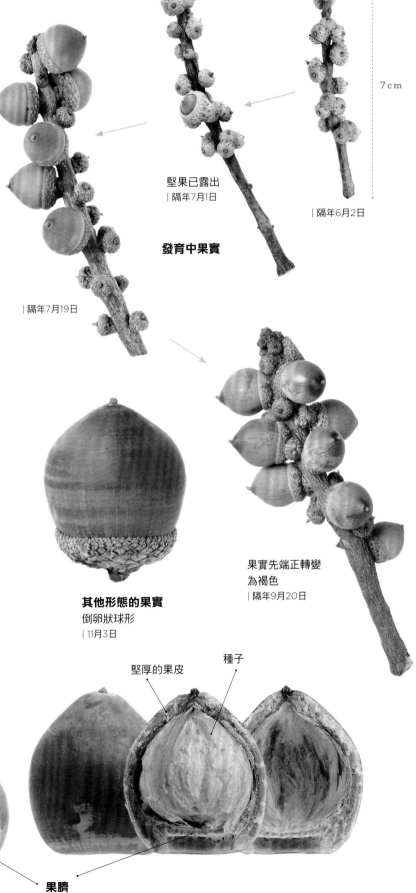

堅果已露出
| 隔年7月1日

| 隔年6月2日

7cm

發育中果實

| 隔年7月19日

宿存雌花

堅果

殼斗

3cm

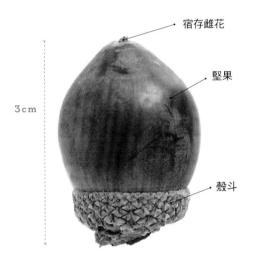

熟果
果實多為3個一簇，堅果稍長的圓錐形至倒卵狀球形、
扁球形皆有。果皮有層白蠟，成熟時為褐色或黑紫色，
內有種子一枚，殼斗淺盤狀，包覆堅果甚少。
| 10月28日

其他形態的果實
倒卵狀球形
| 11月3日

果實先端正轉變
為褐色
| 隔年9月20日

堅厚的果皮　　種子

果臍
近圓形，凹陷

大葉石櫟

別名 | 川上氏石櫟、大葉柯、大葉校栗
學名 | *Lithocarpus kawakamii* (Hayata) Hayata

LC 無危　**特**

當年生的枝條

25cm

帶果的枝條
在去年生枝條上有快要
成熟的果實。
| 10月23日

分佈

臺灣特有種。於中高海拔山區極為常
見，在臺東因受東北季風影響低海拔
即可能出現，海拔600-2500m左右。

物候

常綠樹，3月為抽芽期，花葉同
出，花盛開時新葉已經成熟。主
要盛花期約在6-7月，果實於隔年
11-12月間成熟。

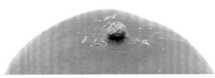

宿存的雌花
果皮有一層白蠟覆蓋，無明顯的柱座。

殼斗與鱗片
鱗片三角狀，密被灰黃色短毛，有明顯的棱脊凸出，至先端形成尖突。

| 隔年6月12日

| 當年9月6日

發育中果實

20cm

已露出堅果進入
迅速發育階段
| 隔年8月6日

快要成熟的果實
| 隔年10月23日

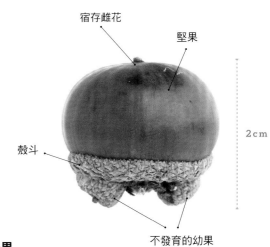

宿存雌花

堅果

殼斗

不發育的幼果

2cm

熟果
果實多為3個一簇，堅果多為扁球形，偶有倒卵狀球形。果皮有層白蠟，成熟時為褐色或黑紫色，內有種子一枚，殼斗淺盤狀，包覆堅果甚少。
| 10月26日

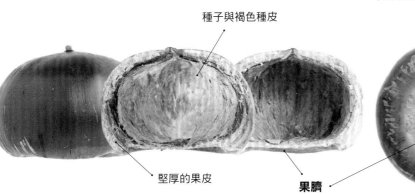

種子與褐色種皮

堅厚的果皮

果臍
近圓形，凹陷，面積較寬大

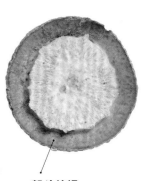

殼斗俯視
殼斗內壁有些許短毛

雌花序

雄花序

開花的枝條
花序盛開時，當年新葉已
成熟，雄花序硬挺上舉，
於當年枝條先端或靠近先
端的葉腋長出，雌花序則
出現在最先端。
| 4月14日

25cm

當年生枝條

去年生枝條
綠色，尚未木
質化，皮孔小
且稀疏。
| 4月8日

當年生新葉

當年生嫩枝
有很稀疏早落
的毛，有明顯
5個稜。

4cm

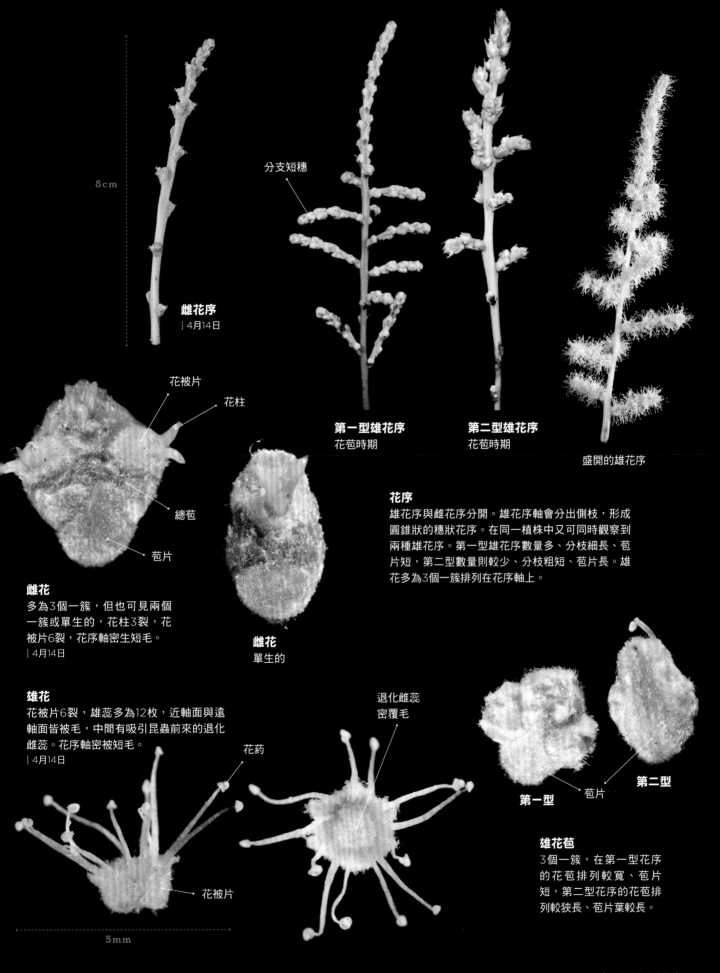

雌花序
| 4月14日

分支短穗

第一型雄花序
花苞時期

第二型雄花序
花苞時期

盛開的雄花序

花被片

花柱

總苞

苞片

雌花
多為3個一簇,但也可見兩個
一簇或單生的,花柱3裂,花
被片6裂,花序軸密生短毛。
| 4月14日

雌花
單生的

花序
雄花序與雌花序分開。雄花序軸會分出側枝,形成
圓錐狀的穗狀花序。在同一植株中又可同時觀察到
兩種雄花序。第一型雄花序數量多、分枝細長、苞
片短,第二型數量則較少、分枝粗短、苞片長。雄
花多為3個一簇排列在花序軸上。

雄花
花被片6裂,雄蕊多為12枚,近軸面與遠
軸面皆被毛,中間有吸引昆蟲前來的退化
雌蕊。花序軸密被短毛。
| 4月14日

花藥

退化雌蕊
密覆毛

第一型

苞片

第二型

花被片

雄花苞
3個一簇,在第一型花序
的花苞排列較寬、苞片
短,第二型花序的花苞排
列較狹長、苞片葉較長。

5mm

開花的枝條
花序盛開時，當年新葉已
成熟，雄花序硬挺上舉，
於當年枝條先端或靠近先
端的葉腋長出，雌雄混合
花序則出現在最先端。
| 6月2日

雌雄混合花序

發育中的幼果

雄花序

27cm

去年生枝條

當年生嫩枝
密生早落的短毛，
有明顯五個稜。

去年生枝條
白黃色，已木
質化，皮孔白
色，很多。
| 9月6日

4cm

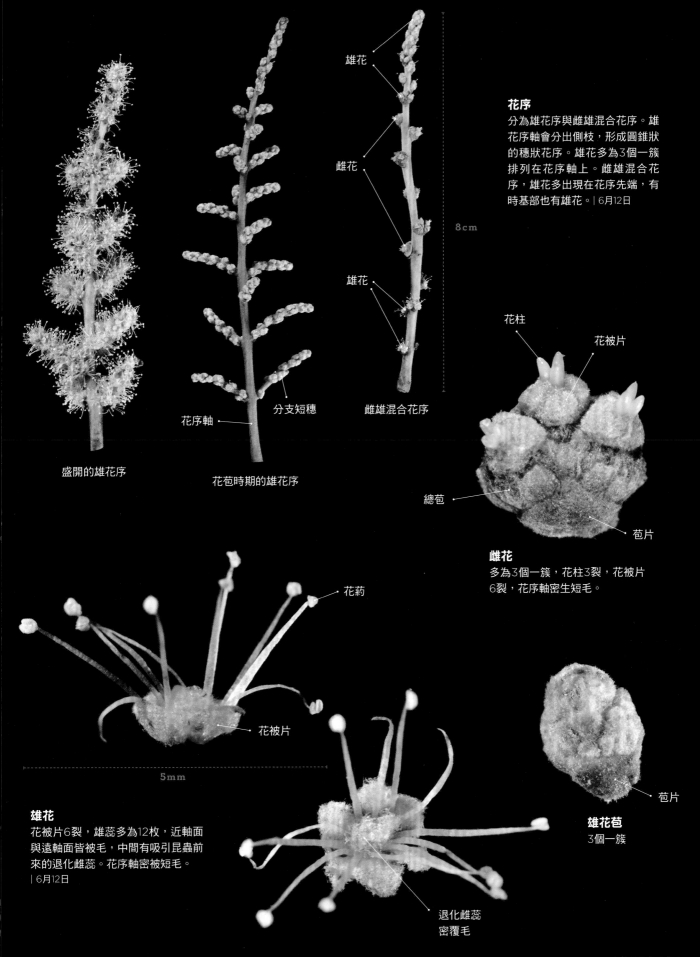

花序
分為雄花序與雌雄混合花序。雄花序軸會分出側枝，形成圓錐狀的穗狀花序。雄花多為3個一簇排列在花序軸上。雌雄混合花序，雄花多出現在花序先端，有時基部也有雄花。| 6月12日

雄花

雌花

8cm

雄花

花柱

花被片

盛開的雄花序

花序軸

分支短穗

雌雄混合花序

總苞

苞片

雌花
多為3個一簇，花柱3裂，花被片6裂，花序軸密生短毛。

花苞時期的雄花序

花藥

花被片

5mm

苞片

雄花苞
3個一簇

雄花
花被片6裂，雄蕊多為12枚，近軸面與遠軸面皆被毛，中間有吸引昆蟲前來的退化雌蕊。花序軸密被短毛。
| 6月12日

退化雌蕊
密覆毛

先端短尾狀

第一側脈明顯常被戲稱為魚骨頭

短尾葉石櫟成熟葉下表面SEM影像

氣孔

下表面

常見倒披針形的成熟葉
| 9月20日

20cm

上表面

基部截形

淺波浪狀

較小的

葉下延至葉柄基部，萌蘗葉。

短尾葉石櫟

短尾葉石櫟的葉子在枝條上為螺旋狀互生，托葉兩片對生早落。葉片革質，第一側脈於下表面凸起明顯，約9~13對。葉緣為全緣，極少先端有鋸齒的。葉形變化豐富，倒卵形、倒披針、橢圓形至長橢圓形皆有。先端短尾狀，基部楔形、截形或下延至葉柄。成熟葉葉上表面為深綠色，下表面為稍淺之綠色，皆光滑無毛。嫩葉上被有白色的短毛，葉成熟後即脫落。常綠樹。

以葉緣淺波浪狀為主的植株，且葉較厚側脈較不明顯，特殊少見此葉形與香港的港石櫟較為相似。
屏東199縣道

葉先端有鋸齒，在萌蘗葉或陰暗處偶爾可見。

嫩葉 | 3月22日

上表面

3cm

下表面

托葉

嫩葉

較大的

大葉石櫟成熟葉
下表面SEM影像

氣孔

**較常見倒披針形
的成熟葉**
| 9月6日

波浪狀

下表面

上表面

20cm

粗鋸齒

第一側脈
相當明顯

較大的，鋸齒極粗的

5cm

上表面

下表面

嫩葉 | 5月10日

大葉石櫟

大葉石櫟的葉子在枝條上為螺旋狀互生，托葉兩片對生早落。葉片革質，第一側脈於下表面凸起明顯，約10~13對。葉緣先端常有1~2對的粗鋸齒與波浪狀。葉形多為倒卵形、倒披針或橢圓形皆有，偶爾可見鋸齒超過葉身之1/2的，或者無鋸齒的全緣或波浪緣。先端短尾狀，基部楔形。成熟葉葉上表面為深綠色，下表面為稍淺之綠色，皆光滑無毛。嫩葉上被有黃色的短毛，葉成熟後即脫落。常綠樹。

雄花序

托葉

嫩葉

較小的

全緣葉的

較狹長的，
有些植株以
此種葉為主

短尾葉石櫟

有兩個學名的短尾葉石櫟

　　短尾葉石櫟最早由愛爾蘭植物學家亨利·奧古斯丁 (Augustine Henry) 於 1894 年在鵝鑾鼻 (South Cape) 所採集，後來回國後標本交由英國植物學家斯坎 (S. A. Skan) 在 1899 年的林奈學會植物學雜誌中發表的新種，種小名 *brevicaudatus* 為形容葉先端短尾狀之意。亨利那次的南臺灣採集之旅所帶回標本中，就有臺灣石櫟、杏葉石櫟、臺灣苦櫧與短尾葉石櫟等等 4 種被斯坎所發表的新分類群，這也是世界植物學者首次窺探到臺灣殼斗科森林的組成。

　　或許有讀者會對短尾葉石櫟使用的學名存有疑問，這是因為自從 1990 年廖日京教授將短尾葉石櫟與港石櫟 (*Lithocarpus harlandii*) 這兩個相近種合併後，1996 年臺灣官方版的《臺灣植物誌》第二版也就以 *L. harlandii* 做為短尾葉石櫟之學名。但 1998 年《中國植

物誌》卻將關係疏遠的加拉段石櫟與港石櫟做合併，短尾葉石櫟則使用最早斯坎的命名 *L. brevicaudatus*，因此產生了雖為同一物種卻在學名引用上的差異。不過這是植物分類中時有的現象，人類面對變化無常之大自然，也是透過如此反覆研究摸索才能讓答案趨於真實。

大葉石櫟最早是 1906 年 10 月由森丑之助在嘉義山區採獲標本，兩年後早田博士將這一發現發表在〈東京帝國大學紀要理科期刊〉中，並以 *kawakamii* 做為種小名，來肯定林產局技師川上瀧彌先生於有用植物調查上的努力。

短尾葉石櫟 VS. 大葉石櫟辨識技巧

短尾葉石櫟與大葉石櫟就如同親姊妹一般關係非常緊密，葉形大小、果實外型等都相當接近，另外她們花序都會分枝成圓錐狀，這在殼斗科植物中是很特別的特徵，分佈上她們又都是臺灣中低海拔至中高海拔極為常遇到的廣佈樹種，每次遇到要區分都令人頭痛。還記得以前帶樹木學的助教告訴我們可以用海拔 800 公尺以下為短尾葉石櫟，800 公尺以

大葉石櫟

大葉石櫟花盛開時，對許多森林小昆蟲來說是這輩子最重要的一餐。

上為大葉石櫟做粗略區分，但實際上應用起來還是會遇到問題。其實認真比對後她們是可以輕易區分的，最大不同在於短尾葉石櫟的一年生枝條還未木質化的綠色，而大葉石櫟則為明顯木質化白褐色的，以枝條來辨別是最簡易實用的方法，因為這是一年四季皆有的素材。

另外在單一葉片上她們倆看似難以辨別，但綜觀整個短尾葉石櫟葉子有鋸齒的比例極低，而大葉石櫟雖然全緣葉與鋸齒葉皆有，但也少有遇到整棵樹皆為全緣葉的植株，因此用枝條與多數的葉子就能做鑑別。至於常遇到同好用堅果形狀去辨別，例如短尾葉石櫟堅果較凸尖，大葉石櫟則較扁，但果形是會變化的，要能準確判斷頗為困難，較不建議使用。

在中海拔森林常遇見大葉石櫟整串果實落至地面，與其他單顆果實掉落的種類相比，顯得十分特殊（圖片提供／蔡思怡）。

臺灣高山多物種變化也多

　　從分佈的狀況來觀察，短尾葉石櫟海拔較低是中國南部廣佈種，大葉石櫟則特產於臺灣高山，在臺灣殼斗植物中類似的姊妹種還有杏葉石櫟與鬼石櫟，而且關係也是杏葉石櫟海拔較低是在中國北回歸線以南的種類，鬼石櫟則特產於臺灣高山，這顯示了高山是臺灣孕育生物多樣性的重要原因之一。而造成高山特有種的原因有二：第一種也許在冰河時期高山種類普遍出現在低海拔區域，但氣溫漸漸回暖，喜愛寒冷的高山植物就遷移至更高海拔的區域，而其他同類往他處避難失敗，只剩下臺灣族群倖存而形成特有種；另一種狀況是冰河退卻後與中國大陸分離，低海拔種類經過長時間演化分化出適應高山環境的新物種而形成特有種。而臺灣這兩對的殼斗植物究竟是哪種原因形成則還需更深入研究。

大葉石櫟與短尾葉石櫟老枝橫切面，都有著特殊星星圖案。

加拉段石櫟

別名｜加拉段柯、大武石櫟、大武柯、大武猴栗
學名｜*Lithocarpus chiaratuangensis* (J.C.Liao) J.C.Liao

EN 瀕危　**特**

當年生的枝條

13cm

| 9月16日

去年生的枝條
先端有近熟果

分佈

臺灣特有種。數量稀少，零星分佈於臺東大武鄉、達仁鄉與屏東牡丹鄉，海拔350-600m左右。於2017《臺灣維管束植物紅皮書》中被列為國家瀕危 (NEN) 類別。

物候

常綠樹。2-3月為抽芽期，嫩葉先出後，再由新葉葉腋長出花序，花盛開時新葉已經成熟。盛花期約在4月間，果實於隔年11-12月成熟。

宿存的雌花
果皮無毛有一層易搓落白蠟覆蓋，無明顯的柱座。

殼斗與鱗片
鱗片三角狀，密被淺黃色短毛，有明顯的棱脊。先端尖突有橘黃色短毛。

遺存的雄花

花（果）序軸

當年9月6日

4cm

雌花

幼果果皮
尚未露出
| 隔年7月1日

發育中的果實
| 隔年7月20日

宿存雌花

堅果

3cm

殼斗

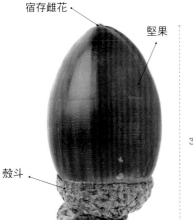

有兩個不再
發育的幼果

熟果
多為3個一簇，堅果略成三角的圓錐狀，形似子彈。果皮無毛，成熟時為褐色，內有種子一枚，殼斗淺盤狀，包覆堅果甚少。| 10月27日

快要成熟的果序，剛好同在一簇的3顆果實皆有發育成長。其果序普遍比其他的石櫟屬成員短。| 隔年9月16日

種子與褐色種皮

殼斗俯視
內壁有短毛

厚硬的果皮

果臍凹陷

常可見圓球
形的果實。
| 10月27日

雌雄混合花序

雄花序

當年生枝條

30cm

老葉

當年生新葉

去年生枝條

開花的枝條
花序盛開時，當年新葉已成
熟。雄花序硬挺上舉，於當
年生枝條先端或靠近先端的
葉腋長出。雌雄混合花序則
出現在最先端。
| 4月23日

去年生枝條
依宿存短毛的多
寡，顏色有綠至
黑褐色之變化，
無稜，皮孔白小
而不明顯。
| 3月15日

當年生枝條
密被白色短毛，
無稜。

3cm

花序

分為雄花序與雌雄混合花序，雌花出現在混合花序的基部，雄花則在花序先端，或單獨形成雄花序。

7cm

盛開的雄花序

花苞時期的混合花序

雄花

雌花

花序軸

雌雄混合花序
| 4月23日

花柱

花被片

苞片

雌花

3個一簇，花柱3裂，花被片6裂，花序軸密生短毛。

退化雌蕊密覆毛

花藥

花被片

花序軸

5mm

雄花

花被片6裂，雄蕊多為12枚，近軸面與遠軸面皆被毛，退化雌蕊密被毛，會分泌氣味。花序軸密被短毛。
| 4月23日

雄花苞

3個一簇，靠近花序先端的會先開。花藥為淡黃色。

苞片

近齒牙狀葉緣

11cm

較小的

上表面

下表面

**較常見長橢圓形的
成熟葉**
| 7月20日

基部略為下延

較大的

加拉段石櫟葉在枝條上為螺旋狀互生，托葉兩片對生，早落。葉片厚革質，中肋於葉上表面凸起明顯，第一側脈約7~9對，在葉下表面凸起不明顯。葉緣成近齒牙狀或波浪狀緣，多至葉身1/2處。常見到兩側葉緣向上表面彎起呈一U型面。葉形變化不大，多為長橢圓形，先端短尾狀，基部楔形近葉柄會略為下延，葉柄短。葉上表面綠色，下表面為較淡綠色，皆為光滑無毛。嫩葉展開前為覆網狀互相平貼著，桃紅色、淡紫色至淡綠色，覆蓋有早落的短毛。常綠樹。

嫩葉

托葉

3cm

上表面

嫩葉 | 3月15日

下表面

橢圓形的

偶爾出現的
全緣葉

加拉段石櫟 > STORY

稀有的橡樹

　　加拉段石櫟是臺灣最晚被發現的新種殼斗植物，在 1971 年才由廖日京教授發表的新種植物，發表時認為是大葉石櫟的變種，但同年廖日京教授就把她提升為種。分佈位置與族群數量和浸水營石櫟十分相似，僅在臺東大武鄉、達仁鄉與屏東牡丹鄉一帶才有零星出現，且十分稀少，因此被紅皮書列為國家瀕危 (NEN) 類別。

到底是港石櫟還是加拉段石櫟？

　　在 1998 年《中國植物誌》第 22 卷中，將加拉段石櫟與中國大陸、香港所產的港石櫟 (*Lithocarpus harlandii*) 視為相同的種類。廖日京教授也在其 2003 年自行出版的殼斗科專書中接受這樣的處裡，在此之後臺灣新出版殼斗科圖鑑大多都依據此，多使用 *L. harlandii* 作為加拉段石櫟的學名。而有趣的是，港石櫟也與短尾葉石櫟特徵相似，過去臺灣的短尾葉石櫟就被誤認為與港石櫟相同，也使用了 *L. harlandii* 作為學名，後來才又修正將這兩者區分開來。

不過參考《中國植物誌》港石櫟的文字描述與中國數字植物標本館之圖檔，與臺灣的加拉段石櫟、短尾葉石櫟一起比較後（如下表）可以發現，加拉段石櫟與港石櫟在小枝、葉背與花序的特徵是截然不同的，反而港石櫟與短尾葉石櫟才是非常相似的物種。尤其中、港、臺三地殼斗家族石櫟屬中，雄花序能穩定為多個穗狀花序組成圓錐形花序的，除港石櫟外也只有短尾葉石櫟與大葉石櫟而已，在子彈石櫟偶爾也能發現這特徵，而加拉段石櫟只是單純的穗狀花序。所以從上述差異，我認為加拉段石櫟與港石櫟是完全不同的種類，且是臺灣才特有的稀有樹種。

生育地受到威脅應加強保育

加拉段石櫟被列為瀕臨滅絕的物種，分佈於低海拔地區，接鄰人類活動頻繁的地方，如果園、民宿、寺廟、產業道路或造林地等。也有聽聞常在山上工作的當地人說，以前他們會特別去砍伐只有這邊才有的「大武猴栗」，賣去做為生產香菇用的椴木，效果比最常見的印度苦櫧還好，而他所指的就是加拉段石櫟，所以有面臨棲地被開發與伐採的生存壓力。甚至近年在臺東達仁鄉還發生當地主管保育之機關在未查明現地情況下即核准承租人於國有租地伐木的事件，而該租地也是加拉段石櫟之生育地，讓一些加拉段石櫟與諸多珍稀樹種面臨砍伐威脅。因此期望在加拉段石櫟或浸水營石櫟等瀕臨滅絕物種之敏感棲地，當地保育的單位能更加謹慎嚴格把關開發行為，並修訂完善的調查機制。

	加拉段石櫟	港石櫟	短尾葉石櫟
學名	*L. chiaratuangensis*	*L. harlandii*	*L. brevicaudatus*
小枝	無溝稜，有短毛宿存	有縱溝稜，光滑無毛	有縱溝稜，光滑無毛
葉側脈	於葉下表面凸起不明顯	於葉下表面凸起，明顯	於葉下表面凸起，明顯
葉大小	5-12 公分	6-18 公分	5-12 公分
葉緣	波浪狀或近齒牙狀	略呈波浪狀鈍裂齒，稀全緣	葉多全緣，偶爾有淺波狀，但極少先端有鋸齒
雄花序	穗狀花序	多個穗狀花序組成圓錐形花序	多個穗狀花序組成圓錐形花序

新葉還在成長時，花序也於葉腋長出。

去年近成熟果與今年初的雌花序。也可見在光線充足處的葉子，葉緣會往葉上表面捲曲。

加拉段石櫟樹型頗為特別，葉子會一叢
叢的集中於樹冠頂部，下方的枝幹卻無
葉遮擋顯得非常空虛。

後大埔石櫟

別名 | 后大埔柯、 煙斗石櫟、煙斗子、龜頭果、
壯陽果、風流果

學名 | *Lithocarpus corneus* (Lour.) Rehder

LC 無危

18cm

去年生枝條
有近成熟果實
| 10月2日

分佈

分佈於中國大陸南部,如廣東、廣西、雲南、貴
州、福建。在臺灣多分佈於中南部地區中海拔山
區,可見於嘉義後大埔,臺南南寮,高雄六龜、
尾寮山,屏東浸水營古道,東部於宜蘭神秘湖、
花蓮和平、太魯閣、萬榮林道。海拔800-1600m
左右,但太魯閣山區海拔300m即有分佈。

物候

常綠樹。3-4月為抽芽期,4-5
月新葉成熟。花期甚晚,8月
花芽才於枝條先端長出,9月
底-10月間為開花期。果實於
隔年11-12月成熟。

宿存的雌花

有明顯的柱座，果皮上密被難以搓落之附屬物。

殼斗與鱗片

鱗片覆瓦狀交疊的排列，鱗片三角形先端突尖，中間有明顯隆起的脊，密被極短的毛。

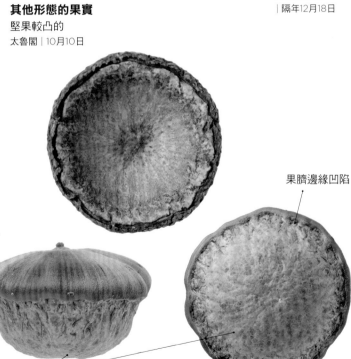

宿存雄花序

發育中果實

子房略膨大
| 隔年4月7日

10cm

堅果微微露出
| 隔年7月1日

| 隔年7月5日

成熟的果序
| 隔年12月18日

宿存雌花　　　堅果

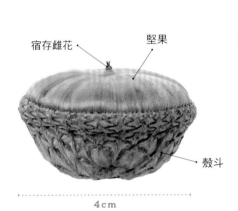

殼斗

4cm

其他形態的果實
堅果較凸的
太魯閣 | 10月10日

熟果

果實單生或有時會三個合生一簇。堅果多成扁圓形，先端平截或略凸，成熟時為淺褐色，內有種子一枚，子葉有多條深縱溝，殼斗碗狀，包覆堅果超過一半。| 10月29日

果臍邊緣凹陷

非常堅厚果皮　　　種子

果臍

為近圓形的，中間隆起，漸漸向邊緣凹陷，佔有的面積頗多，甚至超過果皮。

開花的枝條
花序於當年成熟的新葉
葉腋長出。雄花序硬挺
上舉，雌雄混合花序在
最先端。
| 10月3日

雌雄混合花序

當年生的枝條

雄花序

30cm

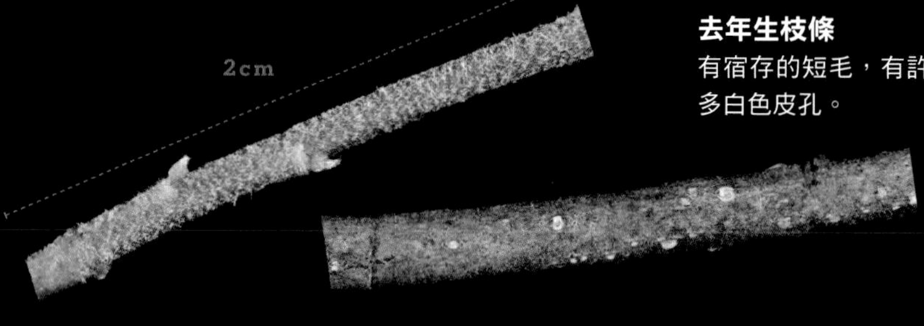

去年生枝條
有宿存的短毛，有許
多白色皮孔。

2cm

當年生嫩枝
被白色短毛。
| 4月2日

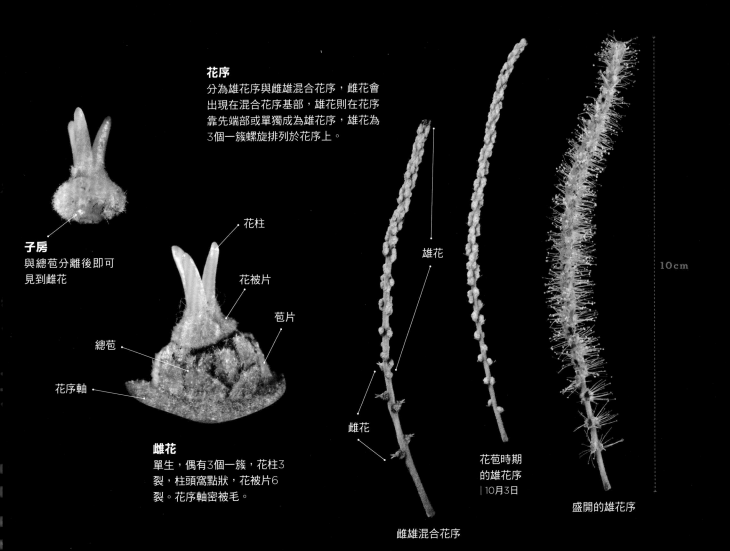

花序

分為雄花序與雌雄混合花序，雌花會出現在混合花序基部，雄花則在花序靠先端部或單獨成為雄花序，雄花為3個一簇螺旋排列於花序上。

子房

與總苞分離後即可見到雌花

花柱

花被片

苞片

總苞

花序軸

雄花

雌花

雌花

單生，偶有3個一簇，花柱3裂，柱頭窩點狀，花被片6裂。花序軸密被毛。

雌雄混合花序

花苞時期的雄花序
| 10月3日

10cm

盛開的雄花序

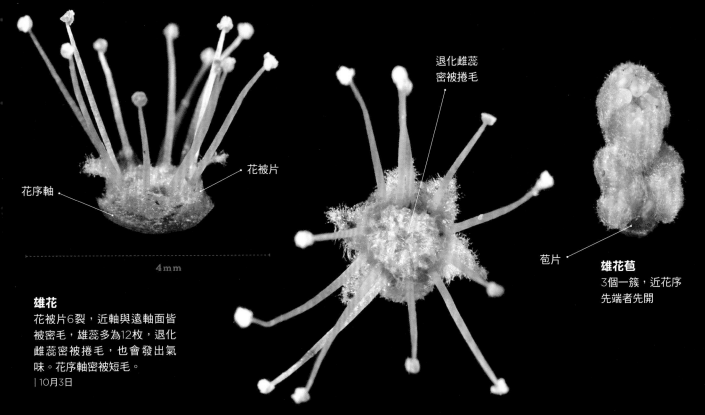

花被片

花序軸

4mm

退化雌蕊密被捲毛

苞片

雄花

花被片6裂，近軸與遠軸面皆被密毛，雄蕊多為12枚，退化雌蕊密被捲毛，也會發出氣味。花序軸密被短毛。
| 10月3日

雄花苞

3個一簇，近花序先端者先開

較常見倒卵形的成熟葉
| 7月1日

下表面

上表面

11cm

後大埔石櫟葉柄
SEM影像

偶爾在枝條上會有全緣的葉子，幼苗和萌蘖葉也有。

偶爾會遇到與小西氏石櫟葉型極為相似的植株，幾乎無法僅以葉子去區別。採於大漢林道。

小西氏石櫟(左)與後大埔石櫟(右)葉柄附屬物的比較。

在下表面中肋與第一側脈交會的腋窩處有星狀毛或單毛。

後大埔石櫟的葉子在枝條上為螺旋狀互生，托葉兩片對生早落，葉片薄革質，第一側脈明顯，約8~10對，葉緣至少從葉基算起第4條側脈以上就有鋸齒，為粗鋸齒，葉形普遍較小西氏石櫟為大，多為倒卵形至橢圓形，成熟葉葉上表面為深綠色，下表面綠色較淺，在下表面中肋與側脈交會的腋窩處有毛，中肋、側脈及近葉基的葉緣有稀疏短毛，葉柄有毛，但較小西氏石櫟稀疏，所以以肉眼較容易觀察出後大埔石櫟葉柄上的毛。嫩葉上被有紫色至紫紅色的毛，葉成熟後即脫落。常綠樹。

嫩葉 | 4月2日

上表面

下表面

2cm

較圓、鋸齒較少的

較大的

較小的

菱型的葉型

托葉

嫩葉

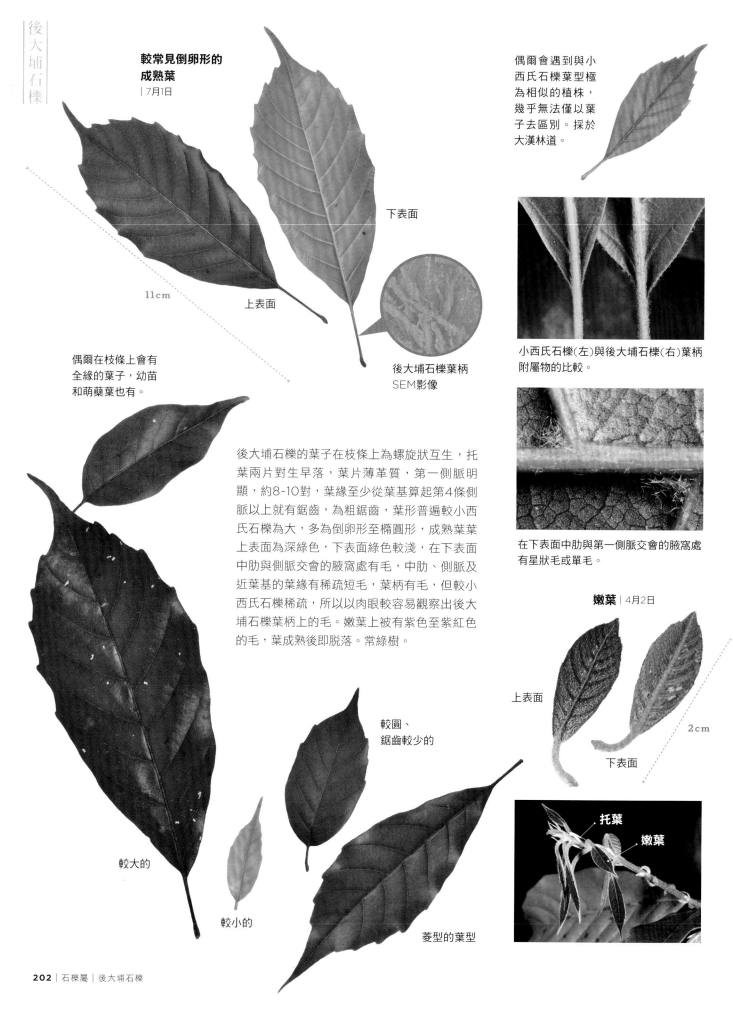

後大埔石櫟＞STORY

　　後大埔石櫟因為第一次在臺灣於嘉義後大埔所發現才有此稱，由臺灣總督府殖產局技師中井宗三 (Sozo Nakai)1912 年 11 月所採集，早田文藏博士將這一發現發表於《臺灣植物圖譜》(Icones Plantarum Formosanarum) 第四卷中。而有許多資料會用后大埔石櫟，但並無此地名只是與「後」同音字而已，應該還是用後大埔較為精確。其種小名 *corneus* 為角質的意思，形容其果皮極厚硬。

令人臉紅心跳的外形

　　後大埔石櫟果實奇特，在中國大陸被冠上許多特別的稱號，如其殼斗形如煙斗所以叫煙斗石櫟，也有真可以接根管子作為菸斗之說法。另外還有叫作壯陽果、龜頭果或風流果這一串令人臉紅心跳的名稱，這名稱直接了當，絕對讓人馬上會對這果實產生興趣，甚至

購買來嘗試看看。不過網路上許多訊息稱《本草綱目》記載這種果實有壯陽之功效，有泡酒或燉補等吃法，但其實查詢《本草綱目》根本找不到有相關記載，也無醫學根據，應該只是利於銷售的宣傳手法。至於有沒有壯陽風流功效我是持保留態度，硬要拉關係可能她與栗子同屬殼斗家族，或許多少也都有補腎氣之效吧。之所以會有這種說法我覺得還是來自於果實的外觀，中國人喜歡強調吃什麼補什麼，如一些動物的各類器官等，植物方面則有如穗花蛇菰的雄花穗，外貌十足令人害羞，也被稱有壯陽之效，就有人上山專門採集。好在還未聽過臺灣有人拿後大埔石櫟果實進補，希望大家別輕信這些無醫學根據的偏方。

　　而後大埔石櫟果實外型會如此，原因在於果臍外翻凸出，大約占果實表面積之一半再多一些，所以她同小西氏石櫟果臍特徵介於鬼石櫟、杏葉石櫟與一般果臍凹陷的種類之間。在中國大陸這類石櫟屬植物相當多種，且果臍面積變化多樣，綜觀來看可以視為果臍演化的連續過程，是石櫟屬於殼斗家族特有的特徵，但目前還未了解石櫟屬這一演化方向代表何種意義。而這也是重要的鑑別依據，例如可以用後大埔石櫟的果臍面積大於小西氏石櫟，來區別這兩種相近果實。

小西氏石櫟與後大埔石櫟難分難解的葉子

　　後大埔石櫟與小西氏石櫟外觀相近，除看果臍外也可以後大埔石櫟果皮上附屬物多而明顯，小西氏石櫟則幾乎是光滑，但在野外時常只有見到葉子，那就很難將她們作鑑別，差別只有後大埔石櫟稍大些，但在大漢山林道還見過與小西氏石櫟葉子大小相仿的後大埔石櫟。目前依我本身經驗，或許可以觀察她們的葉柄，小西氏石櫟葉柄上的毛較整齊服貼，而後大埔石櫟則會有些許毛較突出顯得不太整齊，這些微的差別給讀者們作參考，還是建議以果實果皮附屬物、果臍面積等特徵來做區別。

後大埔石櫟樹型也以多
幹叢生為最常見。

柳葉石櫟

別名 | 柳葉柯

學名 | *Lithocarpus dodonaeifolia* (Hayata) Hayata

VU 易危 特

去年生的老葉

去年生的枝條
先端有果實

15cm

| 9月17日

分佈

臺灣特有種。侷限分佈於臺灣南部，屏東尾寮山、大漢山浸水營古道至臺東達仁等區域，海拔450-1450m左右。於2017《臺灣維管束植物紅皮書》中被列為國家易危(NVU) 類別。

物候

常綠樹，3月為抽芽期，花葉同出，花盛開時新葉已經成熟。主要盛花期約在4月，果實於隔年11-12月間成熟開裂。

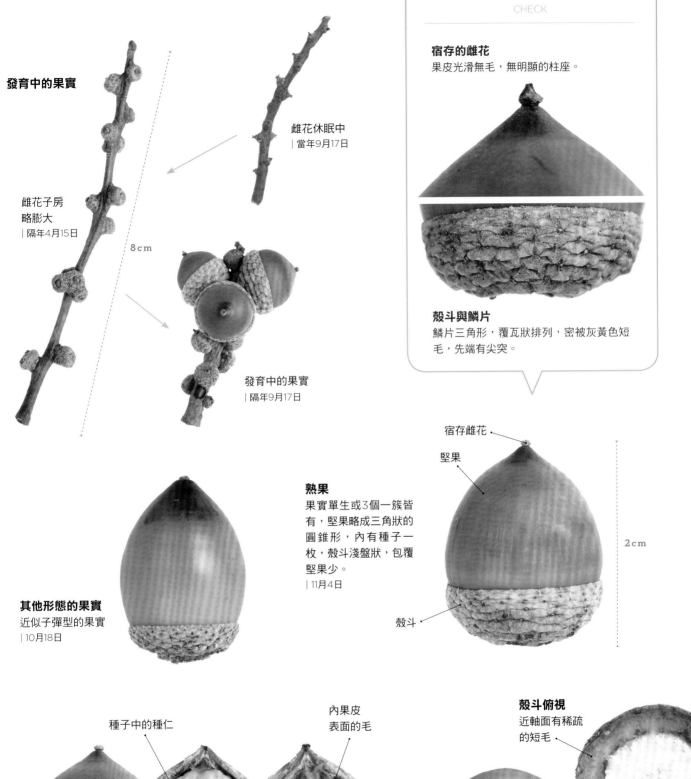

發育中的果實

雌花子房
略膨大
| 隔年4月15日

雌花休眠中
| 當年9月17日

8cm

發育中的果實
| 隔年9月17日

宿存的雌花
果皮光滑無毛，無明顯的柱座。

殼斗與鱗片
鱗片三角形，覆瓦狀排列，密被灰黃色短
毛，先端有尖突。

熟果
果實單生或3個一簇皆
有，堅果略成三角狀的
圓錐形，內有種子一
枚，殼斗淺盤狀，包覆
堅果少。
| 11月4日

其他形態的果實
近似子彈型的果實
| 10月18日

宿存雌花

堅果

殼斗

2cm

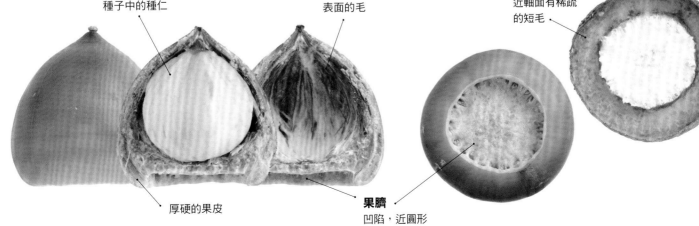

種子中的種仁

內果皮
表面的毛

殼斗俯視
近軸面有稀疏
的短毛

厚硬的果皮

果臍
凹陷，近圓形

臺灣石櫟

別名｜臺灣柯

學名｜*Lithocarpus formosanus* (Skan) Hayata

CR 極危　**特**

15cm

當年生的枝條
有近熟果
｜9月14日

分佈

臺灣特有種。數量稀少，僅零星分佈於屏東滿州面海的稜線上，萬里得山、南仁山、出風山皆有紀錄，海拔250-500m左右。於2017《臺灣維管束植物紅皮書》中被列為國家極危(NCR)類別。

物候

常綠樹。1-2月為抽芽期，花葉同出，花盛開時新葉已經成熟。盛花期約在2-3月間，果實於當年10-12月成熟。

花序

分為與雄花序和雌雄混合花序，雌花出現在混合花序基部，雄花則在花序先端，或單獨形成雄花序。

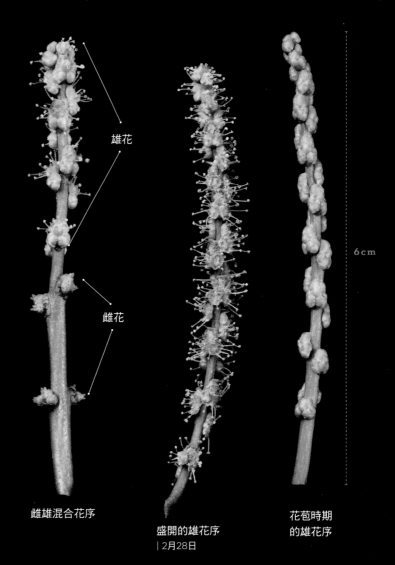

雄花

雌花

6cm

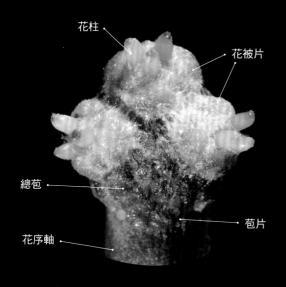

花柱

花被片

總苞

苞片

花序軸

雌花

多3個一簇，花柱3枚，柱頭窩點狀，花被片6裂，花序軸密生腺鱗的附屬物。

雌雄混合花序

盛開的雄花序
| 2月28日

花苞時期
的雄花序

退化雌蕊密覆毛

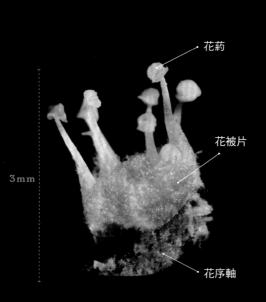

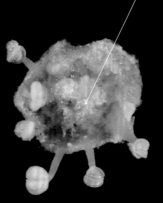

3mm

花藥

花被片

花序軸

雄花

花被片6裂，雄蕊為10-12枚，近軸面與遠軸面皆被毛，退化雌蕊密被白色捲毛，會分泌氣味。花序軸被鱗片狀附屬物。| 2月28日

雄花苞

3個一簇，靠近花序先端的會先開。

星狀毛

較常見狹披針型
的成熟葉
| 11月4日

柳葉石櫟成熟葉
下表面SEM影像

下表面

上表面

10cm

柳葉石櫟

柳葉石櫟葉在枝條上為螺旋狀互生且葉尖朝上直立著，托葉兩片對生早落。葉形變化很小，葉片革質至厚革質，第一側脈在葉下表面凸起不明顯，約10~18對。葉全緣，邊緣常向下表面反捲。葉形為狹披針型或極狹長的橢圓形，先端圓鈍，基部漸縮為楔形，近葉柄會下延，葉柄短。葉上表面光滑，下表面為灰綠色，以SEM觀看，下表面表皮覆有星狀毛，星狀毛上又有一層易破裂類似薄蠟的物質。嫩葉上表面淺綠色、下表面黃色，無毛但有類似腺鱗的附屬物覆蓋。常綠樹。

較小的

在萌蘗葉或者沒有強
風吹襲之處，葉型會
比較大而薄，且葉緣
也不反捲了。

嫩葉 | 4月5日

下表面

上表面

2cm

發育中的
雄花序

托葉

嫩葉

較細長尖端漸尖的

嫩葉｜2月4日

上表面

下表面

2cm

托葉

臺灣石櫟

臺灣石櫟葉在枝條上為螺旋狀互生且葉尖朝上直立著，托葉兩片對生早落。葉形變化小，葉片厚革質，為臺灣殼斗家族中最厚硬者，第一側脈在葉下表面凸起不明顯，約7~13對。葉全緣，有時會有葉緣波浪者，多為橢圓形，先端圓鈍，基部漸縮為楔形，葉柄短。葉上表面光滑，下表面為灰綠色，以SEM觀看，下表面表皮覆有星狀毛，星狀毛上又有一層易破裂類似薄蠟的物質。嫩葉淺紫色，無毛但有附屬物覆蓋。常綠樹。

葉緣波浪狀
明顯的

先端圓鈍

星狀毛

9cm

臺灣石櫟成熟葉
下表面SEM影像

上表面

**較常見的橢圓形
成熟葉**
｜9月24日

下表面

較大的

較小的

臺灣石櫟

柳葉石櫟、臺灣石櫟 ＞ STORY

　　臺灣石櫟最早由愛爾蘭植物學家亨利・奧古斯丁 (Augustine Henry) 於 1894 年在鵝鑾鼻 (South Cape) 所採集，後來回國後標本交由英國植物學家斯坎 (S. A. Skan) 在 1899 年的林奈學會植物學雜誌中發表的新種，種小名 *formosanus* 為產自福爾摩沙之意。而柳葉石櫟發現時間較晚些，1913 年早田文藏博士根據殖產局技師中井宗三（S. Nakai）1912 年於浸水營所採集的標本所發表的新種，種小名 *dodonaeifolia* 為形容葉型很像車桑子屬植物（*Dodonaea*）之意，車桑子屬又稱坡柳屬，其下植物葉子多為狹長的披針形，而柳葉石櫟這中文俗名也是根據這葉形而來。

臺灣我最硬

　　臺灣石櫟非常有特色，分佈狹隘只出現在屏東滿州鄉一些離海邊不遠小丘陵的稜線上，族群數量是臺灣殼斗家族中數一數二少的，而這地區相對來說沒有高大的中央山脈在背後

阻擋，所以東北季風都從這湧入。臺灣石櫟的葉子也是家族中最厚最硬的，剛好可以適應其生育地強風的吹襲，且在她旁邊一同生長的其他樹種，葉子也普遍較厚。在大學求學時期，蘇鴻傑教授介紹到地中海型氣候的「硬葉林」時，就曾補充到臺灣東南部也有一片特殊的「硬葉林」，臺灣石櫟是裡面的代表樹種。不過臺灣石櫟的硬葉林並非如地中海型氣候「夏乾冬雨」的乾旱環境，而是為了抵抗強風吹襲造成水分過度的蒸發散，所以雖然原因不同，但植物都以葉片角質層加厚來作對應。

兄弟爬山各自努力

　　柳葉石櫟也是只在南臺灣特定區域才有分佈，生育地也都偏好迎風面或稜線上，只是族群分佈較廣海拔較高、數量較多一些。其外型與臺灣石櫟很相像，葉片相當厚硬，最明顯的差別在柳葉石櫟葉為狹長的披針型，臺灣石櫟較寬，所以也曾有植物學家把柳葉石櫟視為臺灣石櫟的變種。蔣鎮宇教授曾對這兩個物種的遺傳變異作研究，發現他們有一共同祖先，推測於冰河時期曾繁盛於亞熱帶的低海拔地區，但在冰河退卻氣溫升高後，各地的

在浸水營古道生長於迎風面，較為低矮的柳葉石櫟。

在浸水營古道生長
於溪谷環境較為高
大的柳葉石櫟。

臺灣石櫟果還未全熟早就成為猴子的大餐了。

族群紛紛藉由種子傳播遷移至海拔較高的山頭，之後因為距離隔離與花期錯開，彼此產生了生殖隔離，在環境的選擇下漸漸分化成現今所見低海拔的臺灣石櫟與中低海拔的柳葉石櫟這兩個族群。

物以稀為貴

臺灣石櫟因為數量太少，且於低海拔地區面臨棲地開發的壓力較大，目前被紅皮書列為極危類別，而這麼稀少的植物卻在100多年前亨利來臺時就已經被採集到，成為臺灣最早被發現的殼斗科植物之一，這是巧合還是當時有其他臺灣石櫟族群，只是因人為開發而消失，這我們不得而知。但無論如何，好在目前臺灣石櫟僅存的族群在南仁山生態保護區內，且地點較不合適農耕與居住才得以保存。或許等將來科技更進步時，還能從她們的基因上發掘更多身世之謎，若不幸滅絕了，我們失去的不只是一個物種，而是連同一些地球的自然史也隨同消失，那將是永遠無法彌補的遺憾了。

臺灣石櫟葉子上舉的角度大，於柳葉石櫟或其他迎風樹種也能發現類似特徵。

柳葉石櫟。

臺灣石櫟的生育環境，面向太平洋的迎風坡，對抗強風形成又矮又擠的硬葉林。

子彈石櫟

別名 | 石櫟、柯
學名 | *Lithocarpus glaber* (Thunb.) Nakai

LC 無危

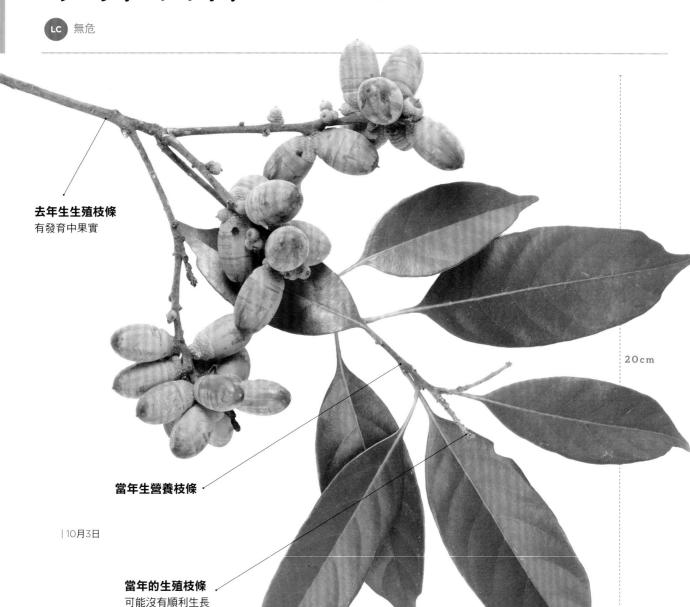

去年生生殖枝條
有發育中果實

當年生營養枝條

| 10月3日

當年的生殖枝條
可能沒有順利生長

20cm

分佈

在中國大陸分佈於秦嶺以南各地。零星分佈全臺各地，新北二格山、直潭山，桃園巴陵、李棟山、拉拉山，宜蘭南澳，臺中大坑步道，南投埔里、惠蓀林場，臺東金樽，海拔約20-1500m左右。

物候

常綠樹，3月為抽芽期長出營養枝，成熟後6月再從其頂端長出生殖枝。9月為開花期，隔年的10-11月果實陸續成熟。

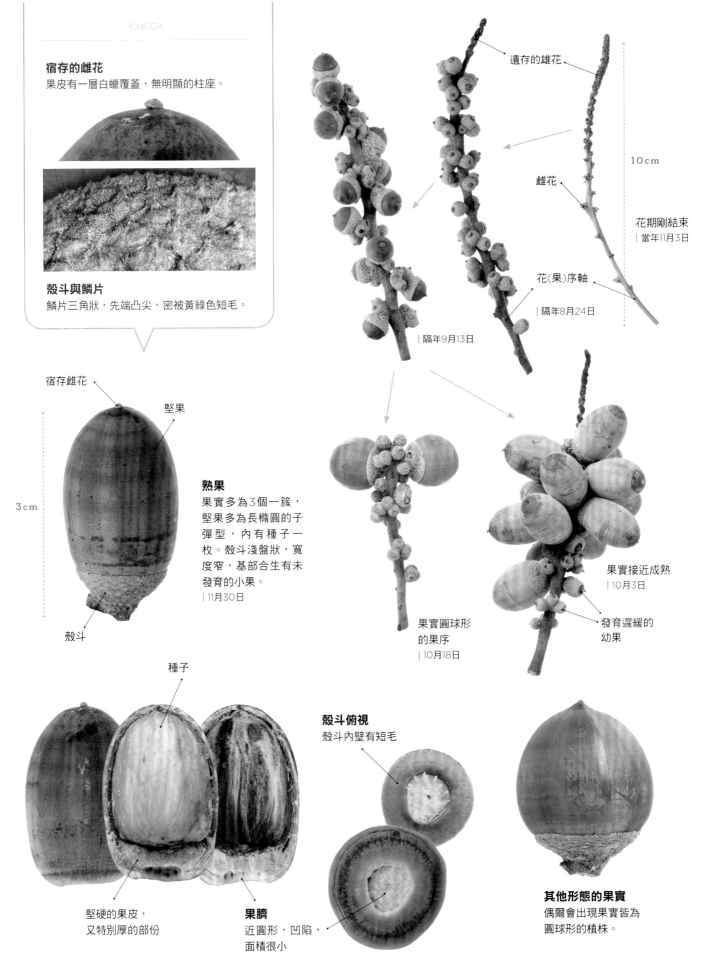

宿存的雌花
果皮有一層白蠟覆蓋，無明顯的柱座。

殼斗與鱗片
鱗片三角狀，先端凸尖，密被黃綠色短毛。

遺存的雄花

雌花

10cm

花期剛結束
| 當年11月3日

花(果)序軸
| 隔年8月24日

| 隔年9月13日

宿存雌花

堅果

3cm

熟果
果實多為3個一簇，
堅果多為長橢圓的子
彈型，內有種子一
枚。殼斗淺盤狀，寬
度窄，基部合生有未
發育的小果。
| 11月30日

殼斗

果實圓球形
的果序
| 10月18日

果實接近成熟
| 10月3日

發育遲緩的
幼果

種子

殼斗俯視
殼斗內壁有短毛

堅硬的果皮，
又特別厚的部份

果臍
近圓形，凹陷，
面積很小

其他形態的果實
偶爾會出現果實皆為
圓球形的植株。

菱果石櫟

別名 | 巒大石櫟、紅肉杜、菱果柯
學名 | *Lithocarpus synbalanos* (Hance) Chun

LC 無危

當年生的葉

當年生枝條
有近成熟果實
| 11月10日

30cm

去年生枝條

分佈

中國長江以南各省。分散全臺各地,主要以中部地區較常見,如臺中和平、谷關、梨山,南投埔里、魚池、信義、仁愛等,宜蘭南澳、臺東太麻里、利嘉林道、高雄桃源、茂林等也有紀錄,海拔約600-1500m左右。

物候

常綠樹。3月為抽芽期,4月枝葉成熟後才於葉腋或頂端長出花序,5-6月才為開花期。一般果實於當年11-12月成熟。但於霧社地區則觀察到果實隔年才成熟。

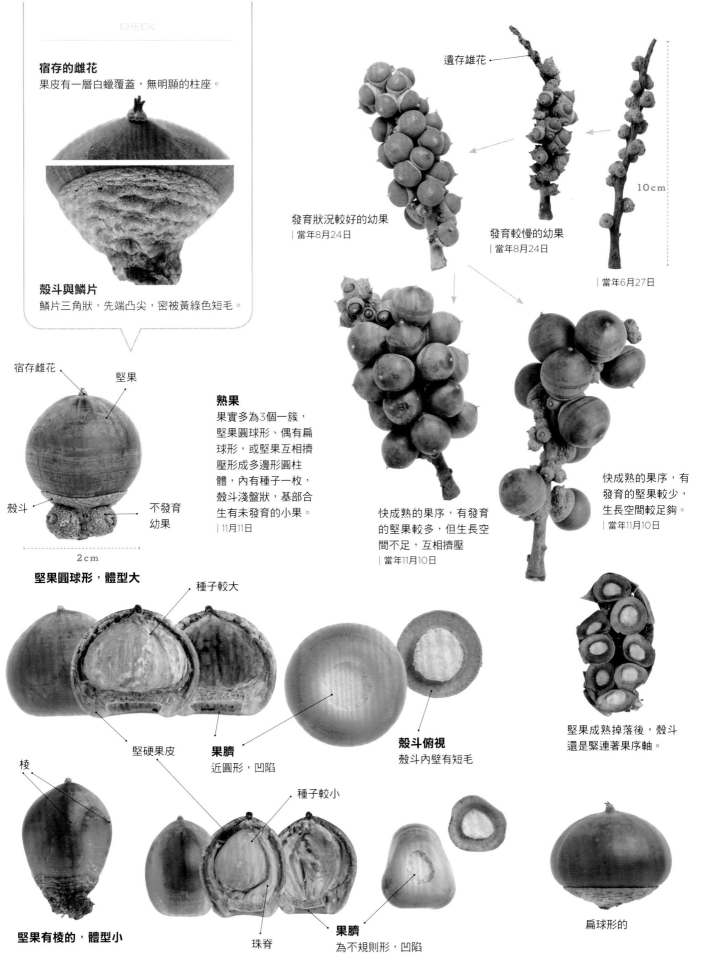

宿存的雌花
果皮有一層白蠟覆蓋，無明顯的柱座。

殼斗與鱗片
鱗片三角狀，先端凸尖，密被黃綠色短毛。

遺存雄花

發育狀況較好的幼果
| 當年8月24日

發育較慢的幼果
| 當年8月24日

| 當年6月27日

10cm

宿存雌花

堅果

殼斗

不發育
幼果

2cm

熟果
果實多為3個一簇，
堅果圓球形、偶有扁
球形，或堅果互相擠
壓形成多邊形圓柱
體，內有種子一枚，
殼斗淺盤狀，基部合
生有未發育的小果。
| 11月11日

快成熟的果序，有發育
的堅果較多，但生長空
間不足，互相擠壓
| 當年11月10日

快成熟的果序，有
發育的堅果較少，
生長空間較足夠。
| 當年11月10日

堅果圓球形，體型大

種子較大

堅硬果皮

果臍
近圓形，凹陷

殼斗俯視
殼斗內壁有短毛

堅果成熟掉落後，殼斗
還是緊連著果序軸。

棱

堅果有棱的，體型小

種子較小

珠脊

果臍
為不規則形，凹陷

扁球形的

開花的枝條
於秋天花序盛開時，當年春天所生的營養枝條與新葉已成熟，且其先端會長出生殖枝條。生殖枝條上的葉子小且數量少。生殖枝條冒出許多硬挺上舉的雄花序，雌雄混合花序則出現在生殖枝條的最先端。│9月9日

雌雄混合花序

當年生生殖枝條

去年生生殖枝條

雄花序

當年生營養枝條

發育中的果序

當年生新葉

去年生枝條
褐色，有些宿存短毛
皮孔小數量多，淺褐色
│7月14日

當年生嫩枝
密被短毛，有稜。

20cm

3cm

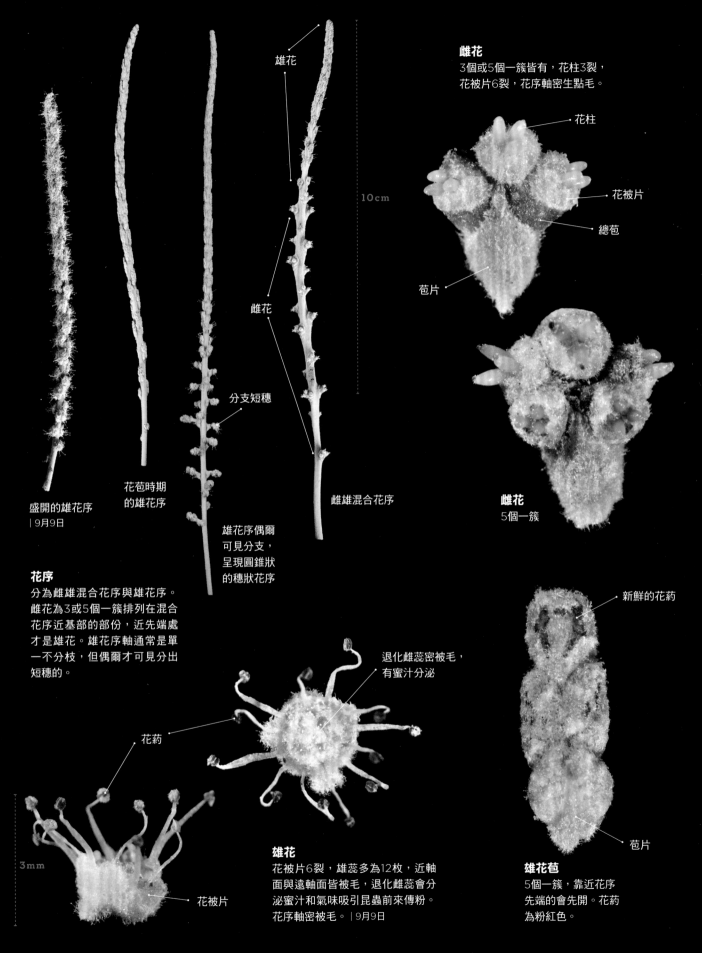

雄花

雌花

10cm

雌花
3個或5個一簇皆有,花柱3裂,
花被片6裂,花序軸密生點毛。

花柱

花被片

總苞

苞片

分支短穗

盛開的雄花序
| 9月9日

花苞時期
的雄花序

雄花序偶爾
可見分支,
呈現圓錐狀
的穗狀花序

雌雄混合花序

雌花
5個一簇

花序
分為雌雄混合花序與雄花序。
雌花為3或5個一簇排列在混合
花序近基部的部份,近先端處
才是雄花。雄花序軸通常是單
一不分枝,但偶爾才可見分出
短穗的。

退化雌蕊密被毛,
有蜜汁分泌

新鮮的花葯

花葯

3mm

花被片

雄花
花被片6裂,雄蕊多為12枚,近軸
面與遠軸面皆被毛,退化雌蕊會分
泌蜜汁和氣味吸引昆蟲前來傳粉。
花序軸密被毛。| 9月9日

苞片

雄花苞
5個一簇,靠近花序
先端的會先開。花葯
為粉紅色。

雄花序

雌雄混合花序

開花的枝條
花序要等嫩葉嫩枝成熟
後才從葉腋和新枝頂端
分化而出。花序硬挺上
舉，混合花序長在新枝
的最先端，雄花序則於
近先端新葉葉腋長出。
| 6月1日

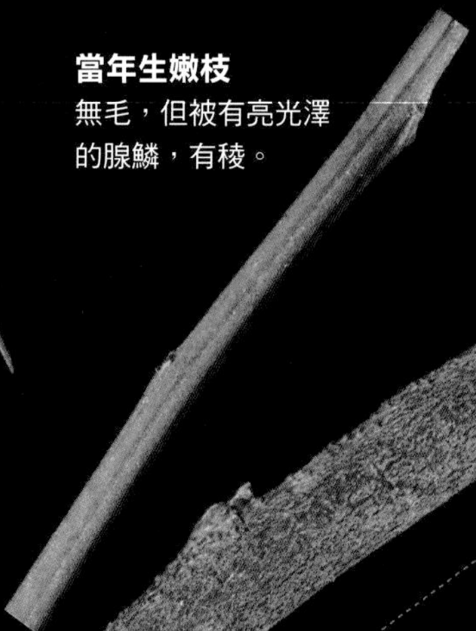

20cm

當年生枝條

當年新葉

當年生嫩枝
無毛，但被有亮光澤
的腺鱗，有稜。

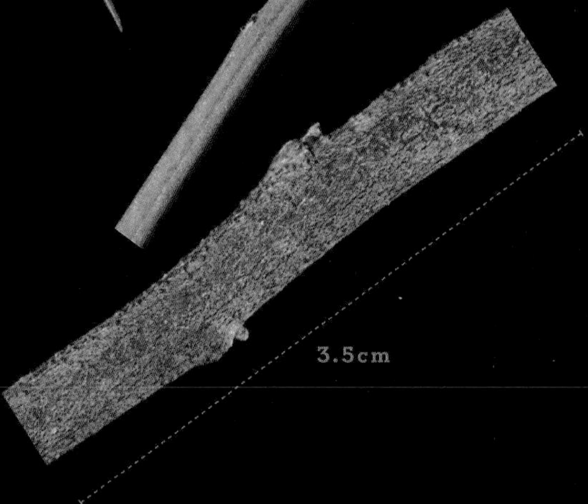

去年生枝條

去年生枝條
褐色，皮孔多
但還細小不明顯
| 7月14日

3.5cm

花序

分為雌雄混合花序與雄花序。
雌花為3或5個一簇排列在混合
花序近基部的部份，近先端處
才是雄花。雄花多為3或5個一
簇排列在花序軸上。

盛開的雄花序
| 6月1日

花苞時期
的雄花序

4cm

雌雄混合花序，先
端雄花還未長出。
常呈彎曲狀。

花柱

花被片

苞片

總苞

雌花

3個或5個一簇皆有，花柱3裂，花
被片6裂，花序軸密被毛。

雄花

花被片6裂，雄蕊多為12枚，近軸
面與遠軸面皆被毛，退化雌蕊會散
分泌蜜汁和氣味吸引昆蟲前來傳
粉。花序軸密被毛。| 6月1日

退化雌蕊密被毛

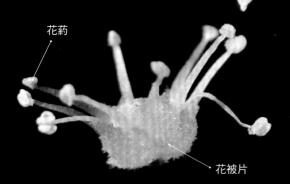

花藥

花被片

3mm

苞片

雄花苞

3或5個為一簇，靠近
花序先端的會先開。
花藥為淡黃色。

先端有缺刻

白色刮痕

15cm

星狀毛

齒牙狀的葉緣

上表面

下表面

子彈石櫟成熟葉
下表面SEM

較細長的

**較常見狹披針型
的成熟葉**
| 9月11日

子彈石櫟

子彈石櫟的葉子在枝條上為螺旋狀互生，托葉兩片對生早
落。葉片薄革質，第一側脈明顯且於下表面凸起，約7~9
對。葉緣從先端有一、兩對缺刻至全緣皆有，大多的植株以
有缺刻的葉子較多，但偶爾可見以全緣葉為主的植株。葉形
多為橢圓至長橢圓形，先端尾狀，基部楔形下延至葉柄。成
熟葉葉上表面為深綠色，下表面為金屬光澤的銀綠色，用指
甲輕輕刮過（搔癢力道即可），會留下白色刮痕。以SEM觀
看，下表面覆有星狀毛，星狀毛上又有一層易破裂類似薄蠟
的物質，嫩葉上被有白色的短毛，葉成熟後即脫落。

以全緣葉較多
的植株
上巴陵｜7月19日

托葉

嫩葉

上表面

嫩葉｜3月20日

3.5cm

較大的

較圓胖的

較小的

下表面

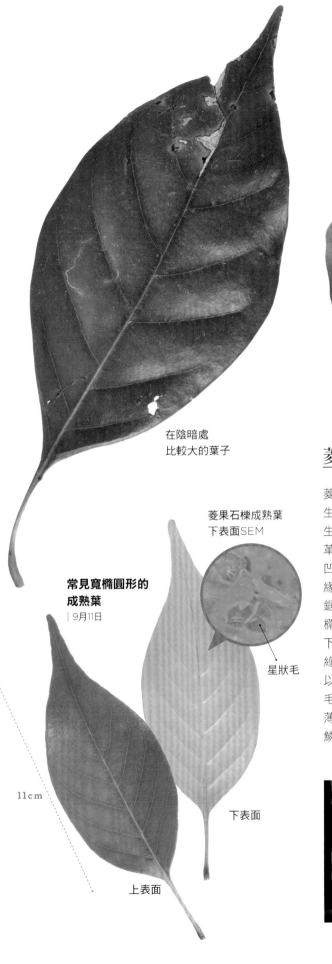

在陰暗處
比較大的葉子

葉緣淺波浪的

下表面

3cm

上表面

以長橢圓形為主
的植株也頗常見

菱果石櫟成熟葉
下表面SEM

星狀毛

**常見寬橢圓形的
成熟葉**
｜9月11日

下表面

11cm

上表面

菱果石櫟

菱果石櫟的葉子在枝條上為螺旋狀互生，葉片常呈下垂狀，托葉兩片對生，會留存至開花前才掉落。葉片薄革質，第一側脈明顯且於上表面略凹，於下表面略凸起，約8~13對。葉緣皆為全緣，偶有淺波浪狀，無見過鋸齒或缺刻者。葉形多為寬橢圓至長橢圓形，先端尾狀或漸尖，基部楔形下延，葉柄長。成熟葉葉上表面為深綠色，下表面為金屬光澤的銀綠色，以SEM觀看，下表面表皮覆有星狀毛，星狀毛上又有一層易破裂類似薄蠟的物質。嫩葉上被有亮光澤的腺鱗。常綠樹。

較小的

較細長的

托葉

嫩葉

分化中的
花芽

子彈石櫟

子彈石櫟、菱果石櫟 >STORY

她們都有特殊的俗名

　　子彈石櫟發現的時間很早，由瑞典的博物學家鄧伯 (Carl Peter Thunberg) 於 1784 年在《日本植物》(Flora Japonica) 所發表的，分佈於大陸東南各省、日本的本州西部、四國、九州，以及零散在臺灣海拔 500-1500 公尺之山地中。有趣的是這三個地方的人們都分別給她取了奇特的稱號，因為她的堅果長橢圓形，形似子彈，所以我們臺灣稱之為子彈石櫟；而中國大陸就只稱之為「柯」；在日本則管她叫「尻深樫」，意思是說屁股凹下去了，用來形容堅果底部凹陷的果臍。不過這是石櫟屬常有的特徵，並非子彈石櫟所獨有，只是在日本，石櫟屬植物相對於樫屬是少見的，所以對他們來說算是相當奇特的特徵吧。

　　菱果石櫟的取名也相當傳神，因為通常石櫟屬和樫屬這兩類堅果的形狀都是圓錐形的，如菱果石櫟這般明顯有棱有角的除了她以外還真沒見過，所以令人印象深刻。不過我對於「菱」字在這的用法覺得有待商榷，因為菱指的是四邊長度相等的四邊形 (菱形)，而另外

子彈石櫟三月新冒出的營養嫩枝。

一字「棱」，則代表立體物件上不同方向的兩個平面所相連接的部分，依菱果石櫟堅果各邊不等長、不規矩的形狀，或許應稱「棱」果石櫟會來的更準確些。那這些特殊的「棱」又是如何產生的呢？透過野外的觀察可以發現其實這不是她本身基因的問題，也不是環境外力的介入，而是後天內部力量所造成。我們知道雌花排列生長在花序軸上，漸漸發育為果實，有的會持續順利的生長，而有些則停滯了下來。

子彈石櫟六月底剛從營養枝長出的生殖枝，嫩葉葉腋也有正在發育的雄花序，一旁還有發育中的果序。

子彈石櫟平滑的樹皮。　　　　　　　菱果石櫟平滑的樹皮。

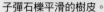

當在有限的生長空間下大多數的雌花都持續增長時，果實之間會因為空間不足而互相擠壓，在這壓力下堅硬的果皮與位於底部的殼斗就因此產生了平面和棱，體積也縮小了。另外在果實數量較少的花序上，因為有足夠的空間與養分，則以圓球體、體積較大的樣貌呈現，而這兩種不同型態的果實會出現在同一棵樹上，相當有趣。若不是親眼在野外所見，而只依採下後的標本辨識，還真會以為是不同的品種或種類呢！

菱果石櫟尚待正名

　　菱果石櫟本身的分類也存在許多歧見，在《臺灣植物誌》(Flora of taiwan) 第二版中使用的種小名為 *synbalanos*，認為臺灣與香港所產的為同一種類。而中國大陸所編輯的《中國植物誌》(Flora of china) 則是將香港所產的 *synbalanos* 併入同為 1884 年漢斯 (Hance) 所發表的木姜葉柯 (*Lithocarpus litseifolius*) 之下，認為這兩種是相同的種類，而另將臺灣產的歸為臺東石櫟 (*Lithocarpus taitoensis*)，但也懷疑臺東石櫟可能與木姜葉柯為同種。而 2011 年呂勝由博士在「橡實森林博覽會」手冊中，也使用 *Lithocarpus taitoensis* 作為學名，認為菱果石櫟就是臺東石櫟。不過基於臺東石櫟模式的標本尚有諸多問題 (詳見 P450，附錄臺東石櫟一文)，且臺灣、香港、大陸所產之標本有哪些異同還須待更多研究，我認為這是臺灣殼斗科植物還未解的謎團，因此在本書中還是採用《臺灣植物誌》第二版中的學名，僅將屬名改為 *Lithocarpus*。

菱果石櫟樹形常呈多幹叢生狀。

菱果石櫟五月新葉成熟後，花序才開始快速發育。

六月菱果石櫟開花時樹上還有發育中的幼果，霧社地區隔年成熟的植株。

菱果石櫟 VS. 子彈石櫟辨識技巧

　　菱果石櫟與子彈石櫟因為特徵有些類似，位置也都零星廣為散佈，所以是最常被拿來做比較的兩個種類，就算野外經驗豐富的老手也難有十分把握。其實在我初認識植物時，前輩們已經鑽研出用「刮刮樂」來辨別她們，這方法就是用指甲刮過葉子的下表面，能刮出白痕的為子彈石櫟，無明顯刮痕的為菱果石櫟。而且在我每次用其它特徵鑑定完後，都會用刮刮樂測試是否能應驗，結果都能互相符合，因此我認為刮刮樂是很可靠的辨識方法。但這方法在兩個前提下才會準，第一是要用新鮮的葉子，枯葉與標本是不準的；第二是刮取時用搔癢的力道輕輕劃過即可，太大力不管哪種植物都會被刮傷，就沒有鑑別度了。當然這只是野外辨識的訣竅，但要作為植物分類依據恐怕得由其它特徵去支持，因此我整理菱果石櫟與子彈石櫟之差異如下表：

	枝條與嫩葉	葉緣	葉柄	果實	花期
菱果石櫟	嫩葉嫩枝葉柄無毛，但有腺鱗之附屬物，在陽光下有金屬光澤感	多為全緣，偶有波狀緣，整棵樹所有葉子先端皆無缺刻的	葉柄佔整葉子長度的比例較長	有稜的、圓球形與扁圓形皆有，但子彈形尚未見過	5、6月
子彈石櫟	嫩葉嫩枝皆有被毛，葉柄與一年生枝條有些許毛宿存	全緣、先端缺刻的皆有，整棵樹中一定會出現先端缺刻的葉子	葉柄佔整葉子長度的比例較短	圓球形與子彈形	9月

菱果石櫟。

三斗石櫟

別名｜三斗柯、紅肉杜、硬斗柯、硬殼柯、
阿里山三斗石櫟、高山三斗石櫟、細葉三斗石櫟

學名｜ *Lithocarpus hancei* (Benth.) Rehder

三斗石櫟帶果的枝條
去年生枝條上有成熟的果實。
| 12月5日

當年生枝條
可能為第二次生長期
的新枝、新葉

去年生枝條

當年生枝條

30cm

阿里山三斗石櫟帶果的枝條
去年生枝條上有成熟的果實。
| 10月24日

去年生的枝條

分佈

香港、中國大陸秦嶺以南各地。在臺灣普
遍分佈於低至中高海拔山區，較偏好溪谷
邊坡的環境，海拔約300-2400m左右。

物候

常綠樹。2-3月為抽芽期，花葉同
出。盛花期約在3-5月間。果實皆於
隔年10-12月成熟。

宿存的雌花

柱座短而不甚明顯，果皮光滑無毛，覆有些許薄蠟。

柱座

明顯癒合為環狀

殼斗與鱗片

三角狀鱗片的附屬物有癒合為同心環的情形，越接近基部越明顯。但這特徵會依不同地區族群而有所變化，甚至有些完全為覆瓦狀排列。

子房在膨大中
| 隔年7月1日

休眠的雌花
| 當年11月3日

| 當年7月1日

10cm

發育中果實

宿存雌花

堅果

熟果

果實多單生，堅果多為球型或子彈型，內有種子一枚，殼斗淺盤狀，包覆堅果較少。
| 12月1日

殼斗

2cm

| 隔年8月23日

果實成熟
| 隔年12月1日

種子

內果皮表面的毛

其他形態的果實

三斗石櫟子彈形的堅果
| 11月8日

果皮

果臍

近圓形，凹陷的

殼斗俯視

殼斗內壁有短毛

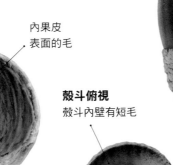

阿里山三斗石櫟圓球形的堅果
| 11月23日

雌雄混合花序

新葉

當年生枝條

三斗石櫟開花的枝條
花序盛開時,當年新葉已成
熟。雄花序硬挺上舉,於
當年生枝條的葉腋長出,有
時在生殖枝有葉子較少的情
況。雌雄混合花序則出現在
最先端,數量頗多。
| 3月5日

30cm

雄花序

老葉

當年生嫩枝
光滑無毛,有不
明顯的稜。

去年生的枝條

去年生枝條
淺褐色,無稜,
有許多皮孔與細裂紋。
| 3月7日

3cm

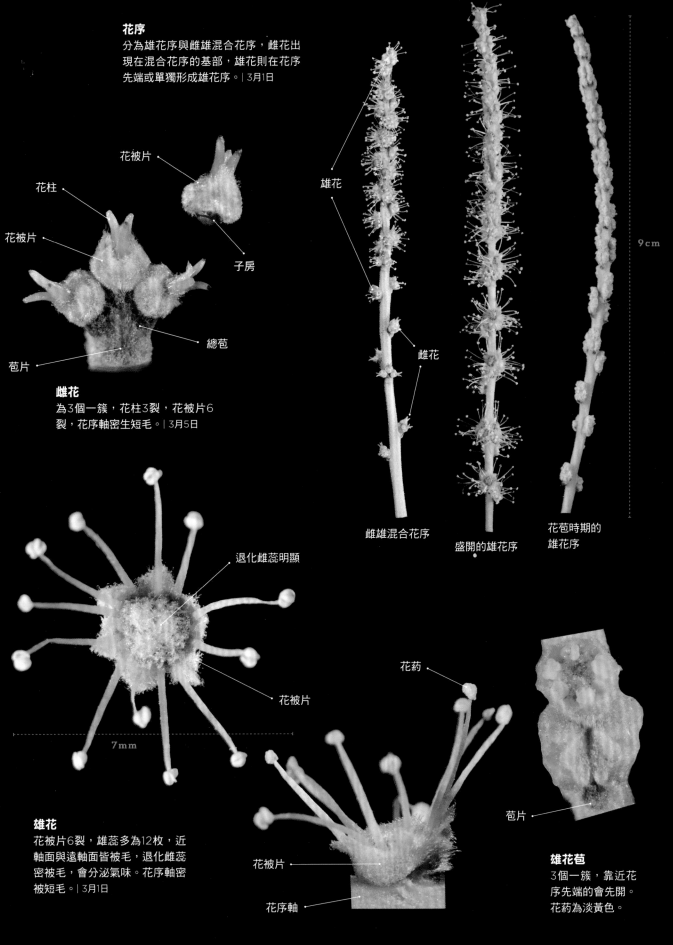

花序
分為雄花序與雌雄混合花序，雌花出現在混合花序的基部，雄花則在花序先端或單獨形成雄花序。| 3月1日

花被片

花柱

花被片

子房

總苞

苞片

雄花

雌花

9cm

雌花
為3個一簇，花柱3裂，花被片6裂，花序軸密生短毛。| 3月5日

雌雄混合花序

盛開的雄花序

花苞時期的雄花序

退化雌蕊明顯

花被片

7mm

花藥

苞片

雄花
花被片6裂，雄蕊多為12枚，近軸面與遠軸面皆被毛，退化雌蕊密被毛，會分泌氣味。花序軸密被短毛。| 3月1日

花被片

花序軸

雄花苞
3個一簇，靠近花序先端的會先開。花藥為淡黃色。

長橢圓形的，也十分常見

較常見倒卵形的成熟葉
| 7月19日

13cm

上表面

下表面

較小的

毛

氣孔

三斗石櫟成熟葉
下表面SEM影像

托葉

嫩葉

三斗石櫟葉在枝條上為螺旋狀互生，托葉兩片對生，早落。葉片紙質至薄革質，中肋於葉上、下表面皆凸起，以下表面較明顯，第一側脈不太明顯約12~17對。葉緣皆為全緣，有的會有波浪起伏。葉形變化豐富，從線形至狹長橢圓形、橢圓形、寬橢圓形皆有，先端漸尖或短尾狀，基部楔形近葉柄會略為下延，葉柄短。葉上表面綠色，下表面為較淡綠色，從SEM觀察僅有極稀疏的短毛。嫩葉展開前為沿中肋向上表面對折，多為桃紅色，有些許早落的短毛。常綠樹。阿里山三斗石櫟葉為革質，主要以寬橢圓形之葉片組成，偶有一些長橢圓形穿插其中。

無葉柄線形的

無柄較大的

葉形與短尾葉石櫟相近的倒披針形，但三斗石櫟第一側脈較不明顯。

上表面

10cm

下表面

阿里山三斗石櫟常見寬橢圓形的成熟葉。
| 11月7日

嫩葉 | 3月1日

上表面

下表面

三斗石櫟 > STORY

探索中國植物的外交官

　　三斗石櫟最早於香港被發現，英國植物學家班遜姆 (George Bentham) 於 1861 年發表在《香港植物誌》(Flora Hongkongensis) 的新種殼斗科植物，其種小名 *hancei* 為紀念發現者之一的英國駐港領事漢斯 (Henry Fletcher Hance) 對植物研究的貢獻。

　　鴉片戰爭後中國許多城市被迫開放，越來越多西方的植物學者、外交官、海關人員、傳教士、醫生、軍人和航海家等開始進入中國，於各地採集植物標本，或寄送種子、小苗回歐美國家的標本館與植物園栽培。而在當時，漢斯是特別有名的一位，他雖然本行是外交官，但對於中國、香港植物有極濃厚的興趣，且終其一生幾乎都定居在香港，這段時間內他所匯集的標本極多，並發表不少著作。漢斯的研究範圍不僅僅在香港而已，他還請許多在中國各地工作、旅行的西方人幫忙將採得的標本交給他做研究，較有名的如斯文豪 (Robert Swinhoe)、桑普森 (Theophilus Sampson) 等人，形成一個廣大採集網絡，因此漢斯可說是在中國最為活躍的西方植物學家。

沒有特徵就是最大的特徵

　　三斗石櫟是臺灣石櫟屬植物中最常見、分佈最廣泛的一種，地位有如苦櫧屬的長尾栲，櫟屬的青剛櫟、錐果櫟，都是許多人前幾種最先接觸到的殼斗植物。

　　會有三斗石櫟的稱呼，主要來自於其果實之殼斗多為三個相連在一塊，而這是從開花時三個雌花呈一簇的構造發育而來的，所以也是許多殼斗植物皆有的特徵，並非三斗石櫟所特有。中國大陸則稱之為硬殼柯或硬斗柯，但硬殼硬斗在石櫟屬中更是再普通不過的特徵了，因此從中文俗名來看，要在三斗石櫟身上找個特殊的形態為其命名似乎不太容易。由於三斗石櫟的葉子都是最一般的顏色形狀，也沒有鋸齒與明顯葉脈，這大眾樣貌只能用「普通」來形容。回想大學剛接觸植物時，雖然常常遇到，但也都要看上許久才會想到是她。經過幾次經驗後，只要葉子找不出令人印象深刻的特徵，就會聯想到三斗石櫟，最後還果真是她，屢試不爽！

盛花的三斗石櫟樹冠，也相當可觀。

浸水營林道殼斗鱗片覆瓦狀排列，合生不明顯的三斗石櫟。　　　樹皮縱裂紋，內有皮孔排列。

三斗石櫟與南投石櫟、短尾葉石櫟之區別

　　三斗石櫟與南投石櫟看起來非常相似，且南投石櫟不常見大家較為陌生，因此她們有時會被混淆。《中國植物誌》甚至懷疑南投石櫟會不會只是三斗石櫟下的一變種，認為還需再深入研究。但有幾個特徵其實可以明顯區別這兩者。首先，三斗石櫟葉尖端為漸尖或短尾狀的，南投石櫟則呈長尾狀；第二，三斗石櫟的中肋在下表面會比上表面凸，南投石櫟則相反為上表面比下表面更凸出；第三，三斗石櫟葉下表面呈綠色，僅有極少數宿存的單毛，南投石櫟葉下表面則略白，有許多微小的星狀毛。因此南投石櫟無可能為三斗石櫟的變種。

　　另外，短尾葉石櫟與三斗石櫟偶爾也有葉形頗像的時候，不過從三斗石櫟第一側脈不太明顯且當年新枝條為圓形，短尾葉石櫟第一側脈極為明顯，且當年生新枝條有明顯五條稜等特徵，也是能輕易分別。

三斗石櫟常為多幹叢生的樹型。

葉子堅果都較圓胖的阿里山三斗石櫟。

細葉三斗石櫟與阿里山三斗石櫟

　　三斗石櫟不同植株之間，形態變化相當豐富，如殼斗附屬物有標準的鱗片覆瓦狀排列，也有合生為同心圓的特殊排列，而合生程度不一，同心圓圈數也常有變化。另外，堅果有圓錐形、圓球形或子彈型，葉片也有寬窄厚薄之差異，因此過往曾經被細分為許多不同的分類群。參考 2003 年《臺灣殼斗科植物之圖鑑》，廖日京教授將三斗石櫟整理細分為三個變種，如下表所示。其中 2000 公尺以下的族群差異不大，只在葉之厚薄程度，較難分辨。但 2000 公尺以上的高山三斗石櫟就有較明顯的差異，葉子較寬圓、堅果也稍圓，被認為是與中國大陸的硬殼柯 (L. hancei) 形態較接近，因此為承名變種（繼承 hancei 之名的變種）。而過往我們常稱的阿里山三斗石櫟即被併入此類，在阿里山、梨山至大禹嶺一帶就可以發現她們的蹤跡。野外確實會出現這些不同特徵的族群，這也是分類學家長年觀察歸納出來的結果，概括的描述這一大群植物的狀況，但生物個體間的關係本難一刀兩斷式的切開，界線間與界線外還存在許多不同族群，所以也有如《中國植物誌》、《臺灣維管束植物簡誌》等不做較細區分的看法。

	細葉三斗石櫟	三斗石櫟	高山三斗石櫟（阿里山三斗石櫟）
學名	L. hancei var. subreticulatus	L. hancei var. ternaticuplus	L. hancei var. hancei
葉	線狀披針形、較薄為紙質（偏細偏薄）	披針形較多、較厚為革質（較寬偏厚）	橢圓狀卵形較多、較厚為革質（最寬偏厚）
堅果	較小	多呈橢圓子彈型	多呈壓扁狀圓錐形（圓球形）
海拔	900 公尺以下	900-2000 公尺	2000 公尺以上

小西氏石櫟

別名 ｜ 幼葉杜仔、油葉石櫟、油葉櫟、油葉柯
學名 ｜ *Lithocarpus konishii* (Hayata) Hayata

LC 無危

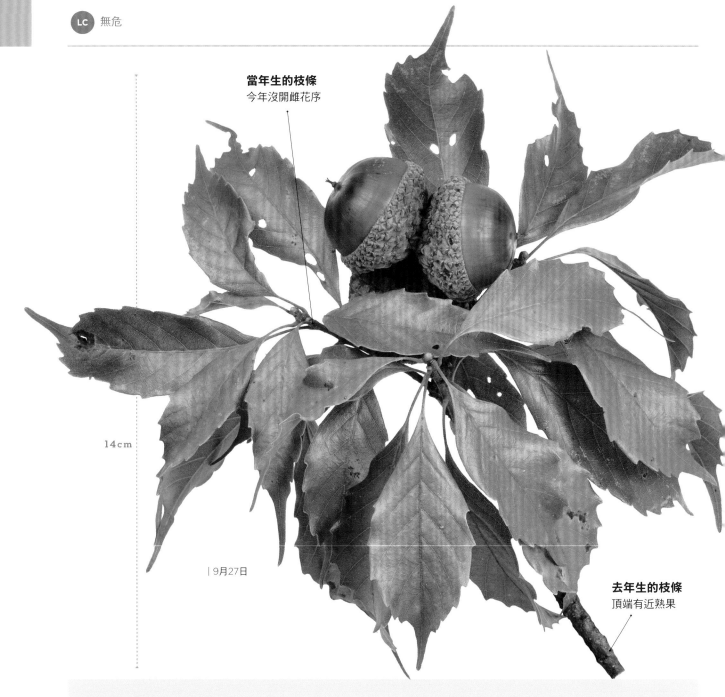

當年生的枝條
今年沒開雌花序

14cm

｜ 9月27日

去年生的枝條
頂端有近熟果

分佈

在中國大陸為稀有種，香港、海南島有分佈。在臺灣海拔300-1000m，可見於桃園角板山，臺中大坑、太平區大湖、和平區，南投魚池、埔里一帶極多，高雄扇平，屏東大漢林道、來義鄉，臺東大武。

物候

3月為抽芽期，待4月新葉成熟了才抽出花序，花期為5-6月，有的植株會在9月有第二次花期，果實隔年10-12月成熟。

宿存的雌花
有柱座，先端的果皮有時會有毛，有時則光滑。

柱座

殼斗與鱗片
鱗片覆瓦狀交疊的排列，鱗片三角形先端突尖，中間有明顯隆起的脊，密被極短的毛。

遺存的雄花

遺存的雄花

遺存的雄花

5cm

| 當年12月3日

| 隔年7月1日

堅果微微露出的果皮上有毛
| 隔年4月30日

完全成熟的果序
| 隔年9月28日

宿存雌花

果實

殼斗

3cm

熟果
單生或3個合生一簇，都頗常見。堅果多成扁圓形，大小形狀變化非常豐富，成熟時為褐色，早期有加工以做為衣服的鈕扣，內有種子一枚，子葉有多條深縱溝，殼斗淺盤狀。
| 9月22日

與果臍相連的部份

殼斗俯視
內壁面積小有短毛

種仁

褐色的種皮

非常堅厚的果皮

深縱溝

果臍
為圓形的，中間隆起，漸漸向邊緣凹陷，佔有的面積比其他果臍完全凹陷的種類稍大。

果臍邊緣凹陷

雌雄混合花序

雄花序

當年的新葉

由去年雌花所
發育來的小果

20cm

開花的枝條
花序要等嫩葉嫩枝成熟後才
從葉腋和新枝頂端分化而
出。雄花序硬挺上舉，多出
現在葉腋或新枝先端，雌雄
混合花序則長在最先端。
| 5月11日

當年生嫩枝
被白色短毛。
| 4月18日

去年生枝條
紅褐色，有明顯的縱網
有宿存的短毛，及許多
白色皮孔。

2.5cm

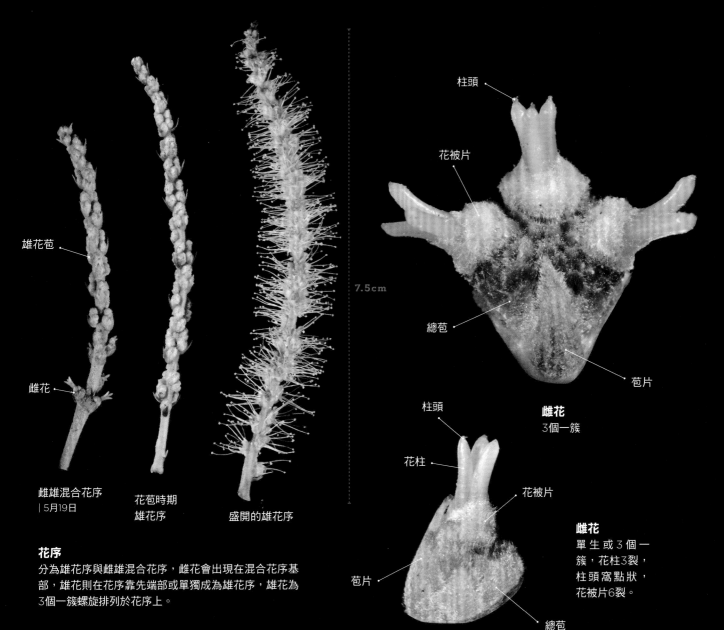

雄花苞

雌花

柱頭

花被片

總苞

苞片

雌花
3個一簇

柱頭

花柱

花被片

苞片

總苞

雌花
單生或3個一
簇,花柱3裂,
柱頭窩點狀,
花被片6裂。

7.5cm

雌雄混合花序
| 5月19日

花苞時期
雄花序

盛開的雄花序

花序
分為雄花序與雌雄混合花序,雌花會出現在混合花序基
部,雄花則在花序靠先端部或單獨成為雄花序,雄花為
3個一簇螺旋排列於花序上。

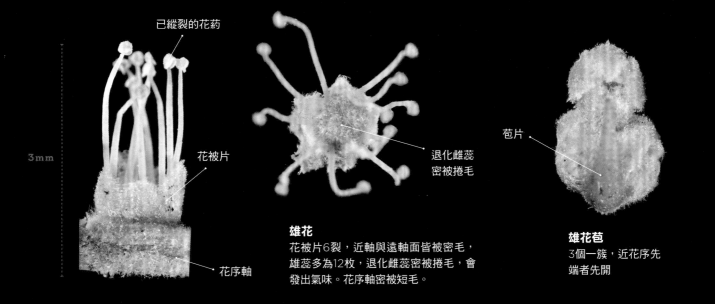

已縱裂的花藥

花被片

花序軸

退化雌蕊
密被捲毛

苞片

3mm

雄花
花被片6裂,近軸與遠軸面皆被密毛,
雄蕊多為12枚,退化雌蕊密被捲毛,會
發出氣味。花序軸密被短毛。

雄花苞
3個一簇,近花序先
端者先開

較細長的

**較常見倒卵形的
成熟葉**
| 7月19日

9cm

上表面

下表面

較大的

小西氏石櫟葉柄
SEM影像

小西氏石櫟的葉子在枝條上為螺旋狀互生，托葉兩片對生早落，葉片薄革質，第一側脈明顯，約8~11對，葉緣至少從葉基第三條側脈以上就有鋸齒，為粗鋸齒，葉形較小，多為倒卵形至橢圓形，成熟葉葉上表面為深綠色，下表面綠色較淺，在下表面中肋與側脈交會的腋窩處有毛，中肋、側脈及近葉基的葉緣有稀疏短毛，越靠近葉柄處毛則越密。嫩葉上被有紫色的毛（有些植株為綠色），葉成熟後即脫落。常綠樹。

腋窩

在下表面中肋與第一側脈交會的腋窩處
有星狀毛或單毛。

較圓的

托葉

嫩葉

較小的

葉多為橢圓形的
植株也常見

嫩葉 | 3月23日

下表面

上表面

1cm

鋸齒較不明顯的

橡實的可愛教主

　　小西氏石櫟最早是由時任「臺灣總督府民政局技師」的小西成章先生，於1906年6月在臺東廳採獲，故早田博士取其姓氏做為種小名 *konishii* 命名之。盤子狀的殼斗，托載著扁圓的堅果，而且是殼斗家族中少有果實可以比葉子還大的成員。這矮矮胖胖的有趣外形讓她在與其他果實並列時，幾乎每每被人一眼相中並大呼「好可愛」！抽樣年齡層小從7歲男孩、大到60歲工程包商皆有，屢試不爽。例如有次在中橫路上遇到半路攔車的父子檔，他們的單車騎不上武嶺而需要搭一段便車。那男孩年紀才7歲，上車後看到我放在盒中形形色色莫約二十多種橡實，只見他慢慢挑起小西氏石櫟，對爸爸說：「這個最可愛。」接著又放了回去，但當時我未反應過來，等到分別之後想起這件事才後悔沒把那果實送他。

還有一次正在替橡實們拍照時，剛做完工程回來，口中還嚼著檳榔的房東先生走了過來，一手就拿起其中的果實說道：「這看起來嘛古錐古錐，甘ㄟ塞齁哇？」一看又是小西氏石櫟，邊說時還不忘露出滿嘴鮮紅唇齒對我微笑。而我自己也端詳好一會，就想參透她的魅力所在。

到底是「油」還是「幼」？

小西氏石櫟不但可愛，也非常容易親近，尤其在臺中大坑、南投魚池埔里一帶數量極多隨處可見，喜歡在森林的中下層，以基部多分枝主幹的小喬木形貌出現。我在蓮華池工作時，聽那邊的居民都以臺語「幼葉肚仔」來稱呼這常見的樹木，其中「幼」與「幼齒」的幼同音同義，用來形容葉子很小的意思，「肚仔」是他們對殼斗科一類植物的泛稱。而同樣在那常見但葉型大上許多的短尾葉石櫟，則稱以「大葉肚仔」區別之。

小西氏石櫟另一常用的俗名為「油葉石櫟」，有一說是因其葉子表面油亮而得名。但讓我感到十分好奇的是，臺語的「幼」與「油」聽起來頗為相似，只是音調不同，且剛好都用來稱呼同一種植物，難道這會是單純的巧合嗎？據我所知最早記載「油葉」一詞的文獻，是由佐佐木舜一1928年所著的《臺灣植物名彙》和1935年的《臺灣主要樹木方言集》中所載錄的「油葉肚仔」，且詳說這是羅東郡三星與臺南州薪化郡的閩南人對短尾葉石櫟的稱呼，而未提到小西氏石櫟的任何俗名。但1936年金平亮三卻在《臺灣樹木誌》記載「油葉肚仔」是埔里、能高一帶對小西氏石櫟的俗稱，或許就是從這開始後來的書籍皆稱之為油葉石櫟的吧。現今我們已經很難去釐清為何佐佐木舜一與金平亮三對「油葉肚仔」的認知會完全不同，但至少可以確定埔里居民所稱的是「幼葉」而非「油葉」。

過去在山中長大的小孩，物質雖然貧乏但卻很懂得利用大自然賜予的資源，例如每年的深秋他們就會在小西氏石櫟樹下收集熟落的堅果，接著整顆丟進燒熱的土堆中去「焢」（ㄆㄠˋ），台語則念ㄅㄨˋ，就變成打牙祭的零食了。但若不懂得竅門的話，在吃之前還得花一陣功夫克服那堅厚的果皮。曾經就有一位居住在山中的老長者示範他快速剖開小西氏石櫟的方式：將堅果立好後只要拿鎚子敲向最尖端，堅硬的果皮即應聲裂開露出其中的種子，確實是快又方便。而焢過的小西氏石櫟風味極佳、十分香甜，在眾多家族成員中也算是一絕。

五花八門的小西氏石櫟

4cm

果皮表面有搓不落的
附屬物，臺灣極為少見

小西氏石櫟盛花景象。

今年開花明年結果的特殊現象

　　林業試驗所與臺大園藝系曾對小西氏石櫟的栽培和食用性進行一系列的研究與評估，並期待將來有一天能成為本土的堅果作物。其中王君瑋在 2010 年的〈小西氏石櫟之開花結實性與無性繁殖之潛力〉碩士論文中，透露一些有趣的訊息。她發現埔里地區的小西氏石櫟一年當中會有兩次花期，分別在春季與秋季，而且這兩次開的雌花皆有機會在隔年的年底發育成熟果。

　　依我多年的觀察，許多種類的殼斗科植物，皆有同一植株一年開兩次花的現象，但通常不是秋季的花量少上許多，不然就是雌花序也會隨雄花序一同萎落而無法結出果實。所以小西氏石櫟兩次花期皆能結果誠屬特殊。另外論文中也對小西氏石櫟這果實為隔年熟的種類做了細部解剖的觀察，原來從開花、受粉至結果這長約 18 個月的變化過程，還可以再分做兩個階段。首先，在開花後的 15 個月是雌花

樹皮有縱向排列凸起之皮孔。

之發育，此時雌花由原本無子房空腔發育至可觀察到胚囊，且柱頭在受粉後卻無受精，她推測可能是胚囊尚未發育完整，導致無法產生誘導的物質，使這期間的花粉管停滯生長。而最後的 3 個月為第二階段，才是果實之發育期，此時雌花具有胚囊，在受精後果實的生長會加速並明顯膨大，直到成熟掉落。這解釋了我們野外見到的堅果們，為何總是在六、七月後才迅速的成長。但為何橡實有這種機制，在生理上、生態上又代表什麼意義，還有待更深入的思考和研究。

小西氏石櫟的地理分佈

　　有些文獻記載小西氏石櫟為特有種其實是待商榷的，因為在香港與海南島也有類似小西氏石櫟的族群，而且被中國大陸列為相當稀有的植物。為何說「類似」呢？因為香港與海南島的小西氏石櫟堅果表面有許多毛或者腺鱗的附屬物（還不是很清楚），與臺灣幾乎光滑無毛的族群明顯有差異，最多也僅有少數植株有稀疏附屬物。所以可以認為附屬物的多到無，是小西氏石櫟的連續變異，或也可以用此特徵將香港與海南島族群視為一變種。

　　而 2016 年中國大陸的中山生命科學院施詩等人，就對臺灣與香港海南島之小西氏石櫟族群做親緣地理的研究，他們發現臺灣的族群在遺傳多樣性上要高於其他區域，且特有的基因是處於原始地位，推測臺灣有多個冰河時期的避難所，且在第四季末期通過陸橋與香港海南島的族群進行過基因交流。後來朋友在臺東發現幾棵植株其堅果果皮也佈滿附屬物並將照片傳給我，我馬上聯想到這正與香港、海南島族群的特徵相當接近，是我先前在臺灣野外或所有標本館館藏皆沒見過的。原以為這是大陸才特有的特徵，沒想到竟然也能在臺灣見得，顯示臺灣是許多生物的基因寶庫，即使一些被我們認為無需保育的物種，還是可能藏有稀有特殊的基因，或許還是解開她們族群歷史的關鍵鑰匙呢！

常見多幹叢生的樹型。

南投石櫟

別名｜ 南投柯、黃肉杜
學名｜ *Lithocarpus nantoensis* (Hayata)

 易危 特

當年生的雌花序

帶果實的枝條
當年生枝條上有雌花
序，去年生枝條上有近
成熟的果序。

當年生的枝條

15cm

去年生枝條
有果序

分佈

特有種。數量稀少分佈局限，可見於南投
蓮華池、守城大山、水社大山、惠蓀林
場、關刀山一帶，臺東浸水營古道(註)，
海拔650-1400 m。

物候

3月為抽芽期，待新葉成熟後至5
月才抽出花序，花期6-8月，果實
隔年11-12月成熟。

註:1937 年 7 月清水英夫（Hideo Shimizu）在進行浸水營地區的植物調查時，於海拔 1200 m 採到幾份疑似南投石櫟的標本，但後來標本籤改成浸水營石櫟，1981 年沈中桴博士將這些標本鑑定為
南投石櫟，我前往往台大植物標本館（TAI）查看，葉形不但比浸水營石櫟小，甚至比中部地區的南投石櫟還小，其中僅一份有留存殼斗的標本（no.3672），是接近南投石櫟的型態，因此單看標本，同
意沈博士所認為浸水營有南投石櫟的分佈。林試所標本館（TAIF）存放幾份陳國章先生於浸水營東南部海拔 1150 m 無花無果的標本（館號 076963），我認為葉型態與清水英夫所採集的很相似，還
需留意她們在浸水營有族群出現的可能性。而南投石櫟與浸水營石櫟這兩相近的分類群一起出現在浸水營區域，卻距離南投遙遠，甚為特殊。

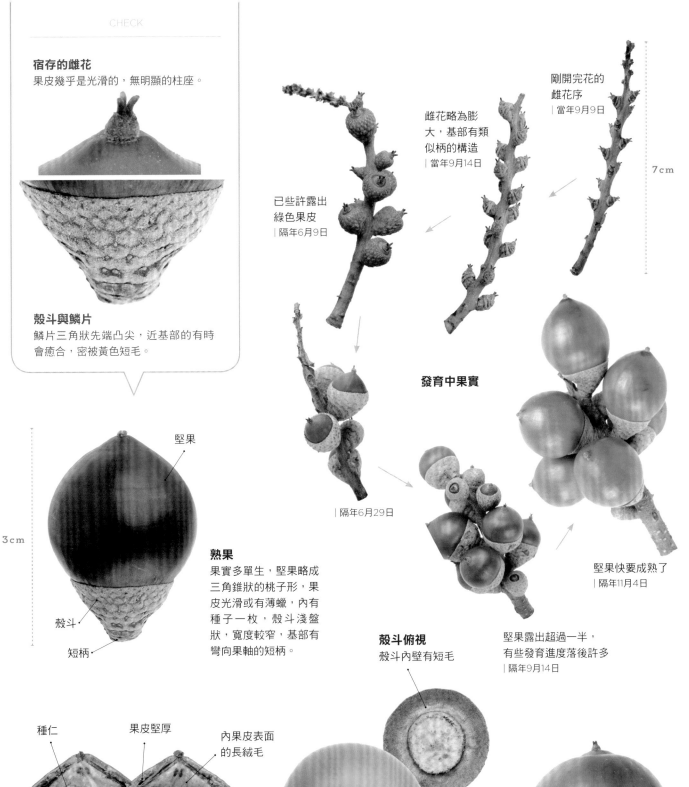

宿存的雌花
果皮幾乎是光滑的，無明顯的柱座。

殼斗與鱗片
鱗片三角狀先端凸尖，近基部的有時
會癒合，密被黃色短毛。

剛開完花的
雌花序
| 當年9月9日

雌花略為膨
大，基部有類
似柄的構造
| 當年9月14日

已些許露出
綠色果皮
| 隔年6月9日

7cm

發育中果實

堅果

3cm

殼斗

短柄

熟果
果實多單生，堅果略成
三角錐狀的桃子形，果
皮光滑或有薄蠟，內有
種子一枚，殼斗淺盤
狀，寬度較窄，基部有
彎向果軸的短柄。

| 隔年6月29日

堅果快要成熟了
| 隔年11月4日

殼斗俯視
殼斗內壁有短毛

堅果露出超過一半，
有些發育進度落後許多
| 隔年9月14日

種仁

果皮堅厚

內果皮表面
的長絨毛

果臍
近圓形，凹陷，面積很小

其他形態的果實
堅果較扁的，有的殼
斗鱗片癒合比較嚴重

雄花序

雌雄混合花序

15cm

去年生枝條

開花的枝條
花序盛開時，當年新葉已
成熟，雄花序硬挺上舉，
於當年枝條先端或靠近先
端的葉腋長出，雌雄混合
花序通常在最先端。
| 7月14日

當年生枝條
上的新葉

當年生嫩枝
有腺鱗之光澤，有稜。

去年生枝條
黃綠色，皮孔白
而明顯。

2.5cm

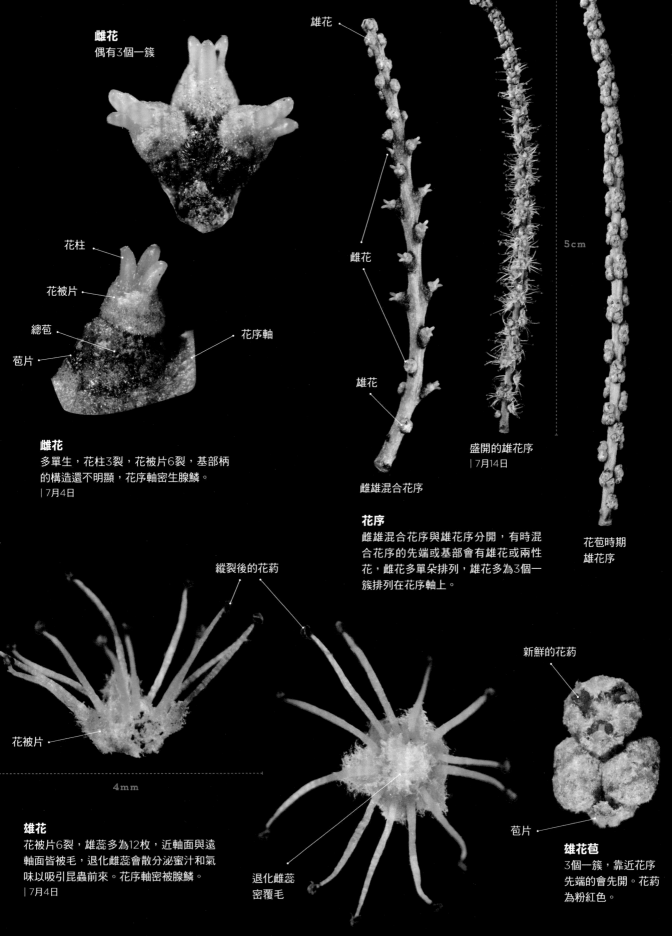

雌花
偶有3個一簇

花柱

花被片

總苞

苞片

花序軸

雌花
多單生，花柱3裂，花被片6裂，基部柄
的構造還不明顯，花序軸密生腺鱗。
| 7月4日

雄花

雌花

雄花

雌雄混合花序

盛開的雄花序
| 7月14日

5cm

花苞時期
雄花序

花序
雌雄混合花序與雄花序分開，有時混
合花序的先端或基部會有雄花或兩性
花，雌花多單朵排列，雄花多為3個一
簇排列在花序軸上。

縱裂後的花藥

新鮮的花藥

花被片

4mm

雄花
花被片6裂，雄蕊多為12枚，近軸面與遠
軸面皆被毛，退化雌蕊會散分泌蜜汁和氣
味以吸引昆蟲前來。花序軸密被腺鱗。
| 7月4日

退化雌蕊
密覆毛

苞片

雄花苞
3個一簇，靠近花序
先端的會先開。花藥
為粉紅色。

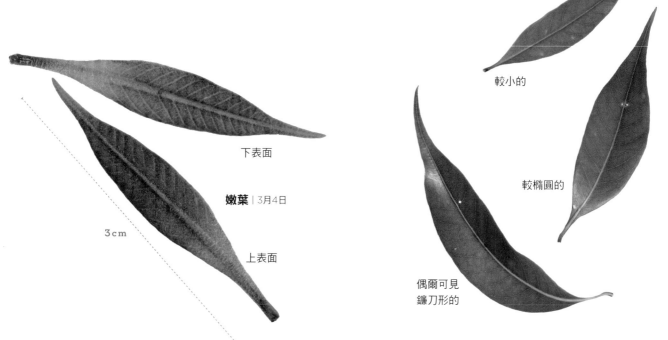

14cm

**較常見長橢圓形的
成熟葉**
| 8月24日

上表面

下表面

星狀毛

南投石櫟成熟葉
下表面SEM影像

較大的

南投石櫟葉在枝條上為螺旋狀互生，托葉兩片對生早落。葉形
變化小，葉片革質，第一側脈不明顯，約15對以上，中肋在上
表面較下表面為凸。葉全緣，多為長橢圓形，先端長尾狀，基
部漸漸縮為楔形，常下延至葉柄，葉柄短。葉上表面光滑，下
表面為略白的淺綠色，以SEM觀看，下表面表皮覆有星狀毛，
星狀毛上又有一層易破裂類似薄蠟的物質。嫩葉淺紫色，無毛
但有疑似腺鱗之附屬物覆蓋。常綠樹。

較小的

較橢圓的

下表面

嫩葉 | 3月4日

3cm

上表面

偶爾可見
鐮刀形的

深居簡出的森林王者

　　南投石櫟是臺灣特有的植物，為 1906 年川上瀧彌與森丑之助於南投守城大山首次採獲標本，五年後由早田博士鑑定為一新種發表在《臺灣植物資料》（Materials for a Flora of Formosa）中，並以地名南投作為其種小名使用至今。

　　南投石櫟的特殊之處在其族群只分佈於一些特定的小區域，相比於其他廣泛或者零星散佈的種類，她所在的棲息地算是侷限和集中的，所以若想在山林中與她不期而遇還真不容易呢，但真遇到時卻又是主宰那森林的霸主，讓人驚嘆不已。

　　根據林試所在蓮華池常綠闊葉林面積 25 公頃動態樣區的調查結果（2012，張勵婉等人），南投石櫟的「相對胸高斷面積」（註：即樹幹的粗細程度）為區內 144 種木本植物中之冠，達 8.38％，但個體數卻只佔全部數量的 0.5％。換句粗略的話說，在這片競爭激烈的森林社會中，一千株中僅有五株是南投石櫟，卻有將近十分之一資源都是由這五株所掌

南投石櫟雄偉的樹型
無疑是森林中的霸主。

控，顯然她就是這金字塔頂端優勢的王者。該調查也發現蓮華池的南投石櫟明顯集中在較乾燥的稜線上，就我所知其他山勢較高的棲地，南投石櫟通常生長在海拔 1000 m 以上的邊坡，但山勢低矮的蓮華池海拔僅 650-850 m，或許是合適南投石櫟生長海拔的下限，因此才會集中在高處稜線上。

與她在夢中的奇遇

回想起我第一次遇見她是在蓮華池的天然林裡，那一趟是研究所畢業前，隨同研究中心主任和師長上山勘驗架設森林氣象塔預定的位置。我們沿著陡斜的稜線上爬，進入林子後不久就有一棵特別醒目的大樹佇立著，彷彿在向人宣示即將走入的是她們的領地，這給我留下極深刻的印象，直到畢業工作後我才知道原來那就是少有人談及又帶點神秘的南投石櫟。

隨著工作這些年頻繁進出蓮華池的山林，漸漸對她建立別於其他種類的情感，有時走累了就倚靠在南投石櫟粗壯的樹幹旁休息，總覺得此時此刻全世界就只有我陪著她、她陪著我的幸福感，曾有多少人從遠方來只為追尋著她，而我卻有幸能與她朝夕相處。有此難得的緣份後，更驅使我想替她多記錄一些照片、想多了解一些事情。或許一來是位處的地點稀少隱僻，二來是身形總是高大要採集花與果並非易事，因此當時有關她的訊息與描述實在少之又少。

在那一年裡我始終掛念著她開花了沒結果了沒，但時至五月春天就將離去，許多同家族的親戚們早都已花開花謝了，南投石櫟這年冒出的新葉也已茁壯，但就是一點開花的跡象卻也沒有，心中不禁擔憂起來，今年是不是不開花了？還要再幾年才會開花呢？後來在某夜的睡夢中，驚見南投石櫟搖晃著枝葉向我飄來，用很低沉的聲音對我說：「我都開花了，你還不來拍就完了。」夢醒後因受到威脅驚恐害怕，那一週就利用工作結束天還沒黑的時間帶著望遠鏡上山找尋，但都和前不久所見一樣，悄無動靜。卸下望遠鏡正要走下山時，在一棵經常路過的南投石櫟約四米高的低矮枝條上，瞥見疑似剛要分化的花序在葉腋冒出了頭，趕緊用高枝剪剪下仔細一瞧後心情頓時輕鬆不少，是新生的花序沒錯，雖然離盛開還有段時間，但至少確定今年有花可拍了。而持續的追蹤後，發現固定觀察的植株也都陸續冒出許多花序，奇夢後所遇見是花期較早的一株，原來南投石櫟要在新葉成熟後一段時間才會從葉腋長出花序。

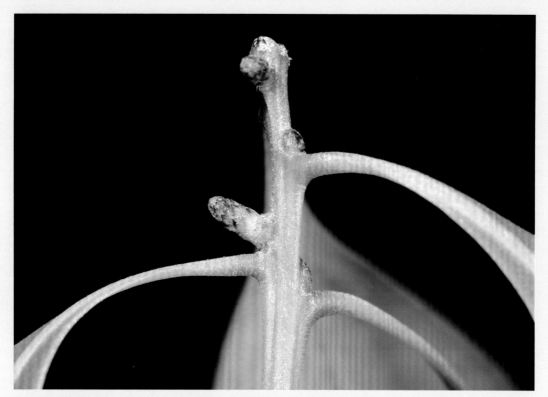

瞥見樹冠上枝條的花芽，才知道南投石櫟要等枝葉成熟後才會於葉腋發育花序。

伐木年代下的受害者

過了那夢的一年多後，偶然的機緣下在蓮華池遇到一位林試所資深的前輩唐伯伯，當聊到南投石櫟時他告訴我：「南投石櫟以前這邊又叫做黃肉杜，數量不多但辦公室就曾經有一棵。」我驚訝的問：「在哪邊？現在還有嗎？」他笑答：「早沒了，早被砍掉了。」我不解的追問：「好可惜阿，好好的砍人家作啥？」心中正 OS 著若還在的話，大家賞樹時就不必找這麼辛苦了。「那理由你絕對想不到，因為她太大棵每年又結很多果實，很久很久以前有位分所主任的宿舍就在那樹下，嫌那掉落的果實砸到屋頂時太吵，就給砍了。」聽到這我難過得說不出話來。

接著唐伯伯指著宿舍一處說：「那時候她就在這，主任宿舍現在也改建了。」看著他所指位置我心裡更是五味雜陳，因為那就是我每天睡覺的房間，原來我跟她是如此接近。腦中幻想著她只是努力的繁衍後代，並餵養著許多小動物，為生態系盡一分力。若決策者當下能多點對生命的同理心，應該可以用更圓滿的解決方法，例如屋頂上鋪網子把種子承接起來，不必動刀剝奪她的生存權，今天她還會與我們一同享用這片天空與陽光吧！或許在那開發山林的年代，砍一棵他們所謂的「雜木」不需要太多理由，就是如此稀鬆平常之事吧，這是今日保育意識抬頭的我們所難以認同的。

每棵樹都是萬中選一的倖存者

　　當然臺灣林業政策已從過去開發林產轉變成保育研究、休閒育樂等目標。透過野外觀察發現南投石櫟堅果產量其實頗大，但野生的小苗卻極少，這不禁讓人擔心她的族群更新是否出現問題。近年林試所對南投石櫟的果實進行發芽試驗，結果非常有趣，發現新鮮成熟的南投石櫟果實具有休眠性，但用一般處理方式後完全都不會發芽，需要將堅硬的果皮剝除後才會發芽。但剝除果皮後的發芽種子在溫室栽種一年後的存活率也只有 18.7 %。

　　我們可以想像南投石櫟的母樹花了近兩年時間所孕育的果實裡，扣除那些空包彈、不良品、被象鼻蟲掏空的，所剩可食的堅果又大多會被猴子或者一些齧齒類小動物啃食下肚，只有極少數僅是果皮被咬開種仁與胚卻完好的幸運兒，而這批幸運兒中即使以人工栽培也只有五分之一能存活超過一年。但這只是一切的開始，在日後的成長過程還必須歷經與其他樹種進行你死我活的資源爭奪戰，要躲過颱風大雨的摧殘、山崩土石的掩埋、倒木的侵襲等殘酷災難，年復一年的努力往上掙扎，好長的歲月才能到達那金字塔的頂端，成為我們眼前那些萬中選一、歷盡滄桑的大傢伙！有這樣的體會後，面對她們時不禁一股敬畏之心油然而生。

樹皮深褐色，呈小塊片狀剝落。

是王者也是森林裡趕不走的老屁股

　　從種子與實生苗來觀察南投石櫟族群似乎更新不佳，會不會因為後繼無樹讓族群漸漸衰退，日後最終被其他樹種取而代之呢？透過觀察，發現不少森林優勢的殼斗樹種都有小苗極少的情況，依族群樹徑大小來看大多也是百年或數十年之壽命而已，依照小苗補充的速度，百年的時間也不足以支撐整個族群數量，但是從結果論她們還是能稱霸森林上百年以上看不出衰退情況，所以這樣的危機推論與事實頗為矛盾。

　　不過殼斗科植物還有另外一種更新族群的方法，就是利用莖幹基部萌蘗出新的枝條，這些枝條漸漸茁壯可做為將來老主幹死亡的替補，因此實際上樹頭的年齡應該遠超過樹幹的年輪。看在其他處於競爭地位的樹木眼裡，殼斗植物根本就是一群一旦佔據一塊小天地後就用萌蘗無限更新，而且是怎麼趕也趕不走的老屁股，或可說是善於運用家族基業的富二代。所以用幾百年的時間中去發生少數幾棵實生苗存活的機會，或許對像南投石櫟這樣的族群來說就已經足夠宰制這片森林了吧！

花盛開時樹冠轉為粉紅色的特殊景觀。

浸水營石櫟

別名｜浸水營柯

學名｜*Lithocarpus shinsuiensis* Hayata & Kaneh.

EN 瀕危　**特**

帶果實的枝條
去年生枝條上有成熟的果實。
｜10月20日

20cm

當年生的枝條

去年生的枝條

分佈	物候

特有種。數量稀少分佈相當侷限，僅見於臺灣東南部一隅，如：臺東浸水營、新化、安朔、達仁林場、壽卡等，海拔約300-900m。於2017《臺灣維管束植物紅皮書》中被列為國家瀕危(NEN) 類別。

常綠樹。2-4月為抽芽期，嫩葉發育至成熟後許久，至8-9月才由新葉的葉腋長出花序，盛花期約在10月間，果實於隔年10-12月成熟。

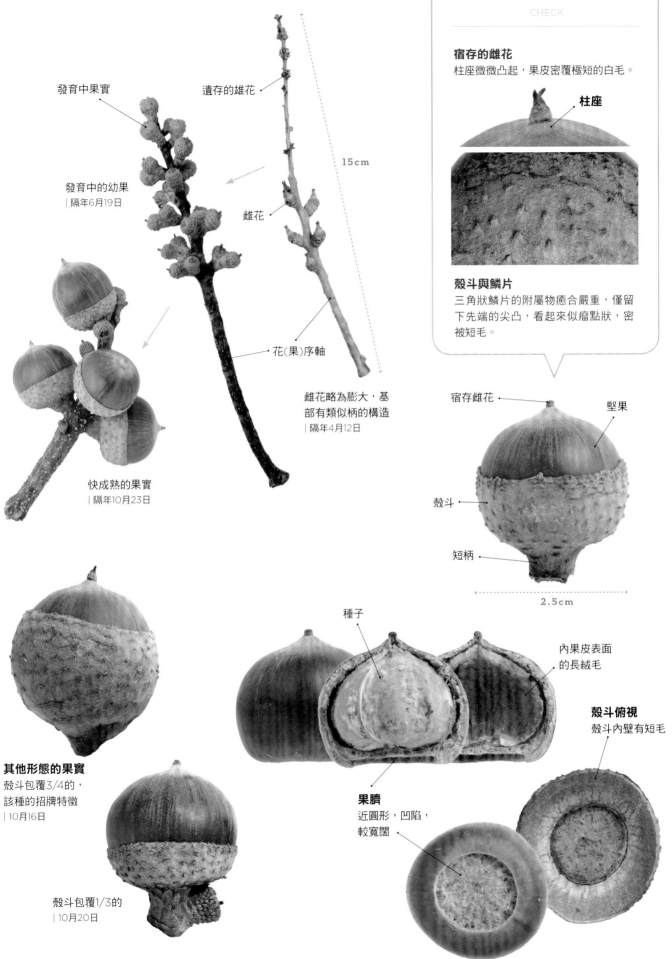

發育中果實

遺存的雄花

發育中的幼果
| 隔年6月19日

雌花

15cm

花(果)序軸

快成熟的果實
| 隔年10月23日

雌花略為膨大，基部有類似柄的構造
| 隔年4月12日

宿存的雌花
柱座微微凸起，果皮密覆極短的白毛。

柱座

殼斗與鱗片
三角狀鱗片的附屬物癒合嚴重，僅留下先端的尖凸，看起來似瘤點狀，密被短毛。

宿存雌花

堅果

殼斗

短柄

2.5cm

種子

內果皮表面的長絨毛

殼斗俯視
殼斗內壁有短毛

其他形態的果實
殼斗包覆3/4的，該種的招牌特徵
| 10月16日

殼斗包覆1/3的
| 10月20日

果臍
近圓形，凹陷，較寬闊

雄花序

蟲癭

雌雄混合花序

30cm

開花的枝條
秋季花序盛開時，春季發
出的新葉已成熟，雄花序
硬挺上舉，於當年枝條先
端或靠近先端的葉腋長
出，雌雄混合花序都在最
先端。
| 10月18日

當年生的枝條

當年生嫩枝
表層有金屬亮澤的
附屬物，略有稜。

去年生的枝條

2.5cm

去年生枝條
還是綠色的，皮孔細小不明顯。
| 4月7日嫩葉期

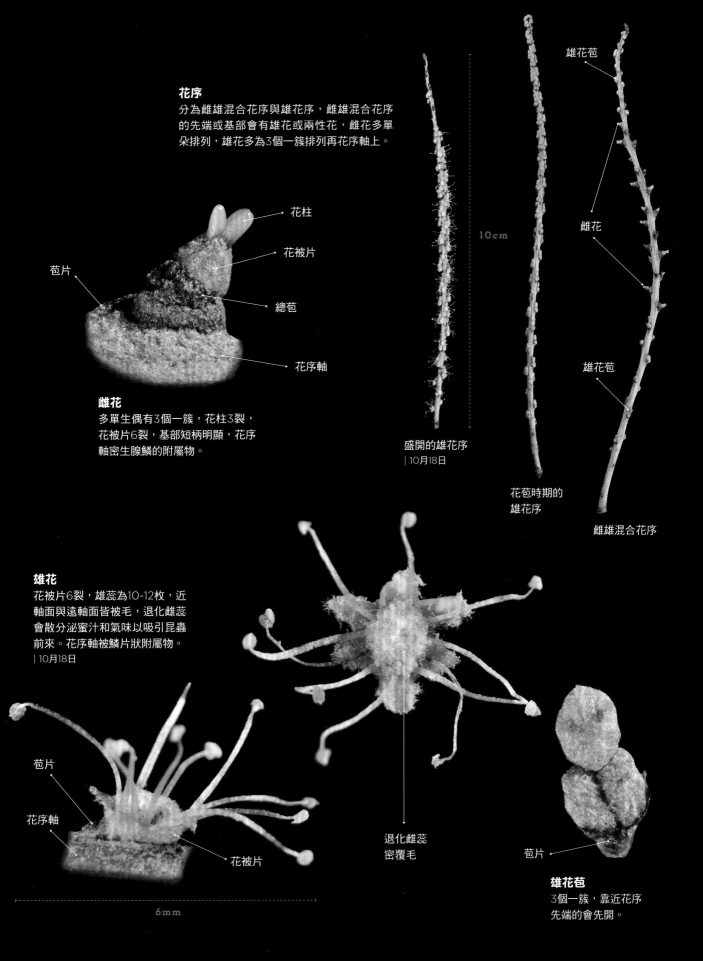

花序
分為雌雄混合花序與雄花序，雌雄混合花序的先端或基部會有雄花或兩性花，雌花多單朵排列，雄花多為3個一簇排列再花序軸上。

花柱

花被片

苞片

總苞

花序軸

雌花
多單生偶有3個一簇，花柱3裂，花被片6裂，基部短柄明顯，花序軸密生腺鱗的附屬物。

10cm

盛開的雄花序
| 10月18日

花苞時期的
雄花序

雄花苞

雌花

雄花苞

雌雄混合花序

雄花
花被片6裂，雄蕊為10-12枚，近軸面與遠軸面皆被毛，退化雌蕊會散分泌蜜汁和氣味以吸引昆蟲前來。花序軸被鱗片狀附屬物。
| 10月18日

苞片

花序軸

花被片

退化雌蕊
密覆毛

苞片

6mm

雄花苞
3個一簇，靠近花序先端的會先開。

較常見卵形的成熟葉
| 7月19日

16cm

星狀毛

浸水營石櫟成熟葉
下表面SEM影像

下表面

上表面

較大的葉子

托葉

嫩葉

較小的葉子

浸水營石櫟葉在枝條上為螺旋狀互生，托葉兩片對生早落。葉形變化小，葉片革質，第一側脈於下表面略為凸起，靠近與中肋交接處會下沿，約10-17對，中肋在上表面較下表面為凸。葉全緣，多為長橢狀卵形，先端尾狀漸尖，基部漸尖或鈍，葉柄明顯。葉上表面光滑，下表面為灰綠色，以SEM觀看，下表面表皮覆有星狀毛，星狀毛上又有一層易破裂類似薄蠟的物質。嫩葉紫紅色或淡綠色，無毛但有疑似腺鱗的附屬物覆蓋。常綠樹。

嫩葉 | 10月4日

上表面

下表面

3.5cm

較細長的葉，
與南投石櫟相似

臺灣殼斗科植物的熱點

　　浸水營石櫟是臺灣特有的植物，為 1918 年 12 月 13 日由著名植物學家金平亮三於浸水營首次發現，1921 年早田文藏博士在《臺灣植物圖譜》第十卷將她作為一新種發表，並以地名浸水營作為種小名 *shinsuiensis* 使用至今。

　　以前還在南投蓮華池工作時，就聽前輩們說要收集殼斗科植物，一定要去臺東大武、達仁那邊，像浸水營石櫟、加拉段石櫟都只在那邊才有，因此我每個月一定會安排一個周末特別去那找樹。週六的凌晨早早出發差不多抵達目的地天也剛亮不久，接下來就是一連串的開車、走路、找樹、採集標本、拍照，把能在那一帶找的到約十多種殼斗科植物用兩天時間都觀察過一輪，周日傍晚才又回程南投。因此行程極為緊湊，甚至為了更節省時間，車上都會放一個釣魚大冰桶，把需要的標本先冰著保鮮，再帶回南投慢慢拍攝細究，除了花與嫩枝嫩葉外，一般都還能維持一周的「鑑賞期」。即使路程遙遠，但每次前去都能在兩天中有滿滿收穫，因此每個月都非常期待臺東之行。

在森林邊緣的浸水營石櫟。

胸徑較粗的植株樹皮會片狀剝落。

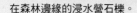

　　浸水營石櫟分佈狀況和處境與加拉段石櫟非常像，主要族群都只侷限在臺灣東南部低海拔以樟科、殼斗科為主的「樟櫧森林」中，她們生存環境鄰近人類活動區域，因此受到棲地開發的危險性也較高，只因這邊人口稀少，土地利用價值較低，才還保有一些林相完整的天然林。依據蘇鴻傑教授對臺灣天然植被地理氣候區的劃分中本區為東南區，且是受威脅的稀有植物較多區域，應為保育工作之「熱點」。

　　此外只在這個區域出現的殼斗科植物還有臺灣石櫟、波緣葉櫟與星刺栲等，加總起來有 5 種稀有殼斗科樹種只在這一帶出現，所以不但是臺灣特有而已，更是本區特有。這是以稀有物種來突顯物種多樣性，若觀察這地區的廣佈種，會發現許多種類都已和中部北部的形態產生明顯差異，例如葉卵形較小、葉下表面偏紅褐色的長尾栲、葉形極細長的捲斗櫟、葉脈較少的杏葉石櫟、葉下表面綠色且堅果極大顆的郭氏錐果櫟、葉小而厚邊緣明顯波浪狀的短尾葉石櫟、堅果表面有附屬物的小西氏石櫟等等，都是本區才獨有的特徵，這表示即使是被認為無保育價值的樹種，在這卻擁有別於他處的遺傳因子稀有性。所以本區雖多為低海拔卻是臺灣稀有殼斗植物種類最多且外貌變化最豐富的地方，在我眼裡這是臺灣最像龍貓森林的地方，棲地應該要受到保護與重視才對。

岌岌可危的浸水營石櫟棲地

　　但 2017 年我們卻發現臺東達仁有棲地大規模被皆伐的情況，因此立即向林務局反應此舉會危及裡面的浸水營石櫟與加拉段石櫟，希望能暫緩砍伐，並調查清楚還有多少珍稀動植物於其中並予以保護。對此林務局也迅速作出處理，並請求林農保留這兩種物種及周圍 5 公尺植被作為緩衝帶，林農也積極配合並持續完成 3.5 公頃天然棲地砍伐，將木材出售作為生產香菇之材料。

　　了解棲地對保育重要性的朋友，或許和我一樣對林務局的處置有所擔憂，但諮詢過了解相關法規的人士才發現，原來從現有法規制度面都無法強制林農留存這些植物，因此這

是林務局在保全稀有樹木與顧及林農經營權益之間不得不做出的折衷方案。而目前砍伐天然棲地賣做香菇用材的利潤極低，單純考慮砍伐工錢、運費與相關雜資，林農每公頃的利潤僅有 2-4 萬元，比只需半年生長期的雜糧水稻還低。若再考慮後續的整地、植苗、除草、道路維護後，這絕對是虧錢的生意，還花了十多年的時間成本！賠本生意沒人做，所以當初林農砍伐林木最大的誘因是後續期望能有「獎勵造林補助金」的支持。補助政策原意是希望幫助林農將裸露地或已到輪伐期採伐後的跡地復植成森林，立意非常良善，但因為實施細則中並未詳細規定適用的對象，有時候一些綠意盎然的天然林或者具有保育價值的人造林也都被鼓勵砍伐了，這對臺灣生態保育與財政都是負面影響，因而造成爭議。

法規與政策都還需慎思

其實透過這案件可以發現林務局只是依法行事，而林農也都合法行使自身權利，事發後也都有積極應變，只是在制度面出了問題。我們可以監督政府將法規訂的更完善，例如這些珍貴棲地物種都是全臺灣、全世界的公共財，有必要研擬一套機制將被經營的林地做調查，評估其人為經營的適當性，若是擁有珍稀動植物之造林地經評估後有保留之必要就應當予以保留，減少人為破壞，並以合理價格補償林農無法經營的損失，才能終止遺憾不斷上演。而合適經營林業之處也該為林農創造更好的生產與市場通路條件，例如提高植苗、撫育與採伐的工作效率以降低生產成本，增加樹材加工後的價值，增加市場競爭力。

殼斗科雖是很好的香菇樹種，但並非最好或不可取代，例如還有相思樹、楓香等人工林。其實種香菇材料也不是只有木屑一種，有些農業殘材如最多的稻梗，也可以種出質量俱佳的菇類，是未來循環農業的趨勢。因此目前政策若繼續鼓勵林農再種植香菇樹種作為經濟林，或許因為市場價格過低無法獲利，更有可能十幾年後更多替代品的加入，使木屑需求量不如預期而跌價，都需要政府與林農再謹慎評估。

有時於秋季花期時還會冒出營養枝的嫩枝嫩葉。

浸水營石櫟 VS. 南投石櫟辨識技巧

浸水營石櫟與南投石櫟是兩個形態外觀很相近的物種，且在森林中都可稱得上龐然大物等級，但不如南投石櫟於森林群居集中的宰制力且有較多處的生育地，浸水營石櫟就顯得零星分散許多，生育地只有在臺東少數地區。於外觀辨識上，她們在殼斗包被程度差許多，南投石櫟殼斗只包住堅果基部一點點且果臍面積較窄小，但浸水營石櫟可包住堅果 3/4 以上且果臍面積較寬大，從葉子普遍來看，浸水營石櫟葉子多為橢圓狀卵形，也要比南投石櫟來的寬大。

槲櫟

別名 | 字字櫟、大槲樹
學名 | *Quercus aliena* Blume

CR 極危

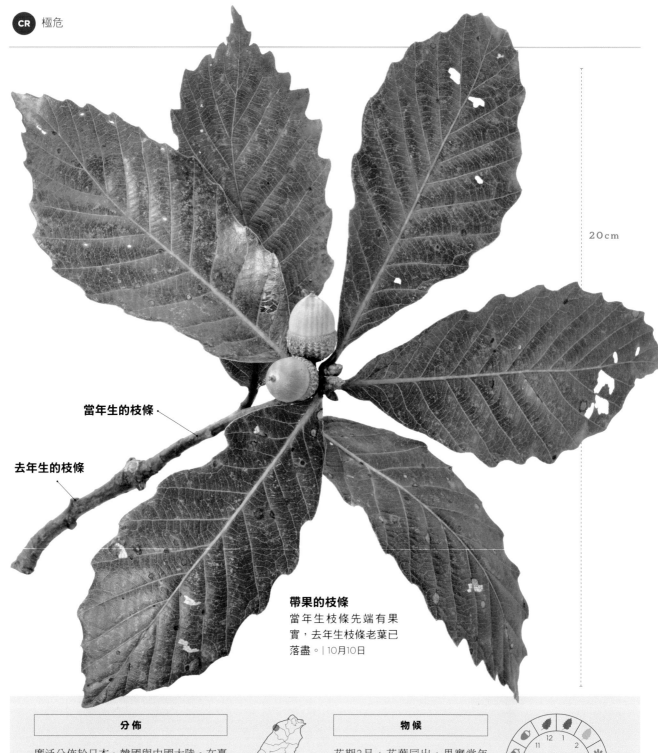

20cm

當年生的枝條

去年生的枝條

帶果的枝條
當年生枝條先端有果
實,去年生枝條老葉已
落盡。| 10月10日

分佈

廣泛分佈於日本、韓國與中國大陸。在臺
灣僅見於新竹縣新豐鄉之坑子口庄牛口
嶺,海拔約100m。2017《臺灣維管束植
物紅皮書》列為國家極危(NCR)類別。

物候

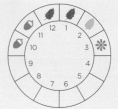

花期3月,花葉同出,果實當年
10-11月成熟,12-1月葉漸落。

宿存的雌花

堅果尖端宿存的雌花基部有柱座，柱座上有覆瓦狀排列的鱗片，整個堅果果皮上密被毛。

宿存雌花

柱座

殼斗與鱗片

小苞片成鱗片狀，覆瓦狀緊貼排列在殼斗上，密被極短的毛。

宿存雌花

堅果

熟果

果實單生，堅果橢圓形，成熟為深褐色，內有種子一枚，子葉平凸，殼斗杯狀。
| 10月22日

殼斗

2cm

發育中的果實

| 當年6月9日

看起來瘦弱的

發育較慢的果實
| 當年9月5日

殼斗包比較多的

快要成熟的果實
先端正轉為褐色。
| 10月10日

種子　　果皮

內果皮表面的白毛

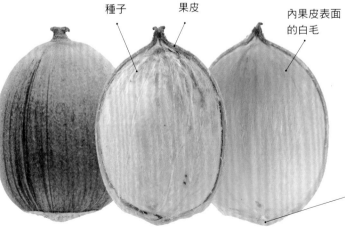

果臍

為圓形的，漸向中間凸起。

嫩葉

雌花序

10cm

當年生嫩枝

開花的枝條

花序與嫩葉同出，雄花盛開
時嫩葉也剛展開，雄花序柔
軟下垂，多從去年生枝條頂
端的花芽冒出，少數則在嫩
葉葉腋，雌花序則藏在嫩枝
先端的葉腋，短而不明顯。

| 3月14日

雄花序

去年生枝條

去年生的枝條
深褐色，有淺褐色
的皮孔。

當年生的嫩枝
幾乎光滑，圓形無稜。

3cm

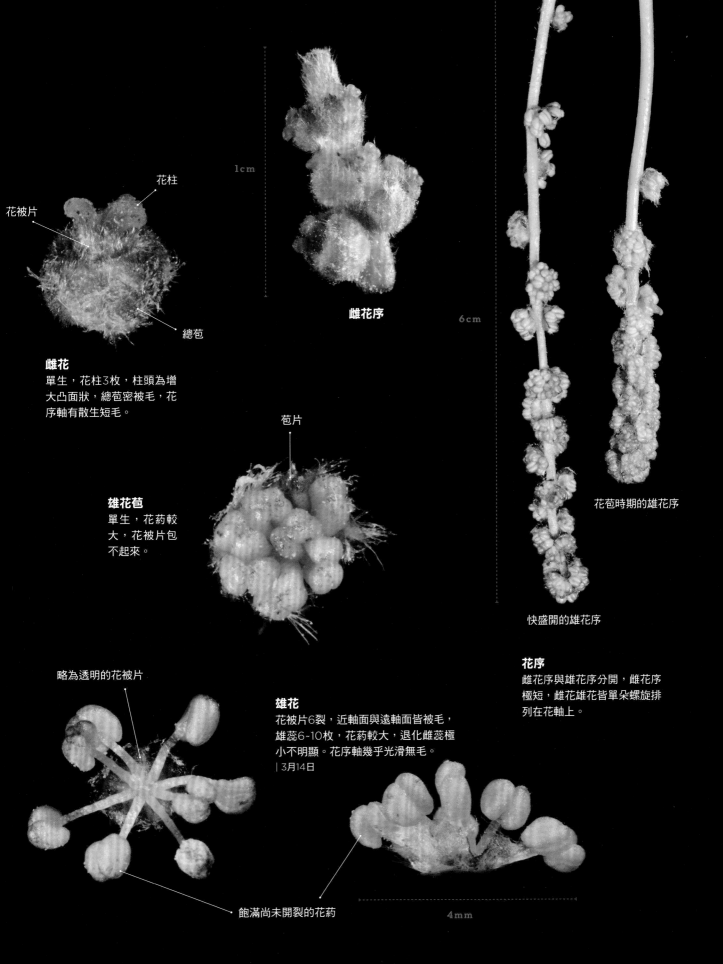

花柱

花被片

總苞

雌花
單生，花柱3枚，柱頭為增
大凸面狀，總苞密被毛，花
序軸有散生短毛。

1cm

雌花序

6cm

花苞時期的雄花序

苞片

雄花苞
單生，花藥較
大，花被片包
不起來。

快盛開的雄花序

花序
雌花序與雄花序分開，雌花序
極短，雌花雄花皆單朵螺旋排
列在花軸上。

略為透明的花被片

雄花
花被片6裂，近軸面與遠軸面皆被毛，
雄蕊6~10枚，花藥較大，退化雌蕊極
小不明顯。花序軸幾乎光滑無毛。
| 3月14日

飽滿尚未開裂的花藥

4mm

葉緣波浪狀的

正在轉黃的葉子
| 1月26日

葉緣全緣的

較小的、長橢圓的

13cm

槲櫟的葉子在枝條上為螺旋狀互生，越接近枝條先端的葉子節間越短，有些叢生狀的感覺。托葉兩片對生早落，葉片革質，第一側脈明顯，約10~14對，葉緣為波浪狀的鋸齒緣，富變化，臺灣的鋸齒尖端通常較鈍，葉形變化頗大，橢圓形至長橢圓形或倒卵形皆有，葉先端漸尖或短突尖，基部楔形或圓，葉柄短。成熟葉上表面綠色、光滑，下表面密覆灰綠色的星狀毛，葉柄、中肋和側脈幾乎光滑無毛。嫩葉由沿中肋的對摺展開，中肋和側脈有稀疏早落的毛，葉下表面則有灰白的星狀毛。綠葉於1月時轉黃漸漸掉落，至3月開花前仍有少數老葉殘留。

葉上表面

較常見橢圓形的成熟葉
| 10月9日

葉下表面

槲櫟成熟葉下表面
SEM影像

托葉

嫩葉

下表面

嫩葉 | 2月21日

1cm

上表面

薄而大的萌蘗葉

槲櫟 >STORY

消失八十年的傳奇

　　新竹的新豐鄉有一處靠海隆起的小丘陵地,雖然海拔還不及兩百公尺高,但在四周多為平原的沿海區域中顯得特別突出,居高臨下面向臺灣海峽。陸軍裝甲兵學校相中這一地形的優點,且丘陵上的綠林還可提供隱蔽的效果,因此將該地選作戰車對海射擊訓練的靶場,並設置了「鳳山連」的單位負責管理靶場勤務。而就在連營區大門邊一處不起眼的樹林中,竟藏著一群臺灣非常特殊稀有、還折騰了植物學家數十載的樹木,她就是槲櫟。

　　槲櫟在臺灣首次於 1924 年 9 月 22 日被植物學家島田彌市所發現,並採了數份標本分別存放在臺北帝國大學和總督府的標本館中,標本籤寫上採集地為「新竹州 - 紅毛」,約略等於現今新竹縣新豐鄉一帶,範圍頗大。當時鑑定學名為「*Quercus aliena* var. *acutiserrata* Maxim.」,中國稱之為銳齒槲櫟或者孛孛櫟,為槲櫟的變種。

隨後金平亮三博士在 1936 年的《臺灣樹木誌》一書中詳細寫到：「產地 新竹州新竹郡坑子口庄牛口嶺。分佈中國中部及北部、滿洲、朝鮮、日本內地。」牛口嶺即現今牛牯嶺。書中也對生育地下注解：「臺灣為本種生育地之南限。本樹之生育地附近全為裸岩之地。當地居民拿來當薪柴使用，因為亂伐的結果以致森林發育不佳。本種恐怕是由中國所移植過來種的」，資訊比島田氏標本籤寫的多上許多，地點也縮小至一個山頭了。

雖然無法得知來源為何，但我們可以猜測金平亮三博士若非親自到現地踏勘，就是詢問了解該處狀況的人，才有可能寫這段文字。這就是槲櫟被發現後第一次有文獻細述她的位置與狀態。但自臺灣光復日人離開臺灣後，就再未有人採到槲櫟的標本，僅能依島田氏留下的標本與《臺灣樹木誌》中的描述來揣摩槲櫟的狀況，久而久之變成大家心中謎樣的物種，而主要疑惑的部分有兩點：一是臺灣槲櫟消失了嗎？二是她是否從中國引進的？

槲櫟奇蹟再現與未解的謎團

對於第一點疑惑現在來看當然已有答案了，但是若從過去的觀點去思考，一個僅有一個採集點的物種，侷限分佈在受人類嚴重干擾、砍伐之地，幾十年來未再有學者採穫，恐怕您也會下「凶多吉少」的結論，或許就與現今看待黑櫟的感覺相同吧！但幸運的是，

冬季1月還未落盡的黃葉。

春初3月從冬芽冒出的嫩葉與花序。

靜宜大學楊國禎教授在 2002 年 10 月扭轉了這看法，將這幾乎快被放棄的可憐傢伙，從裝甲車來回馳騁的軍道旁給揪了出來。

那時楊國禎教授正對臺灣落葉林的主題進行研究，而槲櫟這歷史謎團他並未放棄，於是夥同學生陳欣一師生倆就這麼在所謂「坑子口庄牛口嶺」的山區來回奔走五個小時，但就是遍尋不著，只找到栓皮櫟純林。在回程的半路或許受到槲櫟的召喚，又心有不甘地再折返回頭找。這一回頭，近八十年不曾見得的槲櫟，就在國軍的營區的附近現身了！槲櫟沒有消失，而金平亮三的記載也總算得到了印證。這發現後來與蘇夢淮、吳聖傑和謝長富教授等人一起在《Taiwania》期刊上發表，默默無聞的槲櫟也一夕之間暴紅，從此成為許多植物愛好者爭相尋訪的對象。

另一問題，從金平亮三留給後人「槲櫟是否為中國引進」這個有趣的議題後，有如廖日京教授 (1996、2003) 等認為是自福建引進的看法，也有沈中桴 (1984)、蘇夢淮 (2003) 等人認為是原生可能性較大者。其實現在要查找最初是何人何時所帶進臺灣已不太可能，但在這提供一些思考方向給各位讀者參考。

假若槲櫟是從中國所引進，那接著要問的是引進動機與種源取得這兩個問題。首先橡實類體積重量偏大，要不小心夾帶至臺灣的機會不高，且也不耐存放，所以槲櫟需要人為的引進臺灣才易生長。但考慮到槲櫟在中國原生地的利用價值其實不高，記錄多為做燒火

的薪碳材、饑荒時拾之果腹、與東北地區有養柞蠶取絲等等用途。我們可以試想，明清朝年間，在一群要渡黑水至臺灣墾荒的唐山客之中，若有個老兄捧著橡實說：「這樹很棒，帶去臺灣種五年，我們就有柴可燒、有苦澀的橡實可吃了！」各位會不會想把這瘋子踹進黑水呢？另外經查，新豐一帶為福佬人與海陸腔的客家人所開墾，多從福建與廣東南方海豐、陸豐兩縣移民至臺灣，但參考《中國植物誌》與中國數字植物標本館得知，福建並無槲櫟分佈，而廣東雖有但也只分佈在北端的瑤族自治區，與南邊靠海的客家族群有段距離，因此種源取得上也有困難。

槲櫟在新豐或許不是偶然

若反過來問，槲櫟是否為原生的？從大尺度來看，中國廣東、廣西、雲南等這些緯度與臺灣相同的省分皆有槲櫟，所以就算臺灣有也非特例。更值得一提的是，在牛牯嶺與槲櫟伴生的還有一片臺灣海拔最低且非常特殊的栓皮櫟林，這兩者一同出現，實在難以讓人覺得這只是巧合，或許這地方在氣候上真有其獨特之處。

我們知道新竹是出名的「風城」，風大的原因來自於新竹為臺灣海峽的窄口處，而「九降風」一詞也是新竹特有的，指的是入秋後盛行的東北季風在宜蘭降過雨後，翻過高山至

夏末的10月依然一片綠意盎然。

在其他常綠樹種的競爭下，環境變得鬱閉不利槲櫟生存。

深縱裂的樹皮。

新竹形成乾燥的下坡風。所以多雨潮溼的臺灣，在新竹的秋冬似乎因這些強風的吹襲下，而營造出一相對乾燥的環境，甚至產生一些森林火災，讓栓皮櫟與槲櫟這些落葉林有機會生存呢？這是要再深入了解的問題。

　　基於上述理由，我願意將她納入臺灣原生橡樹之列。而較令人擔憂的是，從 2003 年發現後至 2012 年楊國禎老師再去調查時，槲櫟數量由一百多株驟降到二十餘株，原因或許是落葉樹所依賴的干擾變少，而漸漸被四周常綠葉樹種競爭掉，且更可怕的有些植株還染上「褐根病」。但往樂觀的方面想，現在的我們還有機會為槲櫟做些保育的工作，假若當年沒有重新發現，以這種病害速度再過幾年，或許槲櫟就要無聲無息的從臺灣消失，後人真的也只能從標本去追憶了。

嶺南青剛櫟

別名 | 嶺南青剛、嶺南椆
學名 | *Quercus championii* Benth.

LC 無危

帶果的枝條
在當年春天生的枝條有近熟果，有時在夏秋會有第二個生長季。

當年第二個生長季的枝條

10cm

| 9月18日

當年第一個生長季的枝條

分佈

分佈於香港與中國廣東、廣西、海南、福建南部與雲南東南。在臺灣則多出現於恆春半島地區之迎風面與稜線，頗為常見，如屏東浸水營、里龍山、帽子山、牡丹、滿州等，臺東達仁、大武，北可至臺東成功的海岸山脈，分佈海拔約300-1400m左右。

物候

常綠樹，2月為抽芽期，花葉同出，盛花期約在3-4月初，果實於當年11-12月成熟。一年也有兩次以上的生長季。

宿存雌花
基部有柱座，在凹陷處有同心環線。在果皮近先端的有密被毛，其他區域則光滑。

殼斗與同心圓
殼斗上小苞片癒合成環狀，會裂開形成較細小的鋸齒，密被黃色短毛。

發育不良的果序
| 當年9月18日

發育正常的
| 當年9月18日

發育中的果實

發育不良的堅果，很常見
| 當年9月18日

宿存雌花

堅果

熟果
果實單生，堅果多為矩圓形，先端時常會下凹，頗為特別。成熟時為深褐色，內有種子一枚，殼斗杯狀，包覆堅果約1/3。
| 10月4日

殼斗

1.5cm

殼斗俯視
殼斗內壁有短毛

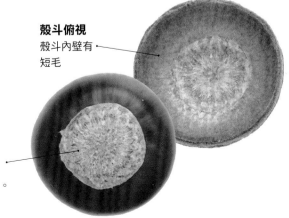

在先端下凹　　種子

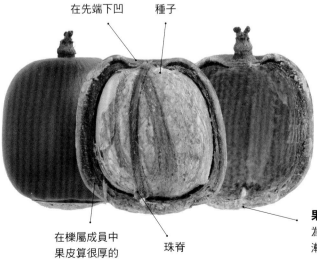

在殼屬成員中果皮算很厚的

珠脊

果臍
為圓形，漸向中間凸起。

雌花序

嫩葉

當年生嫩枝

雄花序

開花的枝條
花序與嫩葉同出，
雄花序柔軟下垂，
多於老枝先端的冬
芽所冒出，雌花序
則於近嫩枝先端的
葉腋長出。

去年第二次
生長季的枝條

去年第一次
生長季的枝條

15cm

當年生枝條
枝條密被黃色毛，宿存。

去年生的枝條
枝條密被毛，圓形無
稜，有淺褐色不明顯
的圓形皮孔。

1.5cm

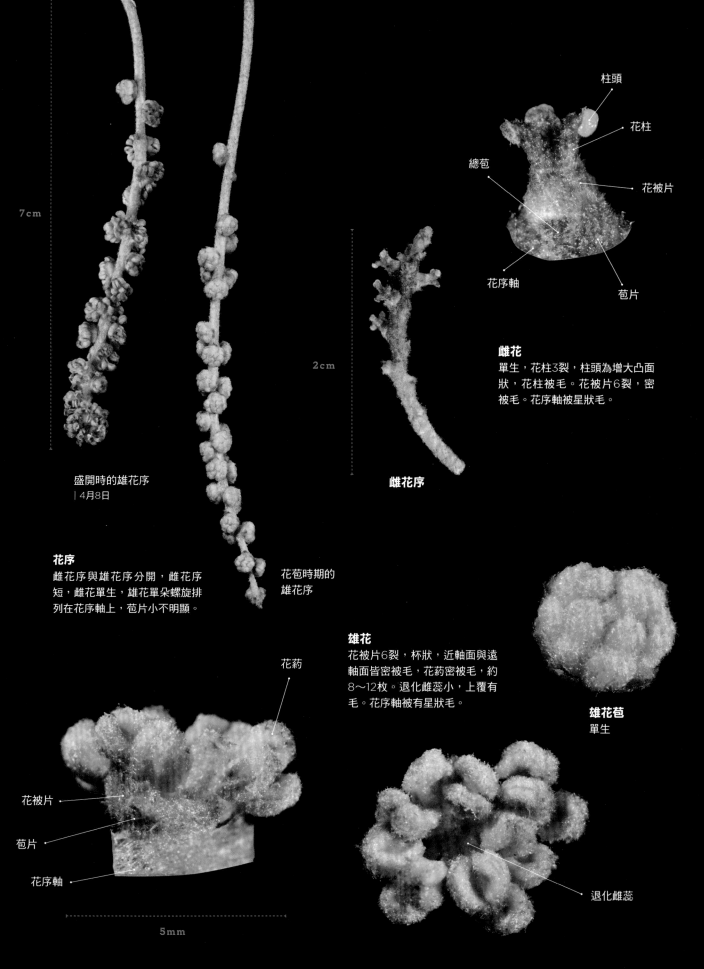

7cm

盛開時的雄花序
| 4月8日

2cm

雌花序

雌花
單生，花柱3裂，柱頭為增大凸面
狀，花柱被毛。花被片6裂，密
被毛。花序軸被星狀毛。

柱頭

花柱

總苞

花被片

花序軸

苞片

花序
雌花序與雄花序分開，雌花序
短，雌花單生，雄花單朵螺旋排
列在花序軸上，苞片小不明顯。

花苞時期的
雄花序

雄花
花被片6裂，杯狀，近軸面與遠
軸面皆密被毛，花藥密被毛，約
8～12枚。退化雌蕊小，上覆有
毛。花序軸被有星狀毛。

雄花苞
單生

花藥

花被片

苞片

花序軸

5mm

退化雌蕊

先端有四對
細鋸齒

7cm

**較常見倒披
針形的成熟葉**
| 7月20日

下表面

上表面

葉子偏狹長的植株

葉背黃綠色的

嶺南青剛櫟葉在枝條的排列為螺旋狀互生，托葉兩片對生早落，葉片革質。第一側脈於上表面略凹，於下表面凸起明顯，約7~11對。葉緣全緣或先端有極細的鋸齒，兩側反捲至平直的皆有，葉形多變化，倒卵形至倒披針形、橢圓形、披針形皆有，先端漸尖、圓鈍或偶成短尾狀皆有，基部楔形或圓鈍。成熟葉上表面深綠色，有時會有些許未脫盡的毛，下表面覆有密集多層的黃色星狀毛。嫩葉由沿中肋的對折展開，整個葉身皆密被黃色的星狀毛，於上表面的毛在成熟後會漸漸脫落。

1.5cm

嶺南青剛櫟
成熟葉下表面
SEM影像

下表面

上表面　**嫩葉** | 2月28日

偶爾可見
先端缺刻的

較小的

托葉

嫩葉

較大的

葉背灰黃色，
橢圓形的

在風大的地方，
常見到葉緣多反
捲的植株

留名於植物的軍人採集家

　　嶺南青剛櫟最早由英國植物學家喬治‧班遜姆 (George Bentham) 於 1854 年所發表的新種殼斗科植物，引證的標本為英格蘭 95 步兵團錢皮恩上尉 (John George Champion) 於 1848-1850 年駐紮香港時所採獲，採集地為跑馬地 (Happy Valley)。班遜姆後來於 1861 年集合了英國殖民香港前與初期所研究的成果出版《香港植物誌》(Flora Hongkongensis) 一書，裡面還包含約 75 種新發表植物，對西方人早期認識中國南方、香港一帶植物有很大貢獻。

　　嶺南青剛櫟的種小名 *Championii*，為班遜姆使用錢皮恩上尉的名字所命名，紀念他於香港大量採集標本與種子的功勞，但不幸的，錢皮恩上尉就在發表的那年 1854 年 11 月戰死沙場，享年 39 歲。不過除了嶺南青剛櫟之外還有許多香港植物也都冠上錢皮恩之名，所以他的名字已經永遠的留在植物的發現史上了，若當時只做為單純的軍人沒有幫忙採集植

於稜線上突出的嶺南青剛櫟。

物，或許就與其他同袍埋沒於歷史的洪流中了吧。而臺灣首次有嶺南青剛櫟的記錄也是由亨利·奧古斯丁 (Augustine Henry) 於鵝鑾鼻 (S. Cape) 所採獲，記載於 1896 年的《福爾摩沙植物名錄》。

　　嶺南所指範圍為中國五嶺以南之處，包含廣東、廣西與海南全境以及湖南、江西部分地區。嶺南為典型的季風氣候區，夏季受到東南風冬季受到東北風交替影響，高溫多雨環境與臺灣頗為相似，也造就豐富的動植物，而嶺南青剛櫟就分佈在這一帶才得此名。

　　嶺南青剛櫟葉下表面皆密被黃色星狀毛，樹皮顏色較淡也會片狀剝落，與赤皮特徵有些相似且兩者葉形也有重疊之處。但是嶺南青剛櫟葉在枝條上多為叢生狀以適應強風環境，且葉先端只有一些細鋸齒，另外兩者在野外分佈地點可說是「南轅北轍」沒有交會的，因此在特徵與地理位置皆可去辨別，僅在赤科山的赤皮與成功的嶺南青剛櫟較接近，但也無重疊之處。

恆春最具代表的橡樹

　　嶺南青剛櫟是恆春半島非常常見的殼斗植物，在面東的迎風面或稜線上族群又特別活躍，臺灣石櫟雖然也有選擇類似的棲地，但普遍分佈的嶺南青剛櫟對於恆春半島特殊環境顯得更有指標性。在長時間強勁東北季風吹襲下，迎風面多以嶺南青剛櫟、長尾栲、杏葉石櫟、茶科、冬青科等亞熱帶樹種為主要組成，而背風面則即轉換為以大戟科、桑科、茜草科等熱帶植物為主的結構。

嶺南青剛櫟樹皮灰黃色，縱裂且片狀剝落。

對此特殊現象屏東科技大學郭耀綸教授等人在南仁山對迎風面樹種與背風面樹種做了一系列長期的研究結果發現，大多數的迎風面樹種在東北季風季節的光合作用率，竟然比非季風季節的還高，而嶺南青剛櫟就是所有測驗樹種中表現最高的。另外強風造成低溫的微環境也更接近迎風樹種的最適溫度，這顯示了迎風樹種在生理上適應強風逆境的能力 (洪州玄，2003)，也解釋了在熱帶植物強鄰環伺下，這些亞熱帶植物能生存於此的部分原因。

除了生理上的調整，面對強風伴隨而來的乾燥效應，葉子的外觀也必須做出應對，像葉緣反捲、葉片較厚、葉面積較小、葉下表面被毛、葉子叢生狀等等常見的抗風抗旱減少失水的特徵在嶺南青剛櫟上皆能觀察到。

花快盛開，枝葉呈現叢生狀。

槲樹

別名 | 柞樹、柞櫟、槲實、樸樕、槲樕、金雞樹、大葉櫟
學名 | *Quercus dentata* Thunb.

NA 不評估

帶果的枝條
當年生枝條先端或葉
腋有成熟的果實。
| 9月6日

20cm

**老葉落光的
去年生枝條**

分佈

廣泛分佈於日本、韓國與中國大陸。在臺灣的
新社植株稀少，海拔約400 m，八仙山也曾有記
錄，屏東縣霧臺鄉隘寮北溪上游一帶族群較多，
海拔約800-1400 m。2017年《臺灣維管束植物紅
皮書》名錄中認為槲樹為歸化種，故列為不適用
(Not Applicable) 區域評估篩選條件。

物候

以新社植株為例，花期3
月，花葉同出，果實當年
9月初成熟，12-1月葉漸
落，但至開花長新葉時仍會
有些許老葉未落盡的凋存
(marcescent)現象。

宿存的雌花
堅果先端有宿存雌花。有一向上延長的圓柱，有長有短，有的有毛有的光滑，果皮為光滑有薄蠟。

殼斗與鱗片
小苞片延伸出呈線狀，覆瓦狀交疊於殼斗上，紅褐色，紙質，遠軸面密被毛，近軸面毛則較稀疏。

許多幼果的發育至此階段就不再生長。
| 當年6月4日

發育中的果實

綠色堅果已經露出
| 8月9日

堅果圓形
有直立的鱗片但越靠近基部則向外反捲，殼斗幾乎將堅果包覆。

果實
單生，堅果橢圓形，成熟時為黑褐色至紅褐色，內有種子一枚，子葉平凸，殼斗杯狀。
| 10月4日

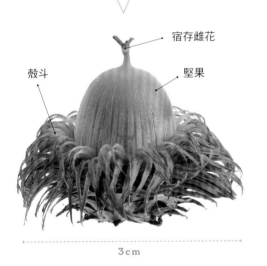

宿存雌花

殼斗

堅果

3cm

鱗片為向上直立不反捲
| 10月4日

果皮

種子

內果皮表面的毛較短且稀疏

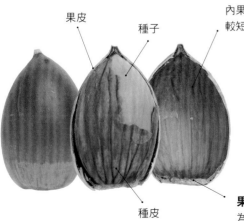

種皮

果臍
為圓形的，平坦

嫩葉

雌花序

托葉

芽鱗

25cm

當年生的嫩枝

去年生老枝

開花的枝條
花序與嫩葉同出，雄花序柔軟下
垂，集中於老枝上的冬芽冒出，雌
花序藏於靠近嫩枝先端的葉腋。
| 3月7日

去年生老枝
深褐色，有網紋裂，皮
孔顏色稍淺，有些殘存
的星狀毛。

3cm

雄花序

當年生的嫩枝
密被白色星狀毛。

雄花
單生，有的基部有約1mm長之柄。花被片6裂，薄而略透明，邊緣有毛。雄蕊常為8-10枚，花藥較大，有些植株有明顯的退化雌蕊，有的則無。花序軸有被毛。| 3月1日

極明顯的退化雌蕊

略為透明的花被片

碩大飽滿的花藥

花苞時期的雄花序

| 2月28日

8cm

5mm

盛開的雄花序

雌花
單生，總苞上的小苞片三角形，小苞片遠軸面密被白毛，近軸面光滑。花被片6裂，密被白毛，花柱3裂，柱頭為增大凸面狀，子房光滑。花序軸密被白毛。

花序
雌花序與雄花序分開，雌花序極短，雌花雄花皆單朵螺旋排列在花軸上。

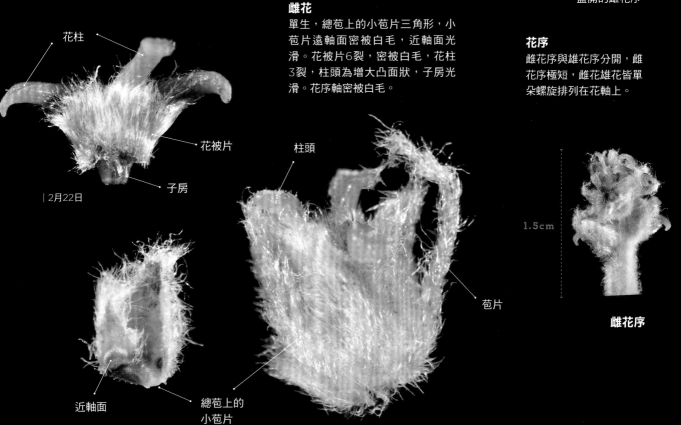

花柱

花被片

子房

| 2月22日

柱頭

苞片

1.5cm

近軸面

總苞上的小苞片

雌花序

下表面

**較常見倒卵形的
成熟葉**
| 6月4日

轉紅的葉子
| 2月3日

葉下表面的星狀毛

較小的

22cm

上表面

槲樹的葉子在枝條上為螺旋狀互生，越接近枝條先端
的葉子節間越短，有些叢生狀的感覺。托葉兩片對生
早落，葉片厚紙質，第一側脈明顯，約10~16對，葉緣
為波浪狀的鋸齒緣，是臺灣殼斗家族中葉形最大的一
種，倒卵形至長倒卵形或偶有橢圓形，葉先端短突尖
或漸尖，基部楔形或耳形，葉柄短。成熟葉上表面綠
色有稀疏的星狀毛，下表面密覆灰綠色的星狀毛，兩
面的葉柄、中肋和側脈皆有星狀毛。嫩葉由沿中肋的
對摺展開，密被灰白的星狀毛。綠葉於1月時轉黃漸漸
掉落，至3月開花前仍有少數老葉殘留。

較細長的

托葉

嫩葉

雌花

上表面

嫩葉
| 3月1日

下表面

3cm

槲樹 > STORY

槲樹槲櫟兩個難兄難弟

　　槲樹葉子的造型和槲櫟非常相似，在臺灣樹木中獨樹一幟，都是大波浪狀的鋸齒緣，極像國外常見的橡葉圖示，格外的可愛討喜。而中文名字又很相近，所以常讓人有把槲樹當做槲櫟，槲櫟當做槲樹的困擾。這兩者也有著雷同的命運，她們都是臺灣落葉林的成員，在與常綠樹競爭下變的非常弱勢稀少，只能侷促在狹窄的生育地，後來人類又加諸開發的威脅，多舛的遭遇使她們生存在這片土地上格外艱辛，若她們互有所知應該是能同病相憐，互相鼓舞吧。

　　槲樹最早是 1784 年由被譽為日本植物學之父的瑞典博物學家鄧伯格 (Carl Peter Thunberg) 在其著作《Flora Japonica》中所發表。槲樹在日本蠻普遍的，主要分佈於北海道與本州，而在中國大陸、韓國也相當廣泛，北從黑龍江，南至四川雲南皆有，但現今在臺灣的槲樹卻是亟需保護的稀有物種。

櫟樹是引進栽植的？

　　櫟樹最早記載在臺灣植物的文獻為 1906 年刊登於〈東京帝國大學紀要理科第 22 卷〉的一份臺灣植物名錄中，為當時還在東京帝大學的植物系就讀的早田文藏與其老師松村任三 (Jinzo Matsumura)，以 1896 年亨利 (Henry) 撰寫的《福爾摩沙植物名錄》及整理日本佔領臺灣後採集的標本為基礎所共同發表的文章。而櫟樹就是以田代安定 (Yasusada Tashiro)1897 年在東勢角 (Toseikaku) 採得的標本做為證據記載在此文中。換句話說，櫟樹的標本在日本佔領臺灣兩年後即被發現，這是一重要的訊息。而後續如 1906 年森丑之助於大湳坑、中原源治於東勢角、1909 年川上瀧彌與島田彌市於新社、1928 年佐佐木舜一於八仙山等也皆有採集紀錄。因此我們大抵知道當時櫟樹主要分佈在現今東勢一帶，且數量應

一月老葉顏色轉紅，準備凋落。

三月花期老葉落盡，嫩葉陸續冒出。

深縱裂的樹皮。

四月時薪葉初成，又回復茂盛景象。

該不至於像槲櫟稀少，讓這些採集者皆有斬獲。而金平亮三在《臺灣樹木誌》(1936) 的描述：「在臺中州東勢附近，因為數量少又分散，所以懷疑究竟是不是為野生的。」這與我們現今在新社所見少量的植株分散生長在農地邊緣頗為吻合。

目前殘存在新社的槲樹植株非常稀少，據我所知的約在八棵以下，且所在的地點皆為農地農舍邊緣的私有地中，受農業活動的威脅很大。也由於是出現在如此接近人類的地方，所以仍有些學者如同金平亮三對這種樹的來源感到疑惑。廖日京教授就認為槲樹是自日本引進臺灣栽植 (廖日京，2003)，但引進的目的與用途則無說明。不過在日本有一種過節必備的甜點稱為「柏餅」，即是以槲樹大大的葉子包裹麻糬而成。因此有一有趣的說法是，日治時期來臺灣的日本人依然要過節，做柏餅時仍要使用槲樹的葉子，所以才會引進栽植。

雖然聽起來頗符合風俗人情，不過進一步思考還是有些疑點。首先，若是由日本人所引進，那要如何解釋田代安定早在 1897 年的採集記錄呢？兩年即引進栽植還被日本人自己採集，而後來日本的植物學者卻對這情況不自知，得用猜疑的口氣敘述是否為野生的，不太合理。其二，要栽植的話也應與日本官舍或宿舍有些地緣關係，以新社槲樹分佈位置來看並無此現象。另外，當時日人遍佈臺灣，為何獨有東勢一帶才有栽種呢？因此我認為由日本人栽種的機率極小。而漢人從大陸引進的可能性也不大，理由與槲櫟相同，本文不再贅述，所以我還是將新社的槲樹列在原生種中。

一場山桸樹純林，三月時翠綠的新葉。（圖片提供／陳國慶先生）

屏東一場山還有桸樹林

爾後約在 1980 年間，於屏東縣霧臺舊大武的一場山一帶，發現更龐大的桸樹族群，估計成熟植株超過 1000 棵 (廖日京，2003)，那邊也是我非常想親自走訪一見臺灣桸樹純林的地方。跟據周富三博士的調查 (1997、2000)，於隘寮北溪上游一場山族群從海拔 800 公尺的山坡至 1400 公尺的稜線，有些甚至生長在土壤薄弱的陡峭裸岩上，並有如楓香、臺灣欒樹、車桑子、阿里山千金榆等喜愛乾燥環境的種類伴生，呈現大面積的不連續分佈或者小片純林。且此地早期受原住民干擾甚多，會砍伐桸樹做為種植香菇的椴木，靠近舊大武部落或獵場也會因人為活動所干擾，另外也有在森林大火大面積干擾後經自然演替而成的次生林。他推測這是冰河時期消退後桸樹的避難所，而這些天然或人為的干擾有助於桸樹林的存活及更新。

樹下滿地的落葉。

需要人為方式替新社槲樹更新

其實槲樹的存在，一部分體現臺灣地理位置的特殊性，也代表著這塊土地本來多元兼容的優點，但人類到來後的開發，卻剝奪她們原有的生存空間，至今日所見顯得孤伶無依。雖然新社僅存的植株因為她們的美麗、可愛、稀有性與便利性，得到許多人的關愛，但卻也被人以「高壓取枝」的手段分株販賣，甚至也有將高近十公尺的植株連根挖走，每次想到那情境皆讓人痛心還有不解。

槲樹是生長快速的陽性樹種，五年的種子苗即可超過人高，十年則成樹，實在無需如此大費周章冒移植後死亡的風險。另外她在大陸及日本極為普遍，只要種苗商一引進栽培，家有槲樹也不再是多特別了，所以槲樹之珍貴在於她於臺灣地理分佈的特殊性而非稀有性，若將成樹移走，不在新社的槲樹其實一點價值也沒有。希望保育單位能與新社在地的民間團體合作，培育新社槲樹的苗木，種植在當地的公家機關與學校校地，甚至私有的宅院中，一來有作為觀賞與教育的功能，二來在槲樹已經無法自然的於生長地更新的情況下，能以人為的方式讓她們繼續留存，也讓我們對新社這美麗的落葉印象，能在每年的春天吐出新芽。

在果園中正開花的槲樹。

赤皮

別名 | 赤皮椆、赤柯、赤皮青剛
學名 | *Quercus gilva* Blume

 LC 無危

當年生的枝條

快成熟轉色至
一半的堅果

13cm

帶果的枝條
當年生枝條先端有近熟
果。| 11月8日

分佈

分佈於日本本州、四國與九州,中國大陸浙
江、福建、湖南、廣東、貴州等南部省區。常
見於臺灣北部低、中海拔山區,如基隆,臺北
烏來、陽明山、碧山岩、皇帝殿,桃園復興,
新竹五峰,苗栗南庄,宜蘭南山,花蓮玉里赤
科山,海拔約300-2000m左右。

物候

常綠樹。3月為抽芽期,花序嫩
葉同出。4月為開花期。果實於
當年11-12月成熟。有時候10月
會在第二次生長季開花,但雌
花序會掉落未見過結果者。

宿存的雌花

基部有柱座，上有明顯的同心環線條並密被毛。在果皮上僅靠近先端的有密被毛，其他區域則光滑。

宿存雌花

柱座

殼斗與同心圓

殼斗上小苞片癒合成環狀，有時為全緣有時會裂開形成鋸齒，密被黃色短毛。

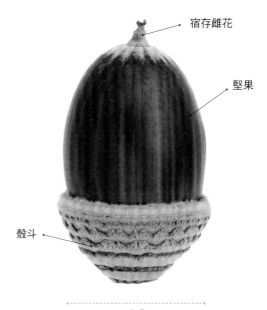

宿存雌花

堅果

殼斗

1.5cm

熟果

果實單生，堅果多為長橢圓形，成熟時有深淺交替的褐色線條，內有種子一枚，殼斗杯狀，包覆堅果約1/4。| 11月29日

1cm

發育中的果實

許多小果只發育到此，即不再增長
| 當年7月5日

殼斗包被堅果一半
| 10月8日

種子

內果皮表面的毛

在櫟屬中果皮較厚的

殼斗俯視

殼斗內壁有短毛

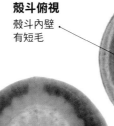

果臍

為圓形，漸向中間凸起

去年生枝條
密被毛，圓形無稜，有
淺褐色的圓形皮孔。

2cm

當年生枝條
密被黃色毛，宿存。

嫩葉

當年生枝條

雌花序

15cm

去年生枝條

雄花序

開花的枝條
花序與嫩葉同出，雄花序柔
軟下垂，多於老枝先端的冬
芽所冒出，雌花序則於近嫩
枝先端的葉腋長出。
│4月8日

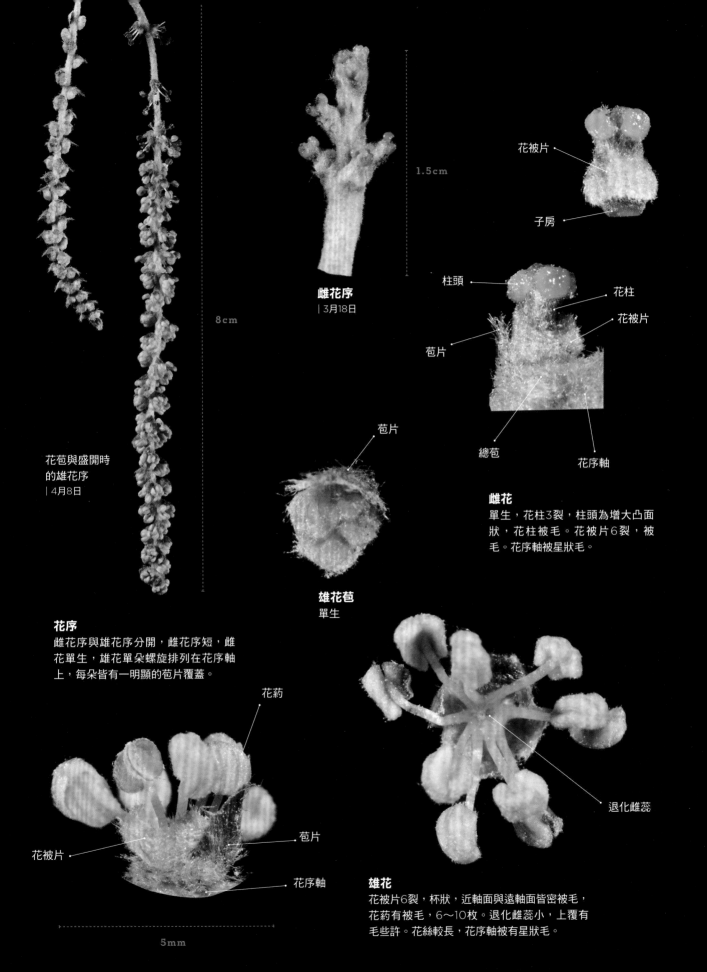

雌花序
| 3月18日

花被片

子房

柱頭

花柱

花被片

苞片

總苞

花序軸

雌花
單生，花柱3裂，柱頭為增大凸面狀，花柱被毛。花被片6裂，被毛。花序軸被星狀毛。

1.5cm

8cm

苞片

雄花苞
單生

花蕾與盛開時的雄花序
| 4月8日

花序
雌花序與雄花序分開，雌花序短，雌花單生，雄花單朵螺旋排列在花序軸上，每朵皆有一明顯的苞片覆蓋。

花藥

花被片

苞片

花序軸

退化雌蕊

雄花
花被片6裂，杯狀，近軸面與遠軸面皆密被毛，花藥有被毛，6～10枚。退化雌蕊小，上覆有毛些許。花絲較長，花序軸被有星狀毛。

5mm

萌蘗葉，鋸齒
少且呈牙齒狀

較小的

上表面

**較常見倒披針形
的成熟葉**
| 8月29日

10cm

下表面

較細長的

較寬的

赤皮成熟葉下表面
SEM影像

赤皮葉在枝條的排列為螺旋狀互生，托葉兩片對
生早落，葉片革質，中肋於上表面略凸，於下表
面凸起，第一側脈明顯，約9~19對。葉緣約1/2
有鋸齒，葉形多倒披針形，先端漸尖或成短尾
狀，基部楔形。成熟葉上表面深綠色，有時會有
未脫盡的毛，下表面密被黃色星狀毛。嫩葉由沿
中肋的對折展開，黃綠色，皆密被黃色的毛，於
上表面的毛會漸漸脫落。

有些植株的
葉脈較少

下表面

嫩葉 | 3月11日

上表面

3cm

較大的

人怕出名樹怕木材好

　　赤皮最早在臺灣是由日本植物學家三宅驢一 (k.miyake)1899 年時於基隆所發現，他是由東京帝國大學植物科派遣來臺從事 4 個月短期的採集活動。種小名 *gilva* 為黃色的意思，用來形容赤皮葉下表面佈滿黃色的星狀毛。

　　暑假中期剛好是六十石山與赤科山 [註1] 一年一度的金針花季，每年都吸引大批遊客到花東遊玩留下許多美麗的照片，這赫赫有名的赤科山，因為過往曾蘊藏大量的赤柯樹族群才有此稱，而赤柯其實就是赤皮。不過現在在赤科山上一般看到的都是金針花田，只有零星的幾棵赤皮大樹孤立於花海中，顯得有些突兀，像著名景點「千年赤柯神木」就是代表。傳說中的那些赤柯到底去哪了？原來日本人看上赤皮木材非常堅硬的特性，能作為建築用材、農具把柄、魚叉鏢桿、劍道上使用的木刀，甚至是步槍槍托，在日本國內還有「一位樫」的稱號，來特顯她木材的硬。因此 1932 年時日本人開始在赤科山這塊人煙罕至的處女地砍

伐用途廣泛的赤皮木材運回日本，直到二次世界大戰戰敗撤臺為止。而金針花田大多就是利用砍伐赤皮之後的跡地再開墾而來，如今我們只能透過那些倖存的孤立木，來遙想當年赤皮稱霸這片山林時曾有多麼輝煌！

而花蓮赤科山赤皮的命運或許不是個案，喜愛赤皮木材的也不只有日本人，因為臺灣地名中與赤柯有關的還有新竹的赤柯山、赤柯坪、赤柯寮，基隆有赤皮湖山，新店有赤皮湖、宜蘭赤皮湖、赤皮寮溪等等，在以殼斗植物命名的地名中，赤皮算占了相當多，代表漢人在開墾時期早已經對這種樹木有相當關注和利用，且有些地方赤皮已經變得相當稀少，或許就與人為活動有直接關聯，所以如果說人怕出名豬怕肥，那麼樹木就怕木材好吧。

會唱歌的樹

我在蓮華池工作時的宿舍旁邊就是一棵大赤皮樹 註2，周邊沒有其他樹木與她爭搶陽光，樹冠發展均勻非常優美，年年都開滿花序，而且春天和秋天還會各開一次呢！由於她的

春天時宜蘭南山附近群聚的赤皮，其嫩葉與雄花序將樹冠染成一片黃綠。

赤科山上滿開的金針花與孤傲赤皮。

位置方便觀察，在帶解說導覽或是朋友來訪時也定會帶過去瞧瞧她，我都說這是一棵會唱歌的樹，有時候還大聲到一大早就把我吵醒，說完看到大家都露出半信半疑又非常好奇的表情，總讓我心中充滿得意，因為能被樹吵醒好像不是平常可體驗到的。等吊完胃口就接著解釋，原來每當這棵赤皮花盛開時，就吸引附近非常非常多的蜜蜂、昆蟲來這邊找花粉，它們振翅群飛的聲音隨著來訪花昆蟲數量的增加而越來越大聲，就變成會唱歌會吵人的樹了。

灰黃色且大片狀剝落的樹皮，
樹皮剝落後則呈現褐色。

雖然依據雌雄花的構造可推測櫟屬植物為風媒花，但滿樹的花粉，昆蟲們自然是不會放過這頓營養的大餐。其實除了花與果實，一棵殼斗科大樹還提供許多生態服務，例如嫩葉可以餵養許多蝴蝶、蛾類幼蟲；葉片能被製作為蟲癭當窩；枯死的樹枝可以給真菌類、甲蟲、蛀蟲棲息；樹根樹枝給其他植物寄生或附生；受傷形成的樹洞是小動物或蜜蜂的家。所以一棵樹就代表森林中許多物種資源與能源的交流平臺，包容承受好多好多在自己身上發生的一切，想到這些就覺得她們好偉大。

註：1. 赤科山過去也被稱為赤柯山，但近期當地協會認定赤科山為標準地名，本書也尊重此用法。
 2. 南投蓮華池的赤皮僅在辦公區與肖楠教室前有出現，在周遭林地並無野生植株，僅見過一株約2年生實生苗，推測有可能是早期日本時代引進栽種的。

登山的途中，遇見這山中的巨人，敬
畏之心油然而生，但高大通直的樹幹
也是被砍伐的原因。

青剛櫟

別名 | 白校欑、校欑、九欑、鐵青岡、青岡、鐵椆
學名 | *Quercus glauca* Thunb.

LC 無危

當年生枝條
當年生枝條先
端有成熟果實
| 12月3日

15cm

分佈

分佈於韓國、日本、印度
與中國黃河以南各省，範
圍十分廣泛。在臺灣於中
海拔山區以下普遍可見，
海拔約100-2000m左右。

物候

常綠樹。2月底3
月初為抽芽期，花
葉同出。盛花期約
在3-4月間，果實
於當年11-12月成
熟，有些隔年1月
初才成熟。

宿存的雌花

基部有凸起的柱座，柱座上有同心環的線痕。果皮幾乎無毛，或多或少有一層臘覆蓋。

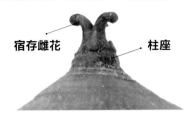

宿存雌花　　　**柱座**

殼斗與同心環

殼斗上小苞片癒合成環狀，有的會裂開成鋸齒，有的則否，被灰色極短的毛。

堅果露出了
| 當年8月29日

發育中果實

殼斗包被一半
| 當年10月2日

果實快成熟
| 當年11月2日

宿存雌花

堅果

殼斗

1.5cm

熟果

果實單生，堅果形狀變化多，以倒卵形最為常見。成熟時為褐色，內有種子一枚，殼斗杯狀，約包被堅果1/4。
| 12月9日

堅果圓球形。
太魯閣谷圓
| 11月16日

谷圓地區另一特殊的矩圓形堅果
| 11月28日

不同形態的果實

此植株堅果皆為尖筆形，非常特殊。
南投東埔
| 11月29日

梨山附近，堅果直桶狀的
| 10月29日

種子裡的子葉

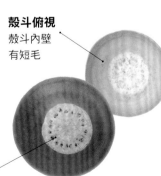

殼斗俯視
殼斗內壁有短毛

果皮

果臍
為近圓形的，漸向中間凸起。

圓果青剛櫟

別名 | 圓果椆

學名 | *Quercus globosa* (W. F. Lin & T. Liu) J. C. Liao

LC 無危 **特**

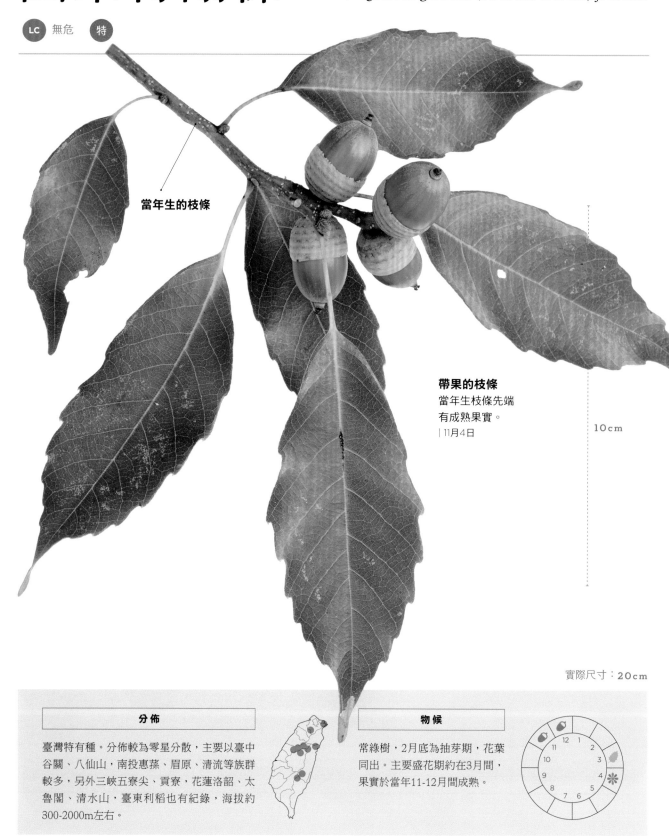

當年生的枝條

帶果的枝條
當年生枝條先端
有成熟果實。
| 11月4日

10cm

實際尺寸：20cm

分佈

臺灣特有種。分佈較為零星分散，主要以臺中谷關、八仙山，南投惠蓀、眉原、清流等族群較多，另外三峽五寮尖、貢寮，花蓮洛韶、太魯閣、清水山，臺東利稻也有紀錄，海拔約300-2000m左右。

物候

常綠樹，2月底為抽芽期，花葉同出。主要盛花期約在3月間，果實於當年11-12月間成熟。

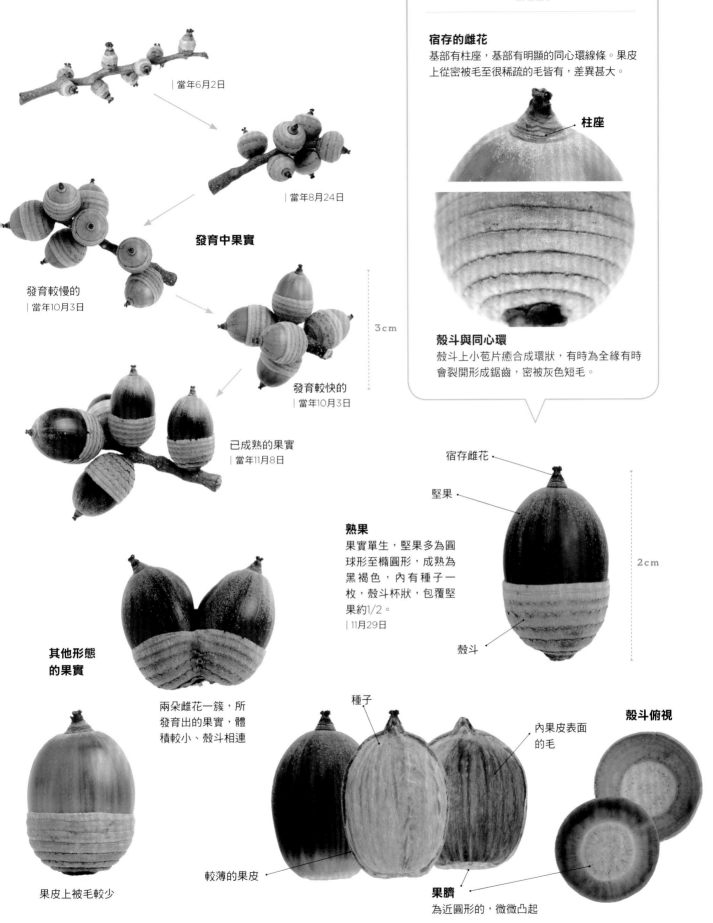

| 當年6月2日

| 當年8月24日

發育中果實

發育較慢的
| 當年10月3日

發育較快的
| 當年10月3日

已成熟的果實
| 當年11月8日

3cm

宿存的雌花
基部有柱座，基部有明顯的同心環線條。果皮上從密被毛至很稀疏的毛皆有，差異甚大。

柱座

殼斗與同心環
殼斗上小苞片癒合成環狀，有時為全緣有時會裂開形成鋸齒，密被灰色短毛。

宿存雌花

堅果

熟果
果實單生，堅果多為圓球形至橢圓形，成熟為黑褐色，內有種子一枚，殼斗杯狀，包覆堅果約1/2。
| 11月29日

殼斗

2cm

其他形態的果實

兩朵雌花一簇，所發育出的果實，體積較小、殼斗相連

種子

內果皮表面的毛

殼斗俯視

果皮上被毛較少

較薄的果皮

果臍
為近圓形的，微微凸起

雌花序

去年生枝條
光滑無毛，黃褐色，
圓形無稜，有密且多
的淡褐色圓形皮孔。

2cm

當年生枝條
被早落的毛。

嫩葉

當年生枝條

10cm

去年生枝條

雄花序

開花的枝條
花序與嫩葉同出，雄花序柔軟下垂，多
於嫩枝葉腋冒出，雌花序則於近嫩枝先
端的葉腋長出。| 3月19日

雌花
單生，花柱3裂，柱頭為增
大凸面狀，花被片6裂，被
毛。花序軸被毛。

雌花序

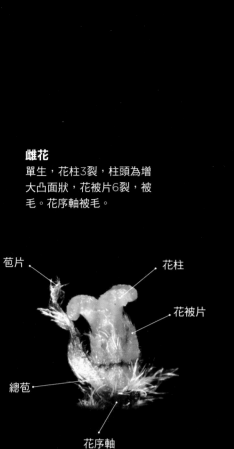

苞片 ⸺ ⸺ 花柱

花被片

總苞 ⸺

花序軸

花序
雌花序與雄花序分開，雌花序
短，雌花單生，雄花單生螺旋
排列在花序軸上，每一朵皆有
一明顯的苞片覆蓋。

花苞時的
雄花序
| 3月19日

盛開時的雄花序

雄花
花被片6裂，薄且細長，近
軸面與遠軸面皆有毛，花藥
8～12枚。退化雌蕊小，上
覆有毛。花序軸被有毛。
| 3月19日

雄花苞
單生

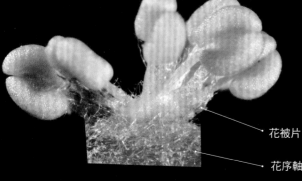

花被片

花序軸

5mm

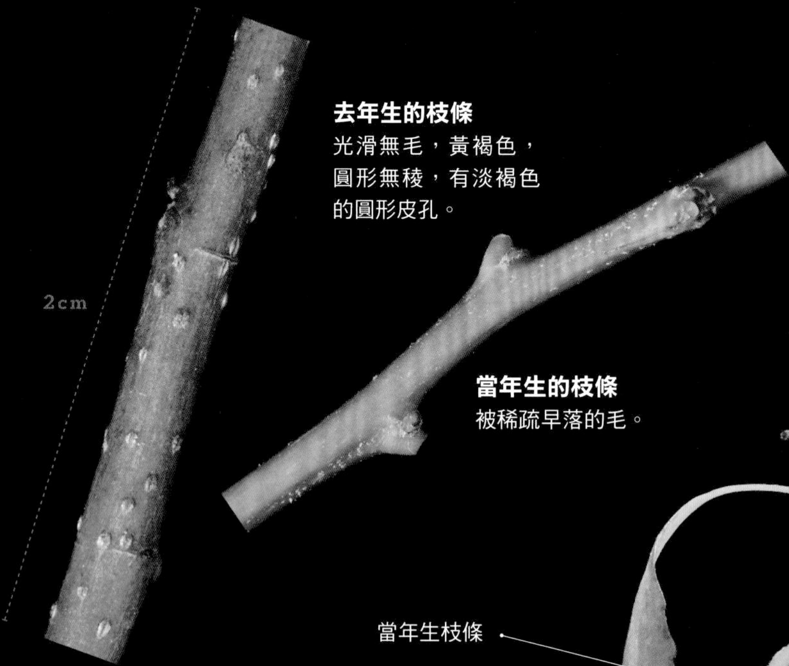

去年生的枝條
光滑無毛，黃褐色，
圓形無稜，有淡褐色
的圓形皮孔。

2cm

嫩葉

雌花序

當年生的枝條
被稀疏早落的毛。

當年生枝條

10cm

去年生枝條

去年老葉

雄花序

開花的枝條
花序與嫩葉同出，雄花序柔軟下垂，多
於老枝先端的冬芽所冒出，雌花序則於
近嫩枝先端的葉腋長出。| 3月24日

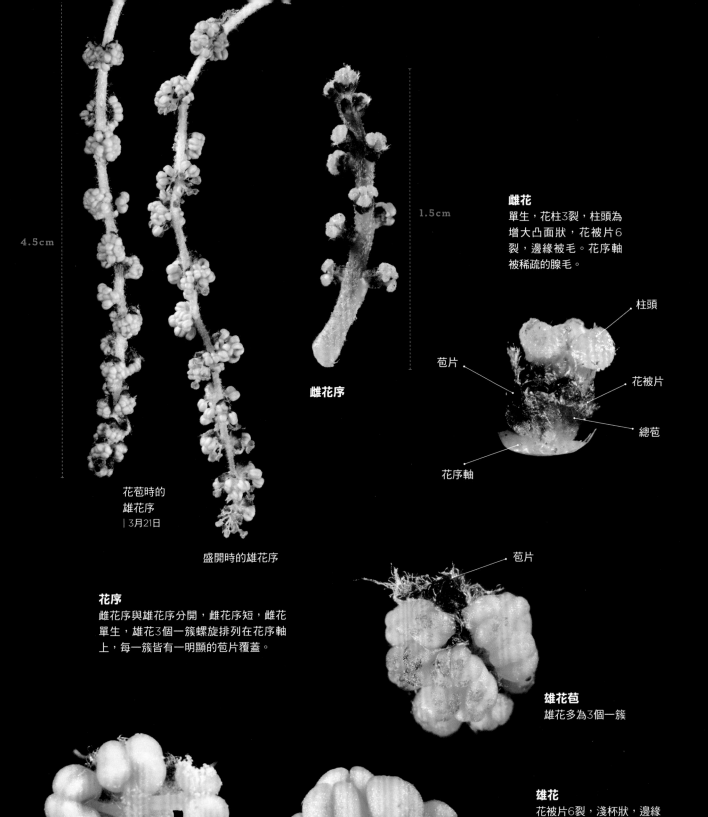

4.5cm

1.5cm

花苞時的
雄花序
| 3月21日

盛開時的雄花序

雌花序

雌花
單生，花柱3裂，柱頭為
增大凸面狀，花被片6
裂，邊緣被毛。花序軸
被稀疏的腺毛。

柱頭

苞片

花被片

總苞

花序軸

花序
雌花序與雄花序分開，雌花序短，雌花
單生，雄花3個一簇螺旋排列在花序軸
上，每一簇皆有一明顯的苞片覆蓋。

苞片

雄花苞
雄花多為3個一簇

雄花
花被片6裂，淺杯狀，邊緣
有毛，花藥多為4-6枚。
退化雌蕊小，上覆有毛。
花序軸被有毛。
| 3月24日

苞片

花被片

3mm

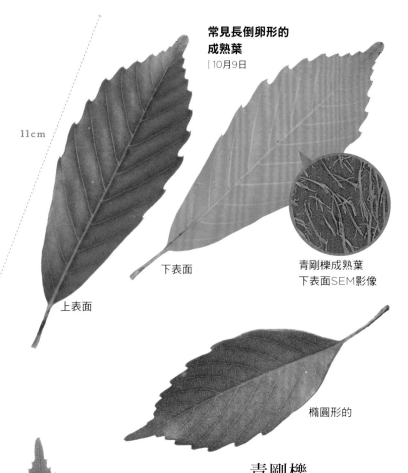

**常見長倒卵形的
成熟葉**
| 10月9日

11cm

下表面

上表面

青剛櫟成熟葉
下表面SEM影像

鋸齒圓鈍的

葉都細狹的
植株，藤枝

葉都比較圓、小的
植株，遠遠看很像
小西氏石櫟，霧社

橢圓形的

較小的

較大的

青剛櫟

青剛櫟葉在枝條的排列為螺旋狀互
生，托葉兩片對生，早落。葉片薄革
質。第一側脈於葉下表面凸起明顯，
約8-15對。葉緣為鋸齒或粗鋸齒，
鋸齒先端會略向內彎。葉形狀大小變
化豐富，但以長的倒卵形最為常見，
先端尾狀漸尖，最尖端為圓鈍或尖都
有，基部漸尖至寬楔形。成熟葉上表
面深綠色、光滑，下表面則有白色伏
貼的毛。嫩葉紫紅色與黃綠色皆有，
上表面有稀疏的毛，下表面則密被白
毛，等成熟後通常會宿存至後年才漸
漸脫落，但有時還是會見到未滿一年
的葉子，下表面的毛即脫落殆盡。

有的植株
葉柄較長

上表面

3.5cm

嫩葉 | 3月20日

下表面

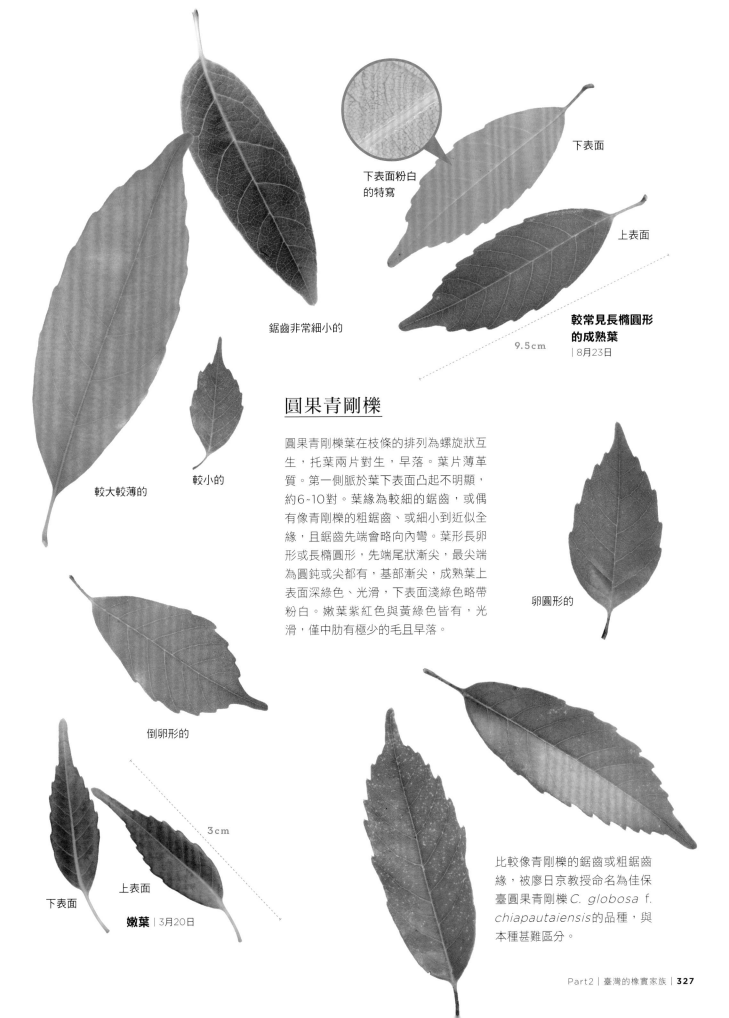

下表面

下表面粉白
的特寫

上表面

較常見長橢圓形
的成熟葉
| 8月23日

9.5cm

鋸齒非常細小的

較小的

較大較薄的

圓果青剛櫟

圓果青剛櫟葉在枝條的排列為螺旋狀互生，托葉兩片對生，早落。葉片薄革質。第一側脈於葉下表面凸起不明顯，約6~10對。葉緣為較細的鋸齒，或偶有像青剛櫟的粗鋸齒、或細小到近似全緣，且鋸齒先端會略向內彎。葉形長卵形或長橢圓形，先端尾狀漸尖，最尖端為圓鈍或尖都有，基部漸尖，成熟葉上表面深綠色、光滑，下表面淺綠色略帶粉白。嫩葉紫紅色與黃綠色皆有，光滑，僅中肋有極少的毛且早落。

卵圓形的

倒卵形的

3cm

下表面

上表面

嫩葉 | 3月20日

比較像青剛櫟的鋸齒或粗鋸齒緣，被廖日京教授命名為佳保臺圓果青剛櫟 *C. globosa* f. *chiapautaiensis* 的品種，與本種甚難區分。

青剛櫟

青剛櫟、圓果青剛櫟>STORY

國民橡實青剛櫟

　　對很多人來說第一次接觸到的橡實或殼斗科植物就是青剛櫟，而我也是。記得是大二時為了森林昆蟲學的標本作業，周末的大白天和學長、同學跑到新店附近的山上抓蟲，結果在林地上找到一顆帶帽子的堅果，當時覺得這龍貓果實非常新奇可愛就留起來，後來才知道那就是青剛櫟。她野生的數量多，且果實容易取得、樹苗容易培養，是公園、人行道上最常見的綠美化殼斗科植栽，而目前流行的種子加工飾品很多也是使用青剛櫟果實，她可以說是最親民的殼斗植物。另外在用途方面因為木材堅硬，以前常被做為香菇椴木與工具用材，在生態上果實也為森林許多昆蟲、動物提供了大量澱粉食物度過冬天。不過如果人類也效法去吃青剛櫟，一定會覺得生澀難以下嚥，得用大量水把單寧浸泡出來才有辦法食用，相當麻煩。雖然不好吃，但可以拿來玩，只要從殼斗中心插進竹籤就變成小陀螺，相信不少以前當過山地小孩的人都有這共同的回憶吧。

第一個描述日本植物的醫生

　　青剛櫟是中國、日本與臺灣最普遍的殼斗科植物，可說是東亞地區殼斗科櫟屬中最具代表性物種。她最早是在日本採集到，由鄧伯 (Carl Peter Thunberg) 所發表的植物。1775年8月，瑞典籍的鄧伯抵達日本長島，他擔任了荷蘭東印度公司的醫師，在當時日本處於鎖國時期，因此西方國家僅能透過荷蘭東印度公司與日本進行貿易，且洋人是不能隨意離開長島的。剛好在1776年春天的一次機會，他與其他公司代表前往江戶與天皇會面，就利用這次千載難逢的機會沿路蒐集內陸許多植物。

　　1776年11月鄧伯離開了日本，後來於1784年將日本的研究成果發表為《Flora Japonica》一書。而早年鄧伯就是向林奈學習醫學與植物，因此這本書中記錄的816個物種都是以林奈的分類系統命名，而青剛櫟就在這本著作中開始登上世界舞臺。這本介紹日本植物的書籍，對日後日本植物的分類研究有極大影響，而間接也影響了臺灣。

我不是果實圓形的青剛櫟

　　圓果青剛櫟不是青剛櫟，但有趣的是，有圓果青剛櫟的地方附近也都有不少青剛櫟族群，她們選擇生育地的喜好頗為類似，多出現在土壤化育較差的山坡地，使得她們倆常常混生在一起，互玩模仿的遊戲來迷惑大家的眼睛，不少人對如何區別大感困擾。

在陽光充足的環境，青剛櫟也能發展出渾圓優美的樹型。

　　圓果青剛櫟是由林渭訪與柳榾 1965 年時在《臺灣省林業報告》發表一篇〈臺灣殼斗科植物分類之研究〉所發表的新種殼斗科植物，引證的標本為章樂民與柳榾 1956 年在青山（經山？）(Tsingshan) 所採集，這是光復後由華人植物學者首次發表新種的臺灣殼斗科植物。但怪異的是，這是比較近代的模式標本，反而我一直都查不到它的下落。發表者特別將種小名以 *globosa* 命名就是在形容她圓球的堅果，且在文獻中說明嫩葉為光滑無毛的，可以與看似頗像的青剛櫟做區別。不過也是因為這樣的名稱，許多人都把圓球形堅果看成一重要特徵去辨識，甚至還誤以為她只是果實比較圓的青剛櫟。但殼斗植物果實的外形本多變，就像青剛櫟從筆尖形至圓球形都有，而圓果青剛櫟反而比較常見橢圓形的堅果，所以果實形狀並不是殼斗科很好的辨識與分類特徵。但圓果青剛櫟依然是一明確的物種，是與青剛櫟完全不同的，例如圓果青剛櫟嫩葉嫩枝幾乎是光滑無毛的，堅果果皮或多或少都有被毛而無蠟層；而青剛櫟嫩葉嫩枝密被白毛，堅果果皮光滑只有一層蠟，因此我們可以從這兩個穩定特徵做區分。但要注意的是，有些青剛櫟新葉成熟後毛即落盡，因此還是得在嫩葉期才比較有把握準確辨識。

　　另外從葉緣也初步可以猜測，圓果青剛櫟大多是圓鋸齒或細鋸齒，青剛櫟以粗鋸齒為主，不過葉緣也是有變化的，建議只在沒有嫩葉沒有果實的情形下與葉下表面被毛情形搭配使用來辨別。而在日本還有一種小葉青岡 (*Q. myrsinifolia*) 也是臺灣俗稱的黑櫟，與圓果青剛櫟非常相似，較明顯不同點在小葉青岡第一側脈較多對，葉形也較狹長。

圓果青剛櫟也是多幹叢生的樹形。

圓果青剛櫟

我才是果實圓形的青剛櫟

　　青剛櫟分佈廣泛族群龐大，葉形與堅果形狀變化也相當豐富，其中在天祥附近谷園的地方，廖日京教授發現有堅果圓球形的青剛櫟，於是在 1970 年發表谷園青剛櫟的新品種 (*Q. glauca* var. *kuyuensis*)，與原種青剛櫟只差在葉稍狹形、堅果圓球形。

　　無獨有偶，圓果青剛櫟種內也有些許變異，廖日京教授也在 1971 年發表佳保臺圓果青剛櫟這個變型 (*Q. globosa* f. *chiapautaiensis*)，認為她的葉緣粗鋸齒、第一側脈 8-11 對、葉先端短鈍形、殼斗同心圓只有 7 輪等特徵可與本種區別。而這兩個種以下的分類群都與本種混生在一起，在地理與生殖時間都看不出有所區隔，原本光要區分青剛櫟與圓果青剛櫟就足以令人頭疼了，更別說搞清楚這兩個變種與型種。因此在這建議一般讀者們，只要了解各物種形態的變化範圍與多樣性，有些分類成果做為參考，不求甚解即可。

青剛櫟樹皮皮孔也是縱向排列。

圓果青剛櫟樹皮皮孔縱向排列。

灰背櫟

別名 | 灰背椆、灰背青岡、灰背稠、灰絨椆、絨毛青岡、絨毛櫟
學名 | *Quercus hypophaea* Hayata

NT 近危 **特**

帶果的枝條
去年生枝條先端有
發育中的果實。
| 10月16日

15cm

去年生的枝條

分佈

臺灣特有種。分佈於花蓮富里，臺東長濱、成功、東河等海岸山脈東西兩側山區，金鋒、利嘉林道、大武、達仁，屏東雙流、里龍山等地區，海拔約30-800公尺左右。

物候

常綠樹。2月底為抽芽期，花序與嫩葉同出。3-4月為開花期，有時10-11月也能見開花植株。果實於隔年11-12月成熟。

宿存的雌花

基部有柱座，上有明顯的同心環線條並密被毛。在果皮上皆密被極短的毛。

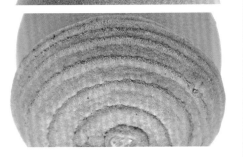

柱座　　　　　　宿存雌花

殼斗與同心圓

殼斗上小苞片癒合成環狀，會淺淺裂開形成鋸齒，密被黃色短毛，在上緣則有較長的毛。

發育中幼果
| 隔年4月15日

發育慢的果實
| 隔年9月16日

發育中的果實

成熟的果實
| 隔年10月16日

發育中果實
| 隔年9月16日

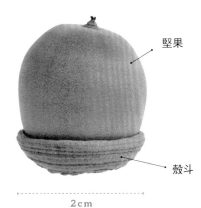

堅果

殼斗

2 cm

熟果

果實單生，堅果形狀變化大，圓錐形、矩圓形、圓球形皆有，成熟時為灰褐色，內有種子一枚，殼斗有包覆多的杯狀或包覆少的淺盤狀。| 11月4日

長圓錐形

其他形態的果實
| 11月4日

扁圓錐形

種皮

珠脊（倒生胚珠）

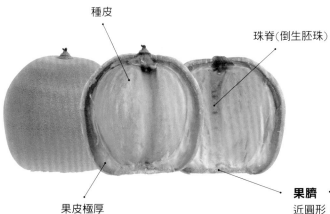

果皮極厚

果臍
近圓形，寬大平坦

殼斗俯視
殼斗內壁有短毛

去年老葉

嫩葉

雌花序

去年生的枝條

10cm

雄花序

開花的枝條
花序與嫩葉同出，雄花序
柔軟下垂，多於嫩枝葉腋
冒出，雌花序則於近嫩枝
先端的葉腋長出。
| 3月29日

去年生的枝條
還宿存許多未脫落的毛，
深褐色，圓形無稜，有白
色的橢圓形皮孔。

當年生的嫩枝
密被紅褐色短毛。

2cm

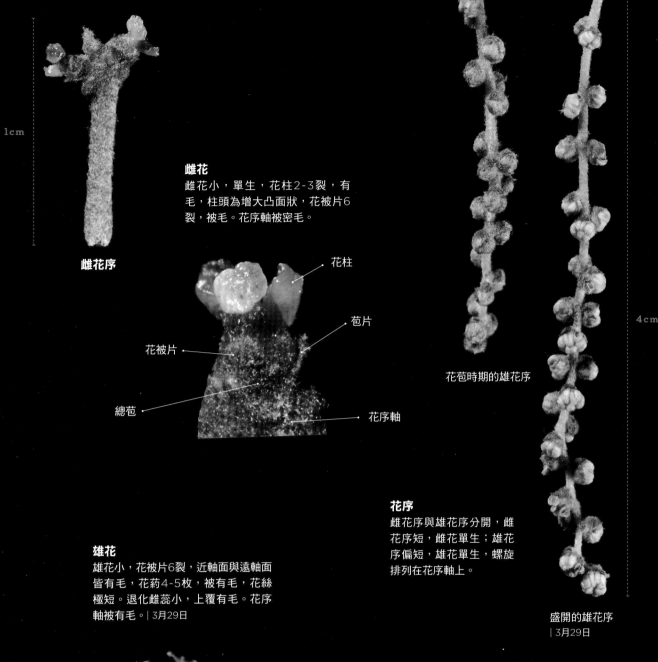

雌花

雌花小，單生，花柱2-3裂，有毛，柱頭為增大凸面狀，花被片6裂，被毛。花序軸被密毛。

雌花序

花柱

苞片

花被片

總苞

花序軸

花苞時期的雄花序

花序

雌花序與雄花序分開，雌花序短，雌花單生；雄花序偏短，雄花單生，螺旋排列在花序軸上。

雄花

雄花小，花被片6裂，近軸面與遠軸面皆有毛，花藥4-5枚，被有毛，花絲極短。退化雌蕊小，上覆有毛。花序軸被有毛。| 3月29日

盛開的雄花序
| 3月29日

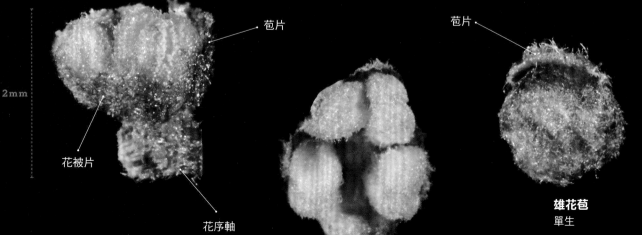

苞片

花被片

花序軸

苞片

雄花苞
單生

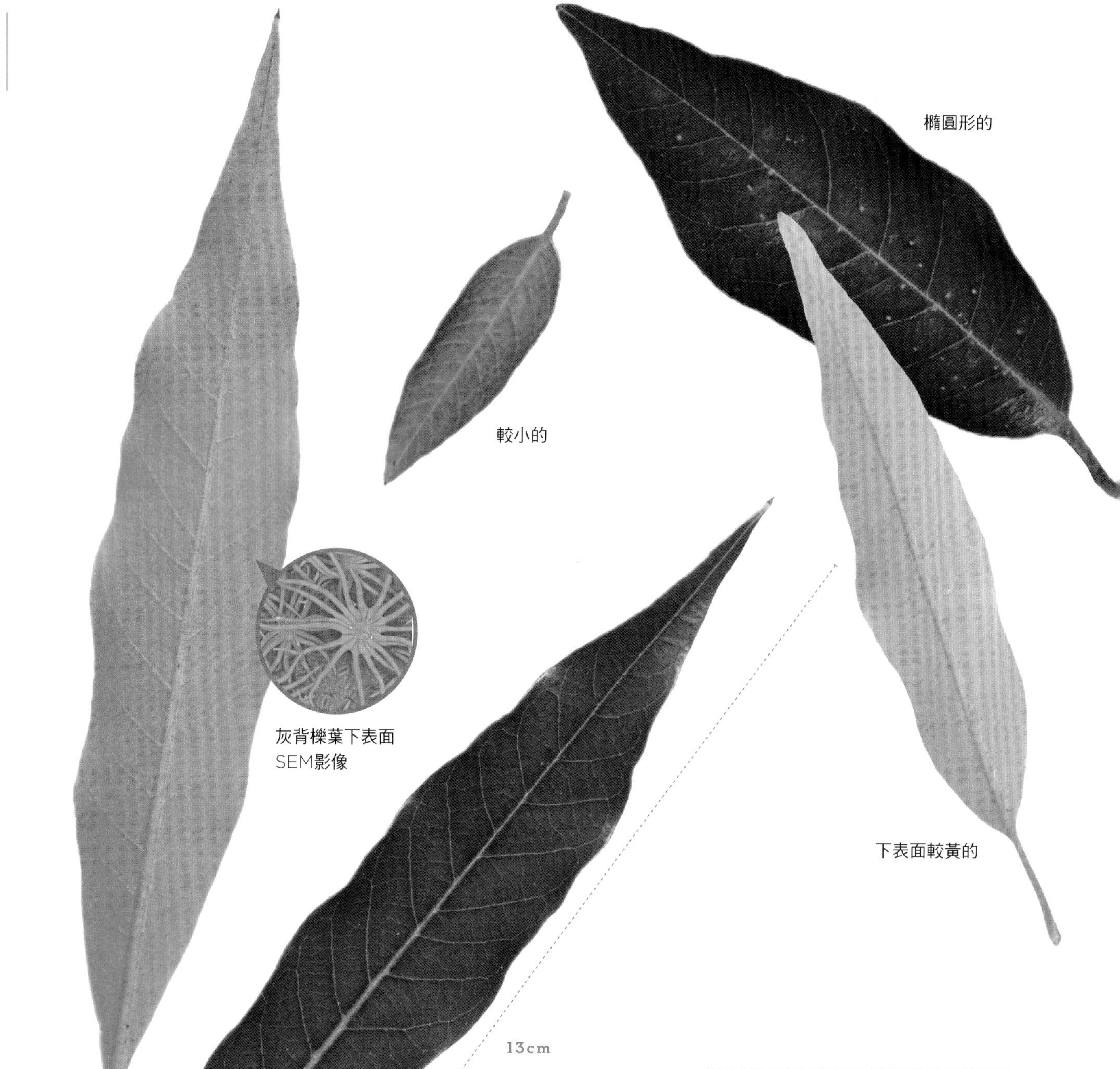

橢圓形的

較小的

灰背櫟葉下表面
SEM影像

下表面較黃的

13cm

葉下表面

較常見長橢圓形的
成熟葉
| 10月9日

嫩葉　　　　托葉

葉上表面

灰背櫟葉在枝條的排列為螺旋狀互生，托葉兩片對生，極易脫落。葉片紙質。第一側脈於葉下表面略為凸起，不甚明顯，約13~16對。葉緣皆為全緣，邊緣有波浪的起伏。葉形狀大小穩定，長橢圓形至橢圓形，先端漸尖，基部楔形。成熟葉上表面深綠色、光滑，下表面則有星狀毛，使呈灰綠或灰黃色。嫩葉由中肋的對折展開，紅褐色，上表面與下表面則被毛。常綠樹。

灰背櫟 > STORY

　　臺灣總督府殖產局技師中井宗三 (Sozo Nakai) 於 1912 年 11 月在嘉義發現後大埔石櫟後，同年 12 月又去了浸水營，這趟調查成果豐碩，不但發現了柳葉石櫟，還採集到灰背櫟，後來標本交由早田文藏博士於 1913 年發表為新種植物。種小名 *hypophaea* 為下面深色之意，用以形容葉下表面呈現灰色的樣子。

臺灣最古早的植物圖鑑

　　中井宗三也是在臺灣相當活躍的日籍植物採集家，有幾個臺灣植物的種小名就曾經以他的名字命名，如菱果石櫟、銳脈木薑子、日本山茶、楊桐葉灰木等，而其中最為有名的就是桃實百日青。他也與森丑之助在 1913 年合著臺灣第一本高山寫真集《臺灣山岳景觀》，更在隔年 1914 年出版《臺灣林木誌》，書中用日文先描述了臺灣植群概況再介紹常見樹木的分佈、中文俗名、辨識特徵與民俗用法，少數種類還附有風景照片，雖然記載種類不算多，但已經堪稱臺灣第一本圖文並茂的通俗植物圖鑑了，比起早田文藏博士以學術目的一系列拉丁文《臺灣植物圖譜》更適合給一般大眾閱讀。

以灰背櫟為優勢木的森林

灰背櫟都從果臍邊發芽而出。
（圖片提供／林熙棟先生）

灰背櫟樹皮與赤皮、嶺南青剛櫟相似，皆是
發達的不規則剝落。

中國大陸也有灰背櫟

在《中國植物誌》中也有一種殼斗科植物稱為灰背櫟 (*Quercus senescens*)，葉下表面也是密背灰褐色的毛，是生長在較高海拔的地區，從其葉形特徵比較接近臺灣的高山櫟，但與臺灣的灰背櫟則是完全不一樣的物種。因此《中國植物誌》另稱臺灣灰背櫟為絨毛青岡或絨毛櫟以做區別。

灰背櫟被視為與赤皮、嶺南青剛櫟皆屬於葉下表面密生星狀毛、花藥與花柱也有毛的相近物種。不過灰背櫟葉為全緣沒有鋸齒且葉形多為長橢圓形，非常容易與這兩個相近種做區分。灰背櫟分佈範圍與嶺南青剛櫟非常相近只是數量比較稀少，但在野外卻很少遇到這兩者有相鄰混生在一起的情況。依經驗觀察她們對棲地似乎有不同偏好，像嶺南青剛櫟比較喜歡稜線迎風環境的棲地，樹勢較低矮曲折；而灰背櫟則多於風勢不強的山腰與背風面，樹勢則粗壯高大。另外灰背櫟果實果皮上密佈非常短小的毛，使果實呈現特殊霧面的質感，與赤皮、嶺南青剛櫟光滑反光完全不同。而灰背櫟果實的形狀有圓球形、矩圓形、長的圓錐形與扁的圓錐形等等變化相當豐富。還有一點非常特殊，大多數的橡實在發芽時都從堅果尖端的胚冒出胚根，但灰背櫟的胚根卻先在堅果內繞個彎到果臍與果皮交接處才破殼而出，這樣拐彎抹角的發芽方式在殼斗科中相當少見。

樹勢粗大的灰背櫟。

錐果櫟

別名｜錐果椆、錐果青岡、長果椆、長果青岡
學名｜*Quercus longinux* Hayata

LC 無危　特

7cm

去年生枝條

錐果櫟帶果實的枝條
在去年生枝條上有發育中果實。
｜10月23日

宿存雌花

堅果

殼斗

1.7cm

CHECK

宿存的雌花
基部有凸起的柱座，柱座上的線痕不明顯。果皮幾乎光滑無毛。

殼斗與同心環
殼斗上小苞片癒合成環狀，輪數較少，約6輪，會裂開成鋸齒，被灰色的短毛。

熟果
果實單生，較小，堅果多橢圓形，先端有的會下凹。成熟時為褐色，內有種子一枚，殼斗杯狀。

分佈

特有種。錐果櫟普遍分佈在臺灣中海拔山區，海拔約800-2300m左右。郭氏錐果櫟分佈在新港山至恆春半島地區，海拔約200-800m左右。紫背錐果櫟依據廖日京教授紀錄，出現在宜蘭羅東、高雄六龜一帶低、中海拔山區。

物候

常綠樹。錐果櫟4月為抽芽期，花葉同出。盛花期約在5月間，郭氏錐果櫟則2月抽芽，3月為盛花期。果實皆於隔年10-12月成熟。

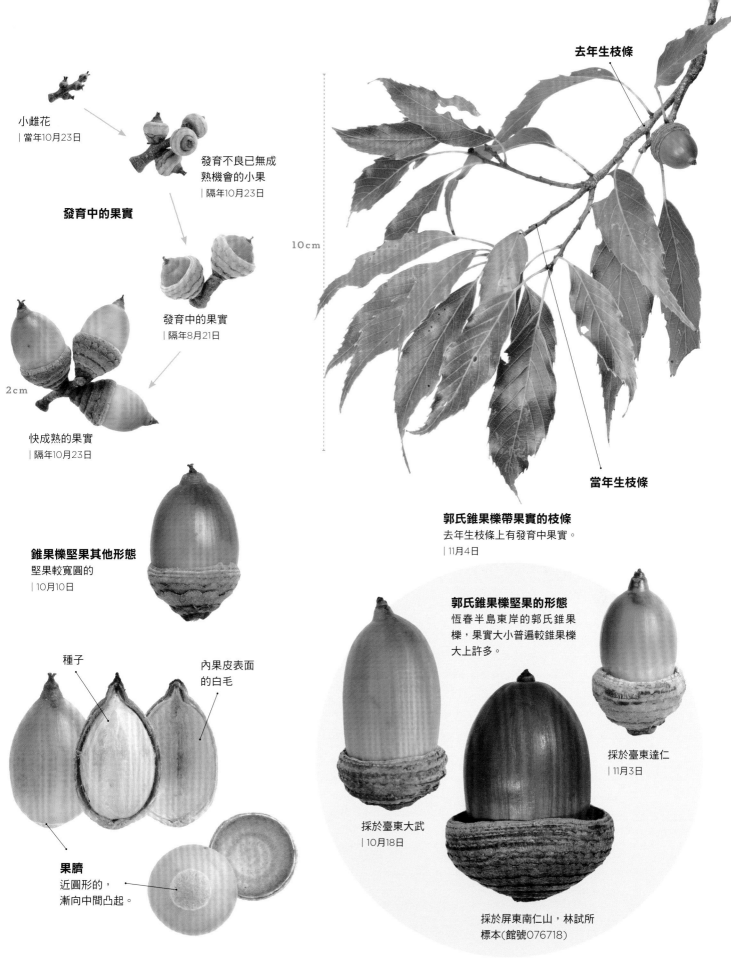

小雌花
| 當年10月23日

發育不良已無成
熟機會的小果
| 隔年10月23日

發育中的果實

發育中的果實
| 隔年8月21日

2cm

快成熟的果實
| 隔年10月23日

錐果櫟堅果其他形態
堅果較寬圓的
| 10月10日

種子

內果皮表面
的白毛

果臍
近圓形的,
漸向中間凸起。

去年生枝條

10cm

當年生枝條

郭氏錐果櫟帶果實的枝條
去年生枝條上有發育中果實。
| 11月4日

郭氏錐果櫟堅果的形態
恆春半島東岸的郭氏錐果
櫟,果實大小普遍較錐果櫟
大上許多。

採於臺東達仁
| 11月3日

採於臺東大武
| 10月18日

採於屏東南仁山,林試所
標本(館號076718)

嫩葉

去年生枝條

雌花序

6cm

雄花序

開花的枝條
花序與嫩葉同出，雄花盛開時嫩葉也剛展開，雄花序柔軟下垂，多從去年生枝條頂端的花芽冒出，少數則在嫩葉葉腋，雌花序則藏在嫩枝先端的葉腋，短而不明顯。
| 5月12日

去年生枝條
褐色，有許多白色細長的皮孔。
| 5月12日

當年生枝條
被稀疏早落的短毛，枝條圓形無稜。

2cm

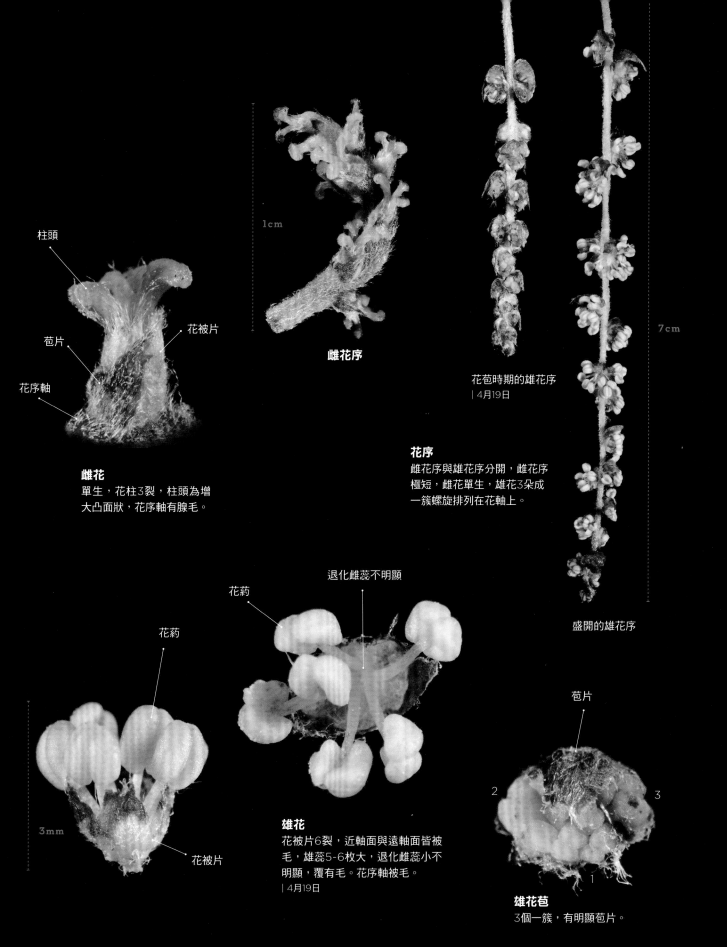

柱頭

花被片

苞片

花序軸

雌花
單生，花柱3裂，柱頭為增
大凸面狀，花序軸有腺毛。

1cm

雌花序

花苞時期的雄花序
| 4月19日

7cm

花序
雌花序與雄花序分開，雌花序
極短，雌花單生，雄花3朵成
一簇螺旋排列在花軸上。

盛開的雄花序

退化雌蕊不明顯

花藥

花藥

3mm

花被片

雄花
花被片6裂，近軸面與遠軸面皆被
毛，雄蕊5-6枚大，退化雌蕊小不
明顯，覆有毛。花序軸被毛。
| 4月19日

苞片

2   3

1

雄花苞
3個一簇，有明顯苞片。

Part2｜臺灣的橡實家族｜**345**

較小的

在上巴陵遇見
葉普遍較細長
的植株

葉較細長的，
葉柄較短的，
鋸齒不明顯

9cm

有些許粉白

錐果櫟老葉葉下表面
SEM影像

下表面

上表面

**錐果櫟常見長橢
圓形的成熟葉**
採於碧綠神木一帶
| 8月21日

錐果櫟

葉在枝條的排列為螺旋狀互生，托葉兩片對生早落，
葉片薄革質，第一側脈在下表面略凸，約8~11對，葉
緣先端至最寬處有細鋸齒緣，小苗或萌蘗枝則有全緣
的，葉形多為長橢圓形至披針形，先端尾狀漸尖，基
部楔形，葉柄長而明顯。成熟葉上表面深綠色、光
滑，下表面淺綠色略帶點不均勻的粉白。嫩葉密被白
色的毛，在葉成熟前毛即脫落殆盡。

較大的

上表面

下表面

3cm

錐果櫟嫩葉
| 4月10日

接近基部
仍有鋸齒

**較接近*Quercus longinux
var. lativiolaceifolia*
紫背錐果櫟的成熟葉**
採於宜蘭四季一帶
| 6月5日

紫背錐果櫟

葉較大些，橢圓形至卵狀橢圓形，葉基部
鈍圓，葉緣從先端至基部為止，皆有鋸
齒。乾時成暗深紫色且葉背被粉白。

粉白的

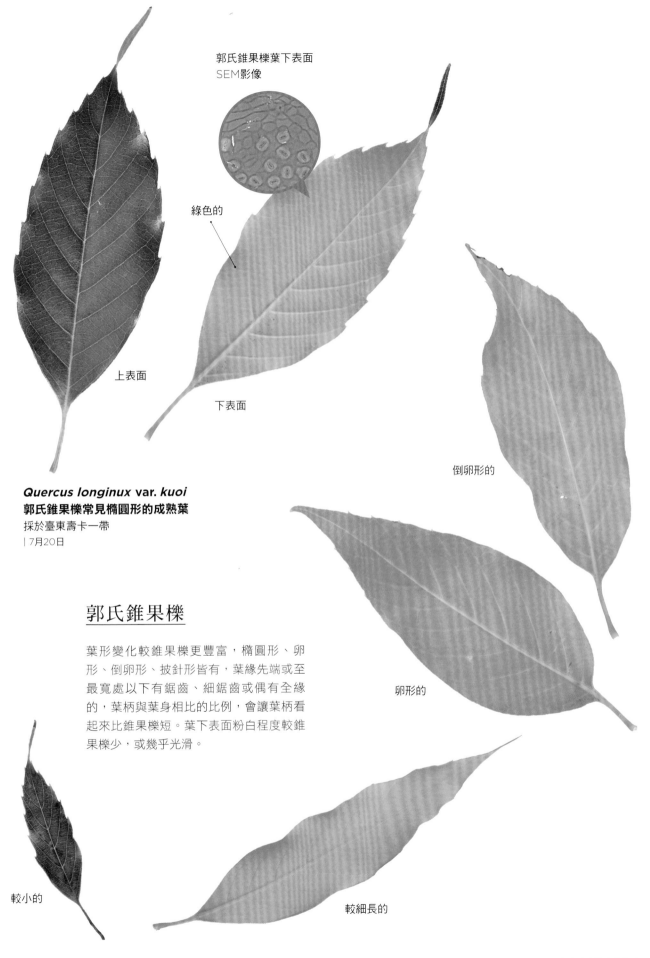

郭氏錐果櫟葉下表面
SEM影像

綠色的

上表面

下表面

Quercus longinux var. kuoi
郭氏錐果櫟常見橢圓形的成熟葉
採於臺東壽卡一帶
| 7月20日

倒卵形的

郭氏錐果櫟

葉形變化較錐果櫟更豐富，橢圓形、卵形、倒卵形、披針形皆有，葉緣先端或至最寬處以下有鋸齒、細鋸齒或偶有全緣的，葉柄與葉身相比的比例，會讓葉柄看起來比錐果櫟短。葉下表面粉白程度較錐果櫟少，或幾乎光滑。

卵形的

較小的

較細長的

最「果錐」的櫟

　　錐果櫟最早由森丑之助與川上瀧彌先生於 1906 年 6 月 7 日在臺北深坑所採獲，並將標本交由早田文藏博士於 1911 年將她發表為一新種。其種小名 *longinux* 為堅果長形之意，而中文名「錐果」也是依據其堅果窄尖狀而得名。錐果櫟也是臺灣森林中非常重要的樹種，從高山至低海拔、從臺灣頭到臺灣尾皆有她的分佈，所以在形態上也有豐富的變化。《臺灣植物誌》第二版 (1996 年) 中，將錐果櫟分為三個類群，除了一般中海拔地區常見的錐果櫟 (*Q. longinux* var. *longinux*) 外，還有恆春半島的郭氏錐果櫟 (*Q. longinux* var. *kuoi*) 與乾葉呈暗紫色的紫錐果櫟 (*Q. longinux* var. *lativiolaceifolia*) 這兩個變種。

恆春半島的郭氏錐果櫟

　　郭氏錐果櫟是廖日京教授 1970 年時將南部低海拔葉下表面綠色的族群特別分出來的變種，與中海拔地區葉下表面粉白的本種做區隔，因此又有「無粉錐果櫟」一稱。不僅如此，

郭氏錐果櫟堅果也大的嚇人，雖然與日本產的沖繩白背櫟或一些東南亞的櫟子相比是小巫見大巫，但也已經可在臺灣櫟屬植物中名列前茅了。平時看慣堅果嬌小的中海拔錐果櫟，當我在第一次見到郭氏錐果櫟果實時著實受到驚嚇，平平是錐果櫟怎麼會差這麼多！但郭氏錐果櫟葉下表面無粉的程度正如其他殼斗植物般，在不同區域不同植株身上也會有連續變化，有的完全無粉白，而有的顏色稍為粉白，例如花蓮赤科山就有果實大型但葉下表面為粉白的植株，因此這兩群植物的界定似乎沒這麼清楚，還需再注意這些中間型植株的存在。

神秘的紫背錐果櫟

2010年在宜蘭四季一帶山區與朋友爬山時採得一份只有枝葉的殼斗標本，當時匆匆一瞥覺得很特殊就順手摘下，但一路上想了很久就是認不出她是誰。回去後翻找了許多資料照片也核對不出來，甚至一度懷疑會不會是傳說中的黑櫟，而問了一些對殼斗科有相當經驗的植物專家也皆拿不定答案，因此這個謎題就一直留在心中。隔年夏天為了整理各殼斗種類的分佈狀況與少數有問題的種類，就利用拍照空檔到各大標本館觀看館藏標本，一來可以當作休息行程，畢竟終年低溫乾燥的空調環境實在相當舒

樹形傘狀的錐果櫟。

服，二來不用開車爬山就能一次將百年來前人採集成果一次盡收眼底。當一幅幅數十年至百年前的標本在面前展示開來，採集者、地點都是在文獻中常遇見的名字，雖與這些前人們素未謀面但看著他們親手採下的植物標本，我的腦海中就開始想像他們的面容、裝束、揹著沉重的行李在山中尋找植物，好像進入時光隧道與他們面對面一樣，那份感動比有時在山上遇見美麗果實還要強烈。

　　而某次就在林試所的館藏中看見一份廖日京教授指定的紫背錐果櫟模式標本，是 1960 年他與郭秋成先生在羅東大元山所採獲，因為枝葉形態十分神似，讓我想起去年那未解的殼斗植物，後來查找廖老師各文獻的描述並歸納出幾點微小特徵：「葉較大型，橢圓形至卵狀橢圓形，葉基部鈍圓，乾時成暗深紫色且葉背被粉白，葉柄 1.5-2.5 公分長，葉緣從先端至基部皆有鋸齒」，不論產地或特徵皆頗為相近，或許就是我們一直都相當陌生的紫背錐果櫟吧。不過因為特徵差異細微，我會建議讀者們把她當作錐果櫟，了解這些變異範圍即可。

中橫公路碧綠神木休息區，是觀察錐果櫟的好地方，圖中中上排黃綠色樹冠即為錐果櫟。

盛花期仰望錐果櫟被鮮葉染黃的樹冠，樹幹樹枝上附著了許多苔蘚、地衣與松蘿。

森氏櫟

別名 | 赤柯、校欑(九層)、赤椆、森氏青岡、臺灣青岡
學名 | *Quercus morii* Hayata

LC 無危 **特**

帶果的枝條
去年生枝條先端有近熟果。| 10月22日

10cm

去年生枝條。

分佈

臺灣特有種。在中央山脈中高海拔1800-2500m，族群龐大，分佈廣泛，常與檜木林伴生在一起，因此在昔日的各大林場內皆有她。可見於宜蘭太平山，桃園拉拉山，新竹鎮西堡，臺中大雪山，南投梅峰，嘉義阿里山，高雄藤枝、南橫的天池，花蓮碧綠神木區、木瓜山。海岸山脈新港山也有紀錄。

物候

一般多為常綠性，偶爾可見落葉性植株。3月出芽期，盛花期4-5月中，花葉同出，果實隔年12月成熟。近幾年觀察在梅峰一帶有兩年才抽芽開花一次的週期性，其他地區則還需再觀察。

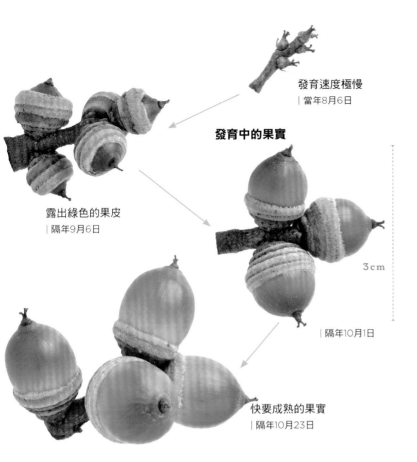

發育速度極慢
| 當年8月6日

發育中的果實

露出綠色的果皮
| 隔年9月6日

3cm

| 隔年10月1日

快要成熟的果實
| 隔年10月23日

宿存的雌花
基部有類似柱座的特徵，但上面沒有同心環
的線條。果皮上或多或少被有毛，易搓落。

宿存雌花

柱座

殼斗與同心圓
殼斗上小苞片癒合成環狀，有鋸齒，密被褐
色短毛，同心環的交疊處則有較長的毛。乾
燥時近基部的環會翹起。

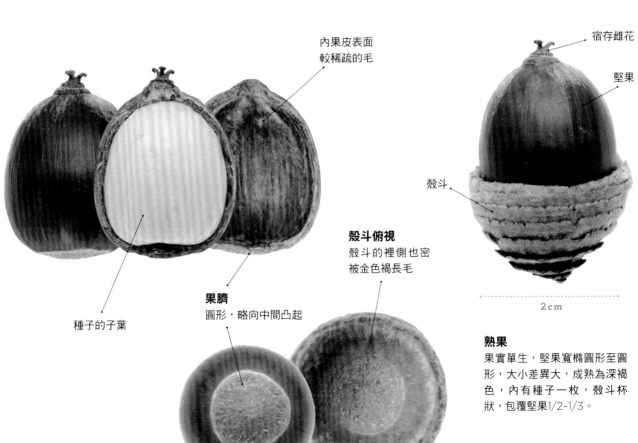

內果皮表面
較稀疏的毛

宿存雌花

堅果

殼斗

殼斗俯視
殼斗的裡側也密
被金色褐長毛

果臍
圓形，略向中間凸起

種子的子葉

2cm

熟果
果實單生，堅果寬橢圓形至圓
形，大小差異大，成熟為深褐
色，內有種子一枚，殼斗杯
狀，包覆堅果1/2-1/3。

去年生的枝條
圓形、光滑無毛，淡褐色的橢圓形皮孔密集而明顯。

當年生枝條
密被長毛，早落。

3cm

雌花序

已展葉的嫩葉

當年生新枝

托葉

23cm

去年或前年生的老枝

雄花序

開花的枝條
花序與嫩葉同出，雄花序柔軟下垂，多於老枝先端的冬芽所冒出，雌花序則於近嫩枝先端的葉腋長出。
| 4月18日

老葉

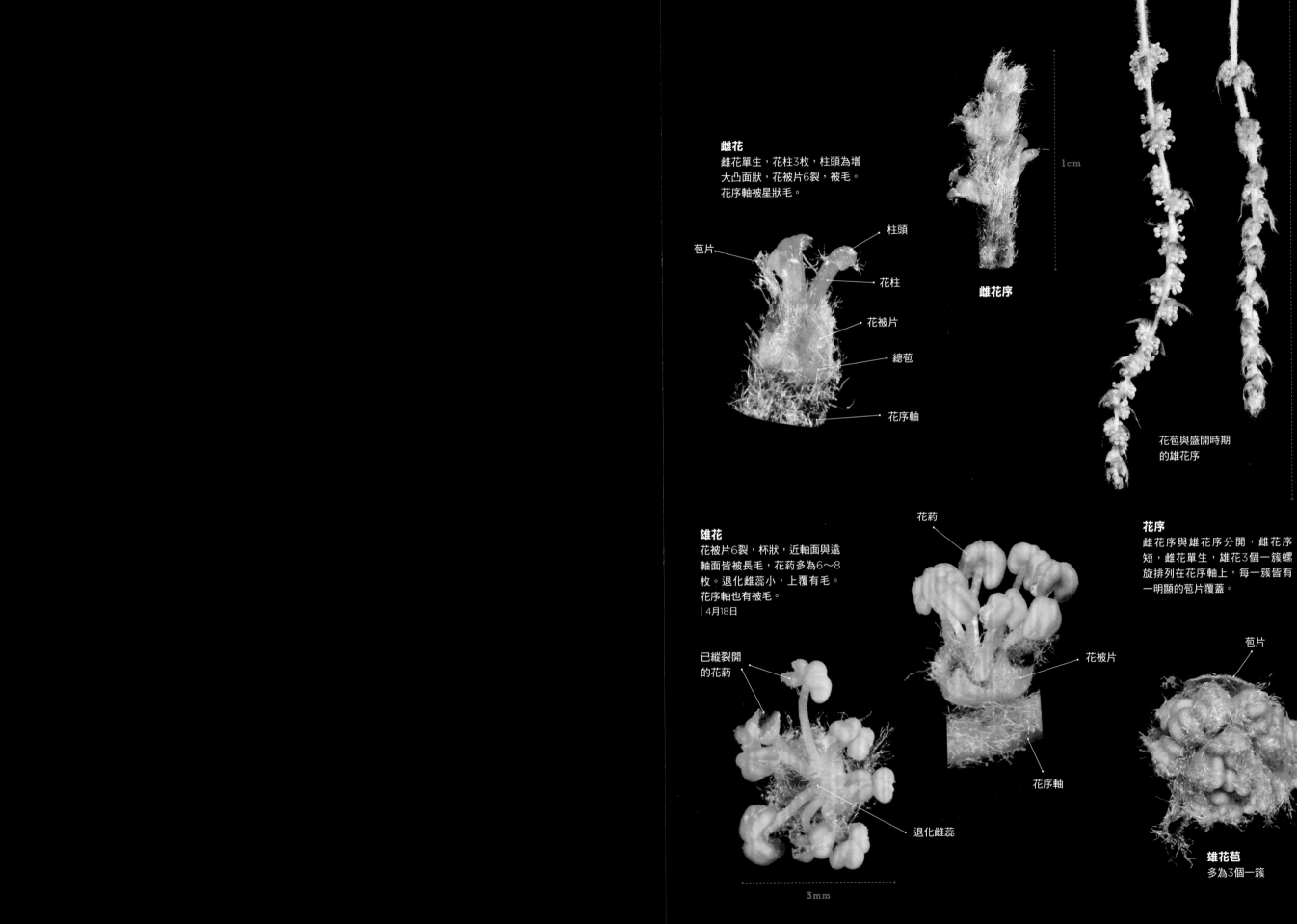

雌花
雌花單生，花柱3枚，柱頭為增大凸面狀，花被片6裂，被毛。花序軸被星狀毛。

1cm

柱頭

苞片

花柱

花被片

總苞

花序軸

雌花序

8.5cm

花苞與盛開時期
的雄花序

雄花
花被片6裂，杯狀，近軸面與遠軸面皆被長毛，花藥多為6～8枚。退化雌蕊小，上覆有毛。花序軸也有被毛。
| 4月18日

花藥

花序
雌花序與雄花序分開，雌花序短，雌花單生，雄花3個一簇螺旋排列在花序軸上，每一簇皆有一明顯的苞片覆蓋。

已縱裂開
的花藥

花被片

苞片

花序軸

退化雌蕊

3mm

雄花苞
多為3個一簇

花苞與盛開時期
的雄花序

苞片

雄花苞
多為3個一簇

葉基部兩側
不對稱，常見

全緣無鋸齒的萌
蘗葉，在小苗葉
也可見

上表面

較細長的

10cm

下表面

較大且葉緣
粗鋸齒的

較常見的
橢圓形成熟葉
| 4月7日

森氏櫟葉在枝條的排列為螺旋狀互生，托葉兩片對生早
落，葉片革質，中肋於上表面略凹，於下表面凸起，第一
側脈明顯，約8-11對。葉緣近先端二分之一處有細鋸齒或
粗鋸齒緣，葉形橢圓形至倒卵形，先端尾狀漸尖，基部楔
形、圓鈍或銳尖，有時成不對稱。成熟葉上表面深綠色，
下表面稍淺之綠色，皆光滑。嫩葉未展開前為沿中肋向上
表面對折，淺紫色或黃綠色，密被白色的毛，早落。多為
常綠，有時可見冬季葉落光的植株。

嫩葉 ── 托葉

另一小而圓
的萌蘗葉

3cm

上表面

嫩葉
| 3月27日

下表面

森氏櫟 > STORY

臺灣植物發現史的功臣

　　森氏櫟為早田文藏博士於 1911 年所發表臺灣特有的新種植物，為了紀念發現的採集者「森丑之助」，取其姓「森」之日語發音「mori」，做為種小名 *morii* 來命名。

　　對於喜愛臺灣植物的人來說，「森氏」這詞是一點也不會陌生，因為還有許多物種皆以「森氏」為名，例如森氏薊、森氏鐵線蓮、森氏薹、森氏菊、森氏紅淡比、森式豬殃殃、森氏當歸、森氏毛茛、森氏杜鵑、森氏柳、森氏山柳菊等等，而不以森氏為名卻為森氏所採得發現的種類更是多到無法一一列舉，引用當時一名植物學者佐佐木舜一所言：「我認為森氏最大的功勞，在於植物採集的艱鉅工作，在蕃雲瘴雨的年代，縱橫於中央山脈採集高海拔植物標本…幾乎到廢寢忘食的程度。殖產局所累積的高海拔地帶植物標本，幾乎全是森氏冒險採集回來的。」此言一點也不誇張，若看過 1908 年早田文藏博士撰寫的《臺灣高山植物誌》(Flora Montana Formosae)，其中極多的新種就是引用森氏的採集品來發表，

因此可以說森氏對臺灣植物發現史上有著極大的貢獻。但若認為森氏在臺灣的貢獻僅止於此，那就太小看這位稱得上一生最富傳奇色彩的植物學、人類學與地理學的探險家了。甚至誇張的說，這些植物標本僅是他進行畢生志趣與事業時「順帶」產生的「副產品」而已。

到臺灣找尋人生的方向

在 1985 年清朝將臺灣割讓日本後不久，森丑之助即以「陸軍通譯」的身份隨軍隊登臺，當時年僅 18 歲還懵懂無知的他，只知道想離開家鄉遠行就被派發來到臺灣，體格弱小又身患跛腳，很難讓人與他三十年來的功績聯想在一塊。初抵臺灣這邊陌生的一切事物都讓他產生興趣，但也只是隨著軍隊四處移動走看，直到一年後在花蓮遇到正在做「蕃人調查」的人類學學者鳥居龍藏先生，並從旁幫忙學習好一段時日，才塑造了森氏也想用人類學的觀點進行個人的蕃界調查探險，並用一生的時間栽進了他所說的「黑暗的蕃地」。

縱橫臺灣山林的秘密武器

有時與鳥居先生同行，而有時單獨行動，就在短短幾年內，森氏用驚人的行動力與毅力，縱橫臺灣各蕃地間進行調查，多次橫越中央山脈，還成為玉山主峰的首登者，並能以流利的各族蕃語與蕃人們溝通。以當時的衛生與交通條件，他必須冒著渡急流、爬峭壁和

森氏櫟在雲霧帶常與
檜木群伴生在一起。

在太平山所遇見冬季葉全落光的森氏櫟。

瘟疫傳染的危險，在無人探勘過的深山中行走，加上當時蕃人獵首（出草）習俗盛行，外人皆視進出蕃地為自殺的行為而非常懼怕。但森氏如何能不帶武器單槍匹馬的闖入，卻又能從容的全身而退，且對這「志趣」樂此不疲呢？

森氏曾自豪的說：「我一直抱持『以誠待人的精神』當作唯一武器。對蕃人習慣、信仰的尊重，該尊重的全部加以尊重。」並感性的說：「我憐憫他們物質匱乏的生活，但不由得不尊敬他們心靈上的純潔。發現這事實後，從此對蕃人產生濃厚的同情心，和他們相處也更加心安理得了。蕃人被外界視為『獰猛驃悍』的人種，但是如果同樣地以誠對待他們，再獰猛驃悍也不可怕。我有信心指出坦誠和他們交往，他們會以溫暖的友愛回報我們。」森氏甚至在公開演講中強調蕃人擁有「以誠涵養崇高品性」，還以「比起人性複雜的文明人，野蠻人社會少有偽善、不義及虛飾」如此激烈的話語來諷刺自以為開化的文明人，其實比連他們眼中的野蠻人還不如。

這就是他在山中生存多年的哲學，將別人視為危險阻礙的蕃人，變成探險時最忠實可愛的伙伴，在森氏的文章中也會感受到他與蕃人朋友相處時的痛快感，並用欣羨的態度看待他們的世界。而森氏入境隨俗與和善的個性，也讓他在部落間大受歡迎，只要他拜訪某一個部落，蕃人則奔走相告鄰近的部落，齊聚相迎「好朋友 Mori」的到來！

但在當時日本身為殖民者，懷有著絕對優越感的傲慢，真能如森氏放下種族歧見的人少之又少。因此 1905 年殖產局在進行「有用植物調查」，聘請森氏為「囑託」幫忙採集植物標本時，森氏能進出罕有人至、又孕育許多特有植物的高山區域，所以發現的新種數量非常可觀。而對森氏來說有這份工作後，就可以行植物採集之名，繼續他蕃族調查的個人事業，否則在此之前森氏幾乎都是以「無業遊民」的身份，散盡自己的私財來苦苦支撐。

捨己為番，夾在殖民者與被殖民者之間的決斷

除了植物調查外，總督府早期的「理蕃機構」也借助森氏的能力，讓他對蕃地蕃人的情資進行調查，給森氏帶來許多方便，而研究也進入非常充實的時期。但好景不常，總督府懷柔的「撫蕃」政策一來因為平地漢人情勢趨於穩定，二來因為財閥與政府覬覦山地富

不規則雲片狀剝落的樹皮。

中橫公路邊的森氏櫟。

藏的自然資源，自 1910 年開始變成「隘勇線前進」、「收繳槍枝」、「討伐戰爭」等強硬的「五年理蕃」手段，讓原本森氏眼中認為「平穩無事的蕃地」變成危險之境，森氏也曾向佐久間馬太總督進諫：「強力鎮壓只會造成性格剛強的蕃人更大反抗。」但螳臂難以擋車，時局至此已無法挽回。一幕幕有如電影「阿凡達」的悲痛畫面，就在百年前臺灣的山林中早已活生生的上演。只是沒有以電影主角加入納美人抗暴的方式，森氏選擇用自己的方法在戰鬥著！

或許是受到錯誤政策的刺激，也許是想改變世人對蕃人誤解的看法，也或許是早先平埔族與熟蕃「現代化」的殷鑒不遠，深感蕃人過去的體制與生活方式將遭到毀滅性破壞，因此除了已在報章雜誌發表專文與一系列各族蕃語集外，森氏計畫將在臺近二十年所搜集珍貴的一手資料，系統性整理成《臺灣蕃族圖譜》十卷與《臺灣蕃族志》十卷，加總共二十卷的龐大著作來呈現臺灣蕃族的面貌！而 1915 年兩卷的《臺灣蕃族圖譜》與 1917 年《臺灣蕃族志》第一卷的相繼問世，從清晰生動的照片、詳細厚實的田野調查至頗具風格的論述皆乃森氏獨立完成，轟動了日臺各界，人類學者鳥居龍藏更稱呼森氏為「臺灣蕃界調查第一人」！

就在大家殷切期盼後續作品時，1923 年 9 月 1 日發生關東大地震，惡火將森氏尚未刊印的原稿資料全部化為灰燼。但好消息是森氏自認為記憶力極佳，失去的原稿可以再重新

寫過，且因先前的著作備受肯定，而獲得一筆龐大的經費贊助他後續的寫作與研究，看樣子出版又有希望了，只要完成這二十卷的大作森氏就能到達他人生事業的高峰。但這筆鉅款卻讓森氏的寫作帶來變數，不是他到處花天酒地，也沒有用來改善他貧困的家庭，他選擇用來實現他心中的世外桃源。

「五年理蕃」的實施造成蕃族巨大變化，森氏看著畢生投入所愛的部落原有面貌與文化逐漸消失不可復見，可想其心中的焦慮。憑他對蕃族精深的瞭解，心中早已構想出一個「蕃人的大樂園」藍圖，類似現今原住民自治區，讓蕃人一面可以幫助政府從事山中工作，又能保有原本生活的自主權，顧及雙方所權衡出的願景。不過森氏多年下來苦尋不到願意支持的人，或許他認為要先做出一個示範區展現成效給當局，才有機會形成政策推行至全臺吧。於是這筆鉅款讓他以為「蕃人的大樂園」的籌建出現一些希望，打算將經費全數投入！但這一片想幫助蕃人的心意，被金主得知他要將經費從事寫作研究以外的用途後，隨即將金援切斷。其實森氏並無因推動蕃人樂園而荒廢寫作，對此不平的結果讓他夢想破滅而深受打擊，看似有無限熱情的森氏被這桶冷水徹底澆滅了。

來自山林的一切夢想，都浸在海裡結束了

森氏奉獻一生的時間放棄常人生活、放棄親情、放棄名利、散盡私財甚至以必死的決心從事蕃地調查，所帶來很高的學術價值也不過是想藉由研究成果竭力改善蕃人所遭致的劫難而已。但他認為他失敗了，心細執著的個性讓他最後幾年不斷鑽牛角尖、患得患失，終得了憂鬱症，走上自我毀滅一途！在 1926 年六月留下「無法達成入蕃調查的目的，發狂跳海自盡！」的遺字，數日後他在開往日本的「笠戶丸」上失蹤。七月三十一日，臺灣日日新報刊出一則消息：「蕃通第一人森丙牛氏之死，從笠戶丸躍入大海自盡。」得年 49 歲。

森丑之助的死亡，讓學術界損失一位凡事親力親為的探險家；讓剩餘還未問世的十七卷紀錄蕃族大作也隨之石沈大海；讓蕃人失去一直為他們立言的好友。而死後僅遺留下來許多未發表的珍貴手稿、照片不但無人接續整理，還被家人為求糊口變賣掉而散軼各處，以至聞名當時的森氏今日卻少有人知，令人不勝唏噓。

我在看過楊南郡老師所譯註的「生蕃行腳：森丑之助的臺灣探險」後，對森氏生平所為所言深為感動敬佩，認為對一百年後今天的人們仍多有啟發，在看到冠名「森氏」的植物時也能多一份懷念之情。本文也皆引用此書的譯文，建議有興趣的讀者定要閱讀楊老師替森氏所譯註的文章。而本文多使用「蕃」字僅是忠實呈現森氏的原文與當下時空背景，並無對原住民朋友不敬之意，請讀者多有包涵。

捲斗櫟

別名 | 金斗櫟、金斗椆、紅校欑(埔里)、毛果青岡(大陸)
學名 | *Quercus pachyloma* Seemen

LC 無危

10cm

前年生枝條

帶果的枝條
去年未抽出新芽的前年生枝
條。較慢成熟的果實。
| 2月1日

分佈

越南，中國大陸福建、浙江、江西、廣東、廣西、貴州、
雲南。在臺灣海拔200-1600m，可見於宜蘭雙連埤，苗栗
觀霧，臺中出雲山、裡冷林道，南投魚池、埔里、巒大
山，屏東尾寮山、滿州、牡丹，臺東達仁、大武、新化。

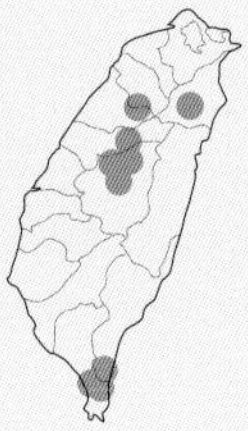

物候

常綠樹。花期3月
底-5月底，花序與嫩
葉同出，果實隔年
10-12月成熟。

宿存的雌花

有柱座，柱座上有同心環排列的線條，有鋸齒。果皮上密被金色的毛。

宿存雌花

柱座

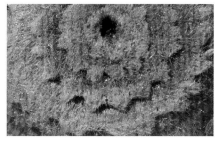

殼斗與同心環

殼斗上小苞片癒合成環狀，有鋸齒，密被金色的毛。

發育中的果實

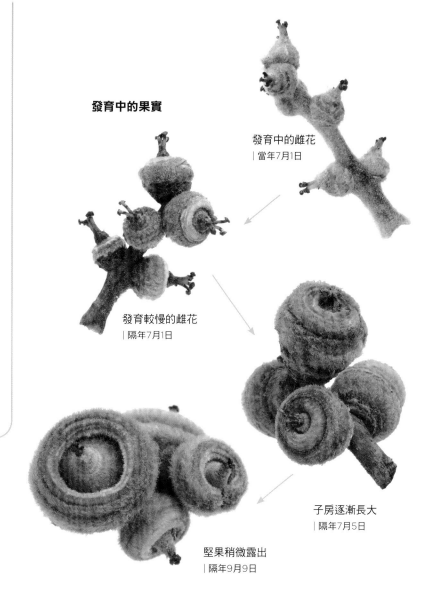

發育中的雌花
| 當年7月1日

發育較慢的雌花
| 隔年7月1日

子房逐漸長大
| 隔年7月5日

堅果稍微露出
| 隔年9月9日

殼斗

宿存雌花

堅果

2cm

熟果

果實單生，堅果橢圓形，成熟時為深褐色或黑青色，內有種子一枚，略有凹線。殼斗杯狀或向外伸張形成大盤狀，邊緣有的平坦、有的波浪、有的捲曲，變化極為豐富。| 11月2日

殼斗俯視

殼斗內壁也是密生金毛

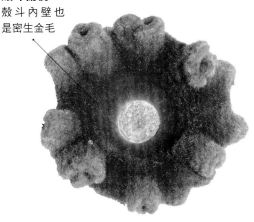

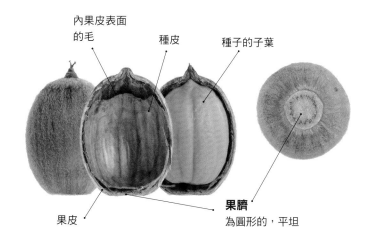

內果皮表面的毛

種皮

種子的子葉

果臍

為圓形的，平坦

果皮

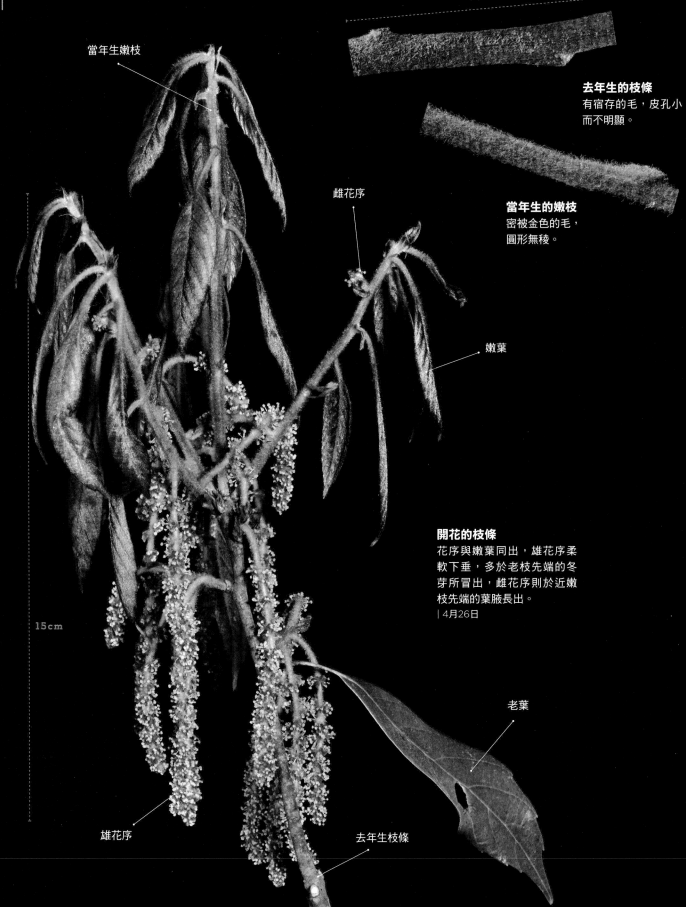

3cm

去年生的枝條
有宿存的毛，皮孔小
而不明顯。

當年生的嫩枝
密被金色的毛，
圓形無稜。

當年生嫩枝

雌花序

嫩葉

15cm

開花的枝條
花序與嫩葉同出，雄花序柔
軟下垂，多於老枝先端的冬
芽所冒出，雌花序則於近嫩
枝先端的葉腋長出。
| 4月26日

老葉

雄花序

去年生枝條

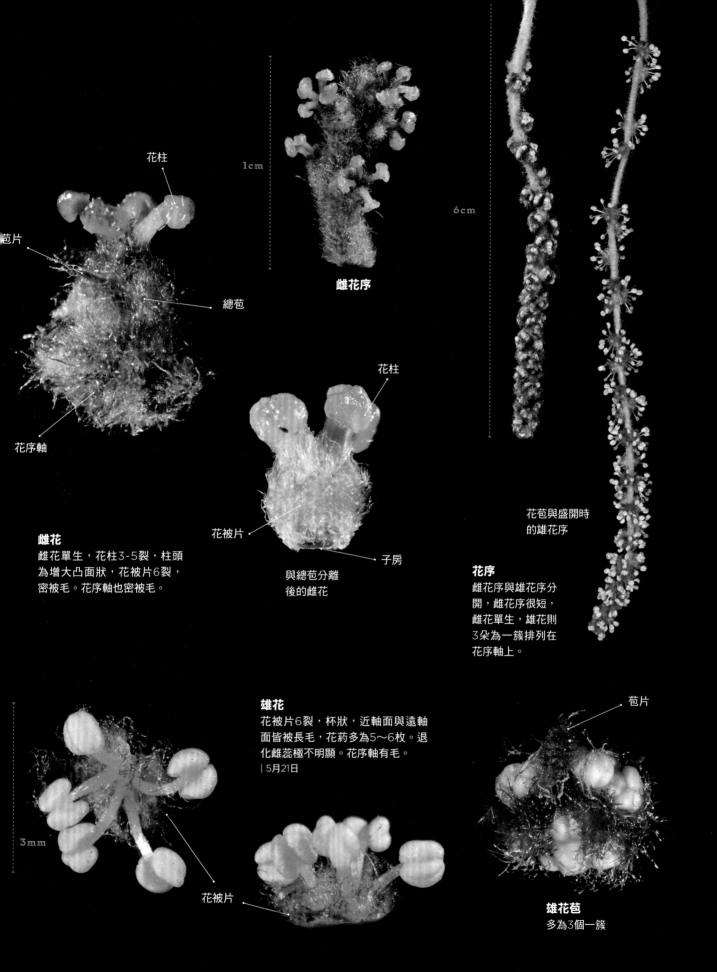

花柱

苞片

總苞

花序軸

雌花序

1cm

雌花
雌花單生，花柱3-5裂，柱頭
為增大凸面狀，花被片6裂，
密被毛。花序軸也密被毛。

花柱

花被片

子房

與總苞分離
後的雌花

6cm

花苞與盛開時
的雄花序

花序
雌花序與雄花序分
開，雌花序很短，
雌花單生，雄花則
3朵為一簇排列在
花序軸上。

3mm

雄花
花被片6裂，杯狀，近軸面與遠軸
面皆被長毛，花藥多為5～6枚。退
化雌蕊極不明顯。花序軸有毛。
| 5月21日

花被片

苞片

雄花苞
多為3個一簇

鋸齒較粗的

整棵植株葉子的葉形皆極細長的，為在恆春半島所常見的形態。

橢圓形的

較大的

較細長

較小的

捲斗櫟葉在枝條的排列為螺旋狀互生，托葉兩片對生早落，葉片薄革質，第一側脈明顯，約8~14對，葉緣近先端三分一至二分之一處有細鋸齒緣，偶有全緣或粗鋸齒，葉形倒卵狀長橢圓形至長披針形，先端尾狀漸尖，基部楔形或銳尖，成熟葉上表面深綠色、光滑，下表面淺綠色略帶點不均勻的粉白。嫩葉密被深紫色或黃綠色的毛，早落或近葉基處會少量宿存。

有些植株嫩葉表面被黃綠色的毛，也頗常見。

**較常見的
成熟葉**
| 11月11日

9cm

葉下表面

3cm

托葉

嫩葉

下表面

嫩葉 | 3月22日

上表面

捲斗櫟葉下表面
SEM影像

葉上表面

捲斗櫟 > STORY

金色帽子的誘惑

　　若要說臺灣殼斗家族中最受歡迎的種類，我想捲斗櫟絕對是穩坐排行榜前幾名的人氣橡實。記得大學時期某次的樹木學課程，安排到南投縣的蓮華池研究中心去實地認識野生植物，聽著老師行前的說明，介紹蓮華池植物多棒多特別，有不少是以蓮華池命名的稀有植物，還有像菱形奴草這種奇特又稀有的種類。但當老師提到：「那邊有一種果實有黃金般毛絨絨的殼斗、裙襬的外緣，大的像碗公一樣，還有深紫色的嫩葉…」，聽到此大家無不發出讚嘆聲，對上天造物的奇幻感到佩服！瞬間將老師先前講授的東西都忘在腦後，並在看過圖片後心中認為應稱「捲斗笠」更為貼切，這就是我對捲斗櫟深刻的第一印象。

　　捲斗櫟之所以能擄獲人心，不外乎那設計感超乎想像的橡實，但更讓人玩味的是那變化多端無法捉摸的殼斗。時而有捲時而不捲，捲的又有大捲、小捲、波浪捲，不捲的有斗笠形也有鋼盔形，若將各形各樣的捲斗櫟橡實集合一塊兒並倒過來看，是不是很像一群「金

恆春半島迎風面矮肥短的捲斗櫟。

色帽子俱樂部」的貴婦們，正在舉辦一場時尚派對大秀她們帽子呢！而我多年來也一直幻想將這款森林限藏版的金色帽子偷渡到人類時裝界，終於在某次機會下完成這張假想圖，看起來還真不賴吧！

百變的殼斗

多變化的橡實讓我們玩得不亦樂乎，但對分類學者來說卻造成一些曲折的過程。最早捲斗櫟是德國的瓦伯格 (Otto Warburg) 博士於 1887 年底在大陸福州所發現，後來由植物學家 Seemen 以 *Quercus pachyloma* 命名。接著 1913 年早田文藏將臺灣一份與福州所產相似的標本發表為 *Q. tomentosicupula*，並表示兩者差異於臺灣者葉子光滑無毛且殼斗較大，到了 1936 年金平亮三更以恆春半島產的殼斗較深、不捲、堅果較大，埔里產的則與福州相同而處理為兩個物種，將上述二學名同時列在《臺灣樹木誌》中。光復後《臺灣植物誌》第一版即據此認為是殼斗不捲的「金斗櫟 *Cyclobalanopsis pachyloma* var. *tomentosicupula*」與會捲的「捲斗櫟 *C. pachyloma* var. *pachyloma*」這兩個變種。但隨著越多標本的採集與野外觀察，發現其實許多植株同一個體內就有捲與不捲的橡實，這不穩定特徵僅是個體內變異，不適合做為分類依據，因此至今多數人接受李惠林 (1953) 與林渭訪、柳榗 (1965) 的觀點，從此「金斗櫟」與「捲斗櫟」破鏡重圓又是一家人了。

既然她們都為同一種，或許我們還會問，造成捲斗櫟殼斗如此多變的原因何在？是先天基因遺傳使然造就許多品系，還是後天受氣候、養分或昆蟲所刺激呢？這金色會捲的殼斗在生態上的意義為何，竟會演化成這般迷人的樣貌？這些有趣的疑惑目前還未有解答，但也留給我們想像的空間。

捲斗櫟殼斗的各種變化

從基部捲一種新式的帽子呢？

看起來很笨

二回捲，捲到把堅果捲起來了

水餃皮的皺摺

看起來更笨

勻稱的大捲

老蚌生珠

堅果細長包很高

勻稱的小捲

波浪捲

堅果細長包較低

堅果的毛落光了

不捲不開包很高

開而不捲

爛掉的紙碗

不捲不開包較低

堅果不發育

南投地區高富美捲斗櫟傘狀的樹型

森林裡的名模

　　除了橡實外，捲斗櫟還有其他美麗的地方值得欣賞，例如每年的三四月冬芽會吐出葡萄紫帶有光澤的嫩葉，即使在百花爭豔的春天還是令人驚豔。原來捲斗櫟的嫩葉、嫩枝還有花序的表面會覆上許多紫色的絹毛，來提供一層保護，等嫩葉成熟完成任務後就逐漸褪落，但偶爾還是會有少數殘留著，或許大陸福州的標本就是因此讓早田博士認為臺灣的是另一種類。

捲斗櫟的樹幹。

　　捲斗櫟的樹型也非常優美，單一直立的主幹約在一半以上的高度，側枝才向外散開。而我最喜歡她樹幹的部分，沒有深溝裂、沒有剝落、也沒有像疹子般的皮孔，只有灰白平滑帶些淺紋的樹皮，內包些許起伏螺旋而上的主幹，在眾木齊立的森林中顯得格外誘人，堪稱樹木界的「美腿」佳人，我在野外就常以此尋找她的身影。但也不是所有捲斗櫟的樹型皆如此，還是會受環境條件影響，像一些在恆春半島長期受東北季風荼毒的植株，就變得矮小看似發育不良，與埔里所見差異甚大，不禁讓人感慨平平都是捲斗櫟卻相差這麼多。

　　這樣美麗的捲斗櫟要去那欣賞呢？其實她們一點也不稀有，像蓮華池研究中心與日月潭，周圍的天然林中就非常多，是那邊優勢的樹種之一，所以走在林道或步道不時就會有她的蹤影。此外埔里和魚池郊山、屏東南仁山保護區和199縣道也都很容易發現，有空不妨多出外走走，或許會有遇到捲斗櫟的驚奇喔。

紫色的嫩葉非常搶眼。

波緣葉櫟

別名 | 波葉櫟、仁禮櫟
學名 | *Quercus repandifolia* J.C. Liao

VU 易危　**特**

帶果的枝條
推測於去年生枝條先端，
會有果實。
| 10月18日

15cm

去年生的枝條

分佈

臺灣特有種。僅分佈於臺灣南部，屏東春日鄉浸水營古道、姑子崙山至達仁鄉新化、紹雅一帶族群較為集中，而達仁林場、阿塱衛山、壽卡、牡丹也有散生的族群，海拔約400-1400m左右。於2017《臺灣維管束植物紅皮書》中被列為國家易危(NVU)類別。

物候

常綠樹。3月初為抽芽期，花序與嫩葉同出。3月中為開花期。果實於隔年10-12月成熟。以目前觀察，大多數的波緣葉櫟還是不結果，會結果的只有特定的幾株而已，所以波緣葉櫟開花結果物候與更新機制還是個謎。另外因為資料有限，屬於當年熟或隔年熟還需要更多觀察，目前我僅以兩次所見結果情況來研判波緣葉櫟為隔年熟。

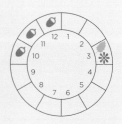

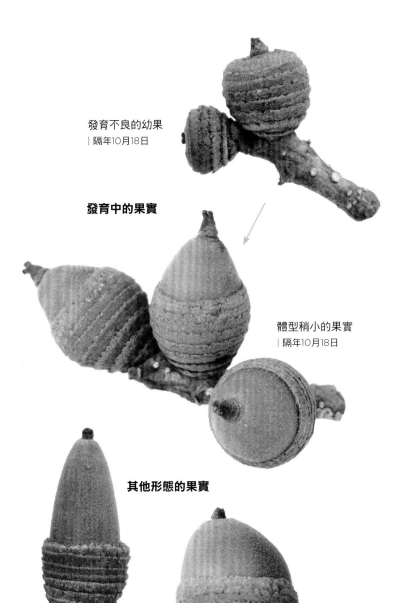

發育不良的幼果
| 隔年10月18日

發育中的果實

體型稍小的果實
| 隔年10月18日

其他形態的果實

也有些植株的果實
皆較細長

堅果形狀歪斜的

宿存的雌花
堅果先端宿存的雌花基部有柱座，柱座密
被毛。果皮上皆有毛覆蓋。

宿存雌花

柱座

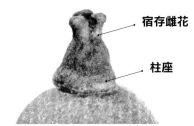

殼斗與同心環
殼斗上小苞片癒合成環狀，較密集約有10
環，會裂開成鋸齒，被灰褐色極短的毛，
在環的邊緣另有金色較長的毛。

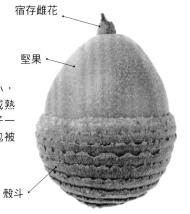

宿存雌花

堅果

熟果
果實單生，堅果較小，
卵形至長橢圓形。成熟
時為褐色，內有種子一
枚，殼斗杯狀，約包被
堅果1/2至1/3。
| 10月18日

殼斗

1cm

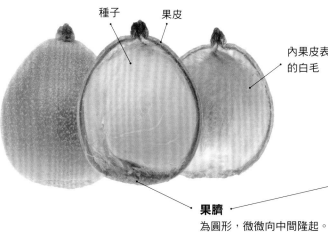

種子　果皮

內果皮表面
的白毛

殼斗內壁有
短毛

果臍
為圓形，微微向中間隆起。

當年生枝條
被早落的毛。

1.5cm

開花的枝條
花序與嫩葉同出，雄花序柔軟下
垂，多於嫩枝葉腋冒出，雌花序
則於近嫩枝先端的葉腋長出。
| 3月16日

去年或前年生的枝條
光滑無毛，淺褐色，圓形無稜，
有密且多的淡褐色圓形皮孔。

嫩葉

雌花序

當年生枝條

雄花序

15cm

去年或前年
生的枝條

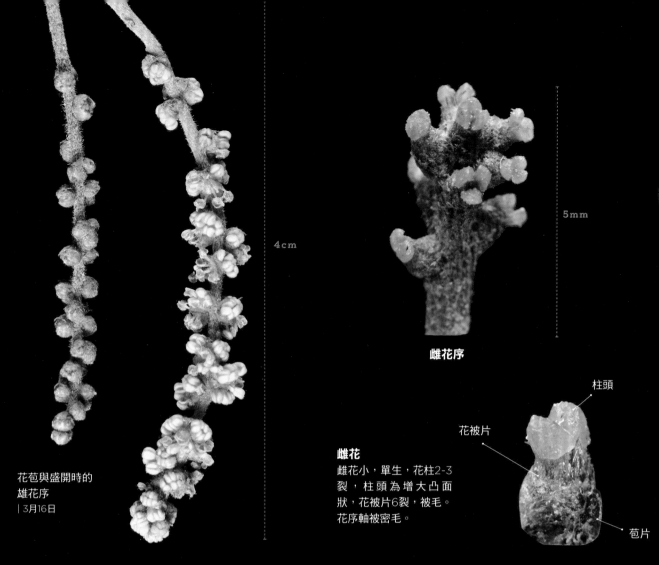

雌花序

花苞與盛開時的
雄花序
| 3月16日

雌花
雌花小,單生,花柱2-3
裂,柱頭為增大凸面
狀,花被片6裂,被毛。
花序軸被密毛。

柱頭

花被片

苞片

花序
雌花序與雄花序分開,雌花序短,雌
花單生,雄花序較短,雄花單生或3朵
一簇螺旋排列在花序軸上。

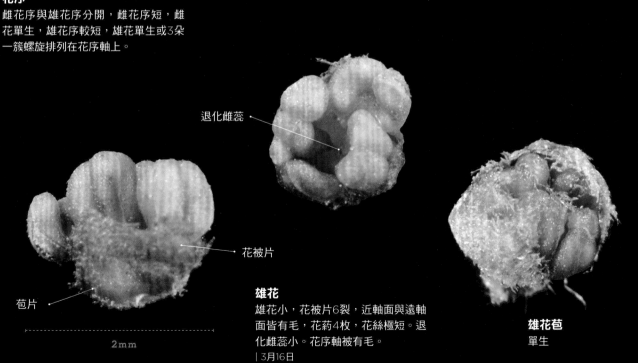

退化雌蕊

花被片

苞片

雄花
雄花小,花被片6裂,近軸面與遠軸
面皆有毛,花藥4枚,花絲極短。退
化雌蕊小。花序軸被有毛。
| 3月16日

雄花苞
單生

葉緣呈波浪狀

較小的

常見的橢圓形
成熟葉
| 3月17日

波緣葉櫟葉下表面
SEM影像

也有少數葉緣波狀
較不明顯的

10.5cm

上表面

下表面

波緣葉櫟葉在枝條的排列為螺旋狀互生，托葉兩片對生，早落。葉片薄革質至革質。第一側脈於葉下表面略為凸起，約6~9對。葉緣為波狀緣，較特殊且易辨認。葉形狀大小穩定，倒卵狀橢圓形至橢圓形，先端尾狀漸尖，基部楔形，有的會略下沿。成熟葉上表面深綠色、光滑，下表面則有疑似極小鱗片或蠟質的附屬物，使呈灰綠或淡紅褐色。嫩葉由中肋的對折展開，紫褐色與綠色皆有，上表面與下表面則被毛，等成熟後會漸漸脫落。

嫩葉　　　　　托葉

嫩葉 | 4月4日

3cm

較大的

下表面

上表面

遲來的發現，數次與植物學家擦身而過

　　對許多植物玩家來說，波緣葉櫟是非常神秘而陌生的種類，因為她僅分佈在恆春半島幾處侷限的生育地，而且直到了 1969 年時才由廖日京教授將她作為一新的特有種植物發表出來，算是臺灣橡實家族中第二晚被發現命名的成員。以 *repandaefolia* 作為種小名來命名，是用來形容她葉緣波浪狀的招牌特徵。除此之外，為了紀念發現這個新種的王仁禮先生，廖教授還稱她為仁禮櫟，這是大家鮮少知道的別稱，王仁禮先生是臺灣早期的植物分類學者兼自然科學繪圖的畫家。

　　不過其實早在廖教授發現波緣葉櫟之前，她已經被不同的研究者採集過了。根據臺灣大學與林試所植物標本館的館藏發現，1911 年 4 月，日籍的採集家古川良雄 (Furukawa) 在南臺灣的浸水營古道進行採集時，就帶回了波緣葉櫟的標本，這是最早的紀錄。而之

樹皮有縱裂的細紋。

後陸續還有 1930 年 12 月的工藤祐舜教授 (Yushun Kudo)、1951 年 11 月的鐘補勤、章樂民以及 1957 年 8 月的高木村、莊燦暘等前輩，也在浸水營一帶採獲波緣葉櫟的標本。但很可惜的，在當時這些標本不是被誤認為錐果櫟就是當作不知名的種類而沒有被重視到，靜靜的躺在櫃子中，直到幾十年後才又被世人所看見。不但如此，她號稱是臺灣最難取得的殼斗科堅果，就連廖教授當時在新發表波緣葉櫟文獻後許久，也還未曾見過她的果實模樣。但竟然在 1951 年 11 月採集的標本中，就有數份成熟果實的標本可供研究。直至目前為止，那依然是各標本館館藏中僅有的波緣葉櫟果實標本，所以對於形態分類與物候來說都是相當珍貴的資料。

尋找橡實的各種困難

　　尋找果實的過程並非都如想像般的順利，在面對不同的樹種時總會遇到各式各樣的問題。例如臺灣山毛櫸果實的豐年週期約 4-6 年才會有一次，而在歉收的年度時往往整片林子望去就是一顆果實也沒見著，因此若錯過了豐年要期待下次的結果或許就是好幾年後的事了。又例如：南投石櫟的果實都是結在非常高大的樹冠上，想要採集到果實接在枝條上的完整標本也相當不容易。其他還有浸水營石櫟、星刺栲零星散佈在樹林中，也要花費一些力氣才找出能夠開花結果的植株；槲櫟生育地則是在軍事管制區中，常常不得其門而入。

　　另外也有許多潛在的競爭對手，像猴子、松鼠等野生動物根本不等果實成熟就急著從樹冠上摘下來吃了，或者在你抵達之前其他採集者已把果實一掃而空。還有天氣也是個變因，大雨造成坍方使道路中斷或者颱風掃落幼果等等，所以都是需要集天時地利人和，才能有幸有緣與果實見上一面。而對我來說最煎熬的部份是在尋找、等待與她們緣份到來前

的那段時間，就深怕錯過難得相遇的那一次機會後，下次不知道會是何年何月了。假如問我在尋找拍攝這些橡實過程中難度最高的種類，我會認為是波緣葉櫟。

老天爺才能賜予的「緣」份

在我還未見過波緣葉櫟之前，就已經聽聞她果實取得非常困難，而當時關於果實的照片與描述更是寥寥可數，後來經過幾年時間才親身體驗到她真的是相當神秘的物種。

雖說波緣葉櫟已知的生育地僅侷限分佈在南臺灣特定地區，但她的植株並非稀少到難以尋找，因為若走過浸水營古道就會發現，步道沿途就有許多以波緣葉櫟組成的森林，而且從幼苗、灌木、小喬木至優勢的大喬木都有，似乎在族群更新上沒有太大問題。另外這也說明了早期的植物研究者雖不認識她，卻為何多能夾帶她的標本回來，所以最初以為要採獲果實應該不成問題。但後來發現，不是整片林子的波緣葉櫟都不開花，不然就是好不容易有找到有開花的植株卻在結果期尋不到成熟果實，僅看過一次發育中的小果而已。就這樣子在觀察三年的期間，其他種類的橡實都已經漸漸搜集齊全，就唯獨波緣葉櫟完全沒有頭緒。而第四年多在整理照片與資料，戶外拍攝的次數減少很多，好像找到波緣葉櫟果實的機會越來越渺茫。就在那年的九月份學長說有棵被標記為「臺東石櫟」的樹木邀我一

被颱風吹落的波緣葉櫟樹枝上，就有著發育中的幼果。

以波緣葉櫟為優勢的森林，樹形為多幹叢生狀或明顯主幹者皆有

運用望遠鏡挑選想要
採集的枝條，盡量把
採集量減到最低。

同勘查鑑定，旅費住宿由他負責，我聽到不用出錢，加上已經許久沒有出門，當然是一口答應，於是就抱著旅遊的心情連望遠鏡、高枝剪都不帶了，背著相機就前往。

當抵達所謂的「臺東石櫟」，我們端詳了一會兒，一致認為是波狀葉緣不明顯的波緣葉櫟，在附近還有不少她的族群，應該只是烏龍一場。當一切都如意料中要往回走時，沿途在步道旁看到一頗粗的斷枝上還有許多枯葉，習慣性的走近看一眼，哇不得了！是波緣葉櫟，而且上面結著好多發育中的幼果，應該是被八月強颱掃斷從樹冠上掉落的，三年來毫無所獲竟然在這不期而遇，上方的母樹肯定還有果實吧？但樹冠太高怎麼也無法以肉眼見得，這時才開始後悔沒帶望遠鏡，這可是我唯一一次外出看樹沒帶望遠鏡，就碰上這麼重要的事。最後只好舉高相機把可疑的樹冠拍一遍，回家再用電腦格放到最大慢慢檢視有沒有果實了。

後來從照片發現疑似果實的影子，增強了信心，為以防萬一只能提早採集，於是10月中就懷著忐忑緊張的心情，帶著拍照、採集與爬樹等各種裝備出發。那天採集過程非常順利，當下腦海裡就只有謝天謝地，感謝老天眷顧這一「波」三折的「緣」份終於到來，讓我親眼見到夢想中的波緣葉櫟果實，糾結許久的心願也終於解開。

白背櫟

別名 | 裏白樫、東亞柳葉青岡
學名 | *Quercus salicina* Blume

LC 無危

當年成熟葉

15cm

休眠雌花序

當年生枝條

去年生之條

發育中果實

帶果實的枝條
在去年生枝條上有發育中果實，
當年生枝條上有休眠的雌花序。
| 9月24日

分佈		**物候**	
分佈於韓國、日本。在臺灣於北部低海拔山區偶爾可見，如：皇帝殿、二格山、陽明山、半平山、孝子山、筆架山等，海拔約350-700m左右。		常綠樹。3月初為抽芽期，花葉同出。盛花期約在3-4月間，果實於隔年11-12月成熟。	

宿存雌花

基部有凸起的柱座，有的凸起較不明顯。

柱座

上有同心環的線痕。果皮先端有稀疏的毛。

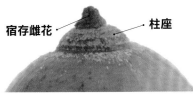

宿存雌花 ・・・・・ **柱座**

殼斗與同心圓

殼斗上小苞片癒合成環狀，有的也會裂開成鋸齒，被灰色的短毛，殼斗上緣則有長毛。

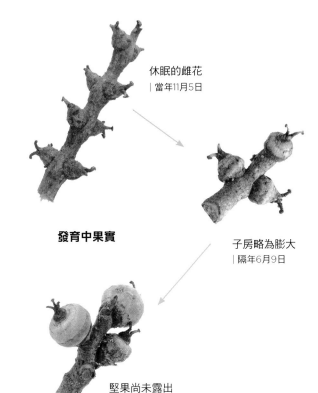

休眠的雌花
| 當年11月5日

發育中果實

子房略為膨大
| 隔年6月9日

堅果尚未露出
| 隔年8月6日

宿存雌花

堅果

殼斗

1cm

熟果

果實單生，堅果形狀多呈圓球形或橢圓形。成熟時為褐色帶深色縱紋，內有種子一枚。殼斗杯狀，包被堅果1/2至1/3。

殼斗俯視
殼斗內壁有短毛

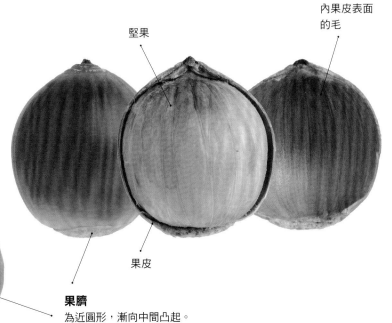

內果皮表面的毛

堅果

果皮

果臍
為近圓形，漸向中間凸起。

狹葉櫟

別名｜柳葉青岡、狹葉椆，狹葉高山櫟、臺灣窄葉青岡
學名｜*Quercus stenophylloides* Hayata

LC 無危　**特**

23cm

帶果實的枝條
在去年生枝條上有發育中果實。
｜10月22日

分佈

臺灣特有種。普遍分佈於中央山脈中海拔地區，海拔約800-2800m左右。

物候

常綠樹，3-4月為抽芽期，花葉同出。主要盛花期約在4-5月中，果實於隔年11-12月間成熟。

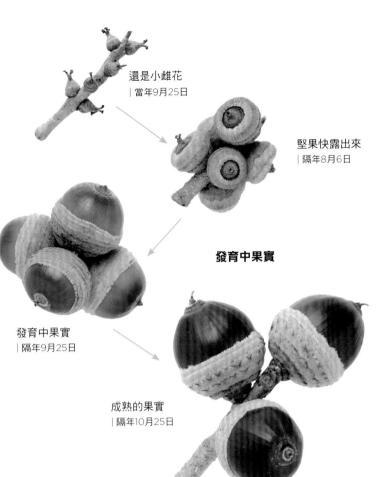

還是小雌花
| 當年9月25日

堅果快露出來
| 隔年8月6日

發育中果實

發育中果實
| 隔年9月25日

成熟的果實
| 隔年10月25日

宿存雌花
基部有凸起的柱座。

柱座
上有同心環的線痕。果皮先端有稀疏的毛。

宿存雌花 — **柱座**

殼斗與同心圓
殼斗上小苞片癒合成環狀，有的會裂開成
鋸齒，被灰色的短毛，殼斗上緣則有長
毛。

其他形態的果實
圓錐形的

3.5cm

熟果
果實單生，堅果形狀變化
多，扁球形、圓球形、橢圓
形、圓錐形皆有。成熟時為
深褐色，內有種子一枚。
殼斗杯狀，包被堅果1/2至
1/3，偶爾會遇見殼斗邊緣
呈波浪起伏的果實。| 11月3日

宿存雌花

堅果

殼斗

種子

內果皮表面
的白毛

果皮

果臍
為近圓形，漸向中間凸起。

殼斗俯視
殼斗內壁有短毛

雌花序

當年生枝條

20cm

去年生枝條

雄花序

開花的枝條
花序與嫩葉同出，雄花序柔軟下
垂，於冬芽或嫩枝葉腋冒出，雌花
序則於近嫩枝先端的葉腋長出。
| 4月3日

去年生枝條
光滑無毛，褐色，圓形無
稜，有的褐色圓形皮孔。

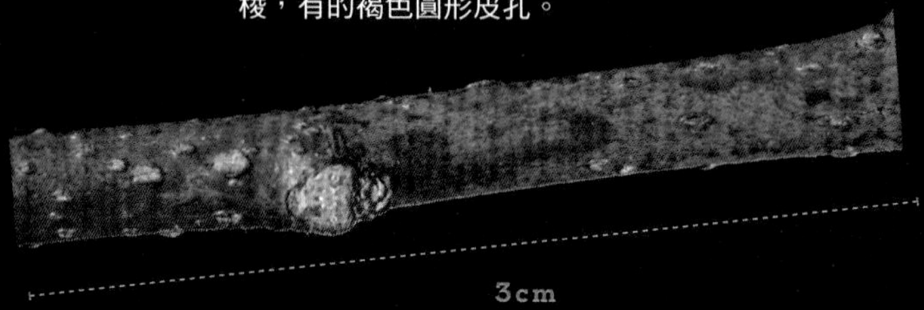

3cm

當年生枝條
被早落的毛。

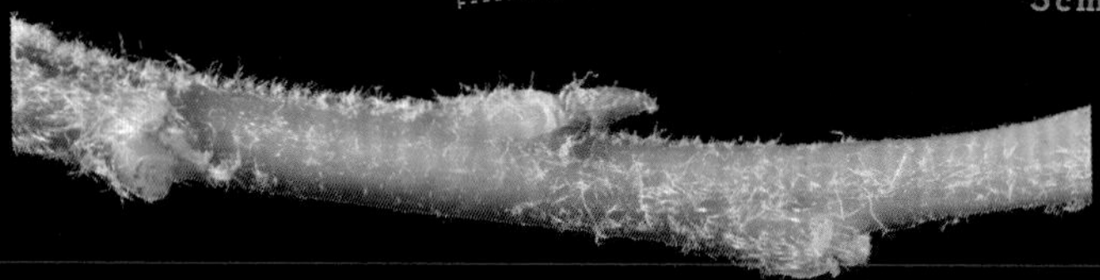

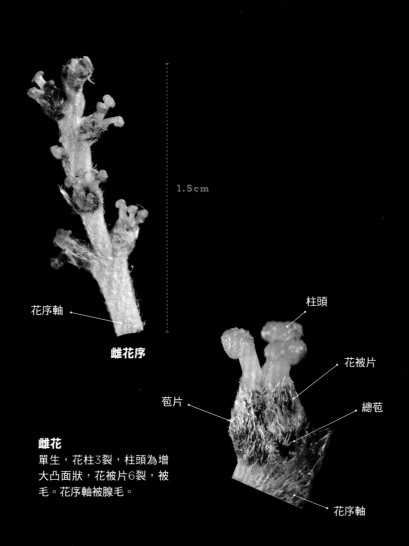

花序軸

雌花序

柱頭

花被片

苞片

總苞

花序軸

雌花
單生，花柱3裂，柱頭為增大凸面狀，花被片6裂，被毛。花序軸被腺毛。

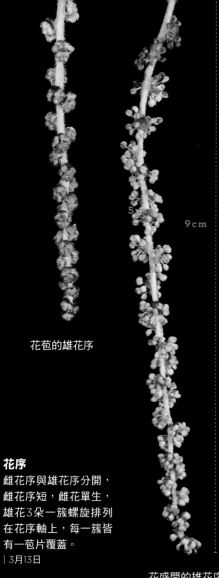

1.5cm

5

9cm

花苞的雄花序

花序
雌花序與雄花序分開，雌花序短，雌花單生，雄花3朵一簇螺旋排列在花序軸上，每一簇皆有一苞片覆蓋。
| 3月13日

花盛開的雄花序

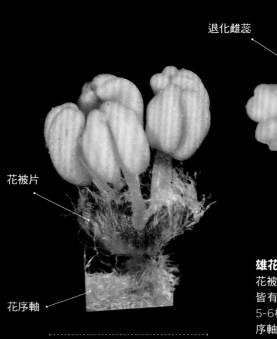

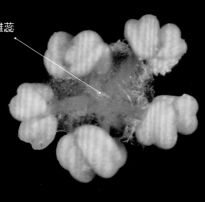

退化雌蕊

花被片

花序軸

3mm

雄花
花被片6裂，杯狀，近軸面與遠軸面皆有毛，但比狹葉櫟少一點，花藥5-6枚。退化雌蕊小，上覆有毛。花序軸被有毛。
| 4月4日

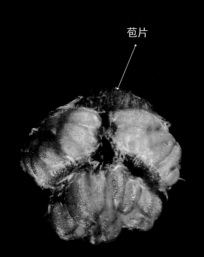

苞片

雄花苞
多為3朵一簇

當年生枝條

雌花序

嫩葉

去年生枝條

雄花序

15cm

去年生枝條
光滑無毛，褐色，圓形無稜，
有的褐色圓形皮孔。

3cm

當年生枝條
被早落的毛。

開花的枝條
雌花序與雄花序分開，雌花序短，雌
花單生，雄花3朵一簇螺旋排列在花序
軸上，每一簇皆有一苞片覆蓋。
| 4月5日

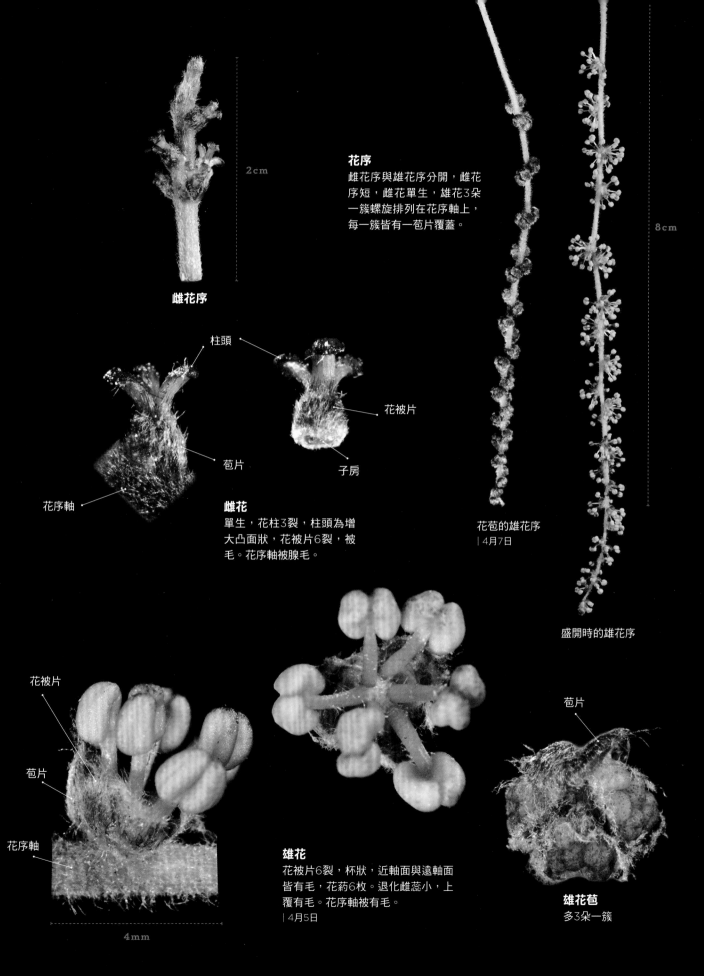

雌花序

2cm

花序
雌花序與雄花序分開，雌花序短，雌花單生，雄花3朵一簇螺旋排列在花序軸上，每一簇皆有一苞片覆蓋。

8cm

柱頭

花被片

苞片

子房

花序軸

雌花
單生，花柱3裂，柱頭為增大凸面狀，花被片6裂，被毛。花序軸被腺毛。

花苞的雄花序
| 4月7日

盛開時的雄花序

花被片

苞片

苞片

花序軸

雄花
花被片6裂，杯狀，近軸面與遠軸面皆有毛，花藥6枚。退化雌蕊小，上覆有毛。花序軸被有毛。
| 4月5日

雄花苞
多3朵一簇

4mm

7cm

有一層附屬物
（白背之因）
覆蓋於下表面

毛

白背櫟成熟葉下表面
SEM影像

歪斜嚴重的

**常見披針形的
成熟葉**
| 6月9日

下表面

嫩葉 | 4月21日

上表面

3cm

嫩葉

托葉

白背櫟

白背櫟葉在枝條的排列為螺旋狀互生，托葉兩片對生，早落。葉片革質。第一側脈於葉下表面凸起明顯，約13~14對。葉緣為粗鋸齒。葉形狀與葉下表面顏色變化少，多為披針形，先端漸尖，有的基部會略歪斜。成熟葉上表面深綠色、光滑，下表面則有白色的附屬物。嫩葉紫紅色與黃綠色皆有。整個嫩葉皆被毛，但葉成熟前即脫落殆盡，僅下表面會有短毛宿存。常綠樹。

狹葉櫟葉
披針形，該植株下
表面呈白色。
大禹嶺至梨山
| 9月25日

下表面

上表面

上表面

該植株葉皆狹長
葉下表面粉綠。
大雪山林道
| 9月29日

下表面

長橢圓形，該植株
下表面呈綠色。
大禹嶺至梨山
| 9月25日

10cm

下表面

上表面

狹葉櫟葉下表面綠色
SEM

狹葉櫟

狹葉櫟葉在枝條的排列為螺旋狀互生，托葉兩片對生，早落。葉片革質至薄革質。第一側脈於葉下表面凸起明顯，約10~16對。葉緣為粗鋸齒或葉脈突出，葉緣呈短芒刺狀，鋸齒先端會略向外擴。葉形狀與葉下表面顏色變化豐富，有橢圓形至長橢圓、橢圓狀披針形或寬線形，先端漸尖，基部漸尖至寬楔形。成熟葉上表面深綠色、光滑，下表面則有白色、粉綠色、綠色等視白色附屬物多寡不同的變化。嫩葉紫紅色與黃綠色皆有。整個嫩葉皆被毛，但等葉成熟前即脫落殆盡，僅下表面會有短毛宿存，下表面較白的葉子白色附屬物甚至會將毛包覆住。常綠樹。

狹葉櫟下表面白色之特寫

嫩葉 | 3月11日

下表面

上表面

4cm

較小的

呈菱形的

較大的

白背櫟與狹葉櫟 > STORY

　　常進出臺灣中海拔山區的朋友，應該會注意到一種蠻普遍殼斗科植物，她有個頗好辨識的特徵，就是葉子的第一側脈在葉緣會短短的尖突而出，十分特別。但她的葉形有橢圓形、狹長狀，而葉下表面有的極白、有的又是綠色的，讓人看得一頭霧水，摸不著頭緒，她就是外觀多變的狹葉櫟。而另外在臺灣北部郊山健行時，偶爾會在陽明山、二格山或者皇帝殿等登山路線旁，看到一種葉下表面也是極白的殼斗科植物，但其葉緣為粗鋸齒、葉片稍厚些且葉脈較少，似乎外型與狹葉櫟有所不同，且比較偏好稜線環境，那這就是白背櫟了。

日本的白背櫟

　　白背櫟最早是由荷蘭植物學家布魯姆 (Carl Ludwig von Blume) 於 1850 年所發表的新物種，模式標本採於日本且葉子極為細長，種小名 *salicina* 形容葉子像柳葉般。同時，他

還發表另一種青剛櫟的變種植物狹葉青岡 (*Q. glauca* var. *stenophylla*)，變種名 *stenophylla* 也是形容葉子狹窄，但比起白背櫟的模式標本還是寬了一些。後來又有日本學者將這一類植物再分出另外的兩個變種，顯示出其葉形豐富的變化，不過現在日本已經都將這 4 個分類群看作一大種不再細分了，就以最早發表的 *Q. salicina* 作為正確學名，並以「裏白樫」稱之，形容葉下表面白色特徵。

在日本白背櫟有個特殊的用法，將其枝葉曬乾切片後沖泡熱水當成保健茶或者中藥材，稱為「urajiro gashi 茶（裏白樫茶）」，據說有利尿、減少體內結石的功效，所以又稱「抑石茶」，甚至有藥廠還提煉白背櫟其中的成分做成膠囊生產，中名為「柳櫟浸膏膠囊（優客龍）」，頗具商業價值。

十分相近的白背櫟與狹葉櫟

而臺灣的白背櫟與狹葉櫟也是如日本的近親經歷過一些分分合合的處理。首先在 1914 年，早田文藏博士依據殖產局的植松健 (Kudo Uyematus) 在阿里山獲取的標本發表 *Q. stenophylloides* 一新種，就是我們現稱的狹葉櫟，且早田博士認為與日本的狹葉青岡相近，但臺灣者葉較厚在葉緣鋸齒也不同。1984 年沈中桴博士首次提出了葉下表面白色的族群與日本白背櫟為同種的看法，並將 1914 年早田博士的狹葉櫟併入為白背櫟，而對於本群植物

白背櫟之生育環境，多在臺北近郊山區的稜線上。

皇帝殿之白背櫟，葉下表面有很明顯白綠色附屬物，手指輕輕搓便會脫落。

狹葉櫟的新葉與老葉在葉下表面白色程度就有不同。

狹葉櫟鋸齒較不明顯，就形成短芒刺的葉緣。葉下表面較綠，白色附屬物甚不明顯。
攝於中橫公路

狹葉櫟

中葉下表面較不白者另歸類為一新種植物 *Q. liaoi*。之後廖日京教授也注意到白背櫟的存在，也比對不少來自日本的標本，但認為白背櫟只分佈在石碇皇帝殿、鹿場大山、大武山與浸水營等地，出現在中央山脈中海拔常見者都還是狹葉櫟，這是《臺灣植物誌》第二版的處理方式，也是先前比較主流看法。

而在2011年呂勝由博士於「臺灣橡實森林博覽會」年曆中將臺灣這一群植物，以大種觀全部視為與日本白背櫟同種，2014年林務局出版的《櫟足之地》從之。因此由上述可知，本群植物在葉形、葉下表面白色程度與葉緣特徵的多變性，但過去植物學者也只能依據這些少數特徵的差異做分類，確實十足困擾著分類學者與使用者。而依我的經驗，如果差別只有這些特徵，要去區分殼斗科植物本身就相當困難，例如葉緣、葉形隨不同族群不同環境也常產生種內的差異，葉下表面附屬物從很白至全綠的變化情形在殼斗科植物中也不算特例，長尾栲、大葉苦櫧、錐果櫟也都有類似顏色轉變狀況。

因此若將如皇帝殿之白背櫟族群視為適應北部低海拔丘陵地的族群，狹葉櫟則為廣佈中海拔族群，將她們合併為同種也是一種合理看法。但因為白背櫟、狹葉櫟自從過往傳統方式分類後，並沒有辦法解決分類上問題，而近期皆無再以新的研究工具發掘出新的證據與研究報告來解釋她們之間的親緣關係。因此在缺乏新的事證下，本書還是依據《臺灣植物誌》第二版先將白背櫟與狹葉櫟分作兩種介紹。

最前方樹葉反光的，是在山頂稜線面對強風樹勢低矮的白背櫟。

狹葉櫟花盛開期
間，被嫩葉染成
黃綠色的樹冠 。

短柄枹櫟

別名 | 思茅櫧櫟、青栲櫟
學名 | *Quercus serrata* Thunb. var. *brevipetiolata* (A. DC.) Nakai

EN 瀕危

當年生老葉

帶果的枝條
當年生枝條先端有成熟的果實。
| 11月13日

10cm

當年生的枝條

分佈

廣泛分佈於中國大陸。在臺灣稀少,只見於臺中和平區大甲溪上游一帶,如:裡冷林道、波津加山、東卯山、白毛山等,南投仁愛鄉也有些許分佈。海拔750-1300m左右山區。於2017《臺灣維管束植物紅皮書》中被列為國家瀕危(NEN)類別。

物候

落葉樹。2月為抽芽期,花序嫩葉同出。2月底至3月間為開花期,於12月底葉轉紅,陸續開始落葉。果實於當年11-12月成熟。

宿存的雌花
基部有柱座，柱座上有覆瓦狀排列的鱗片，靠近堅果尖端的果皮上被疏毛。

宿存雌花　　　　　**柱座**

殼斗與鱗片
鱗片薄，覆瓦狀緊貼排列在殼斗上，密被極短的毛。

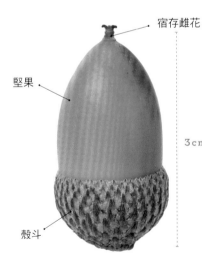

宿存雌花

堅果

3cm

殼斗

熟果
果實單生，堅果橢圓形，成熟為深褐色，內有種子一枚，子葉平凸，殼斗杯狀。
| 11月13日

果臍
為圓形的，漸向中間凸起。

| 當年5月31日

發育中的果實

露出堅果
| 當年8月24日

快要成熟果實
| 當年10月3日

其他形態的果實

長橢圓形的

卵狀的

種子

內果皮表面的白毛

果皮

去年生的枝條
褐色，有淺褐色圓形的皮孔，也有縱裂紋。

當年生的嫩枝
被稀疏早落的短毛，枝條圓形無稜。

2cm

嫩葉

當年生嫩枝

雌花序

雄花序

10cm

開花的枝條
花序與嫩葉同出，雄花盛開時嫩葉也剛展開，雄花序柔軟下垂，多從去年生枝條頂端的花芽冒出，少數則在嫩葉葉腋。雌花序則藏在嫩枝先端的葉腋，短而不明顯。

去年生枝條

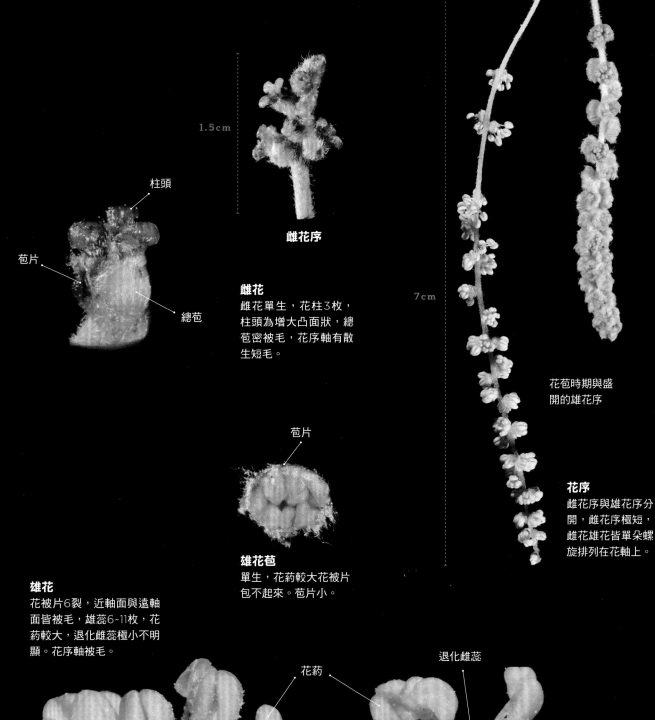

1.5cm

柱頭

苞片

總苞

雌花序

雌花
雌花單生，花柱3枚，柱頭為增大凸面狀，總苞密被毛，花序軸有散生短毛。

7cm

花苞時期與盛開的雄花序

苞片

雄花苞
單生，花藥較大花被片包不起來。苞片小。

花序
雌花序與雄花序分開，雌花序極短，雌花雄花皆單朵螺旋排列在花軸上。

雄花
花被片6裂，近軸面與遠軸面皆被毛，雄蕊6~11枚，花藥較大，退化雌蕊極小不明顯。花序軸被毛。

花藥

退化雌蕊

花序軸

花被片

4mm

短柄枹櫟成熟葉下表面
SEM影像

下表面

**較常見倒卵形
的成熟葉**
| 8月24日

10cm

上表面

較小的

較圓的

鋸齒
近齒狀的

短柄枹櫟的葉子在枝條上為螺旋狀互生，越接近
枝條先端的葉子節間越短，有些叢生狀的感覺。
托葉兩片對生早落，葉片紙質，第一側脈明顯，
約10~13對，葉緣為鋸齒略向內彎的鋸齒緣，葉多
為倒卵形或偶有橢圓形，葉先端短突尖或漸尖，
基部漸尖、圓鈍或耳形，葉柄極短。成熟葉上表
面光滑，下表面表皮及中肋被短的單毛。嫩葉展
開前為由沿中肋向上表面對摺，上下表面皆被
毛。綠葉於1月時轉紅漸漸落光。

轉紅的落葉
| 1月18日

較細長的

嫩葉　　　　托葉

3cm

較大的

葉基耳形的

嫩葉
| 3月1日

下表面

上表面

短柄枹櫟 > STORY

<u>短葉柄的變種</u>

　　短柄枹櫟在臺灣是由日本植物學家中井猛之進 (Nakai Takenoshin) 於 1924 年所發表的新發現變種，種小名 *serrata* 為鋸齒緣之意。而承名變種在中國稱為枹櫟 (*Quercus serrata*)，她們之間差異僅在葉大小與葉柄長短而已，臺灣產的特徵為短葉柄，所以稱為短柄枹櫟，其變種名 *brevipetiolata* 就是形容葉柄短之意。而在臺灣還常以思茅櫧櫟來稱呼短柄枹櫟，思茅為雲南省普洱市的舊稱，曾是茶馬古道的重要驛站，也是西方採集家進入雲南採集植物的起點，或許由此故，有許多植物都被冠上思茅這名字。但有趣的是，在中國大陸卻不使用思茅櫧櫟這中文俗名，所以在臺灣這稱呼從何而來還需再考證。

冬季的紅葉陸續凋落。

也是瀕臨滅絕的落葉橡樹

　　短柄枹櫟一如槲樹、槲櫟等落葉橡樹在森林演替上屬於陽性樹種，需要較乾燥與些許干擾如崩塌落石頻繁之生育環境，所以生長環境都較嚴峻，因此數量少而分散且只在大甲溪與烏溪中游流域的山區才有分佈，紅皮書也將她歸類在瀕危的種類之中。不過其棲地陡峭、不適合開發，因此受人類活動威脅較小，目前還未有積極人為復育的計畫，加上本身有著生長快速、果實容易發芽的特性，在需要人為介入復育時難度也不高。

山裡的明星楊梅酒

　　某次在尋找短柄枹櫟時，遇見一對父子檔的原住民，爸爸在一處栽植楊梅的果園中砍草，兒子則揮舞捕蟲網忙著抓飛過的虎頭蜂，地上放一罐酒瓶就將捕獲到的虎頭蜂浸入酒瓶中。在山上遇見了人彼此總會聊上幾句話，他們親切的招呼問我怎麼會在這邊？要做什麼事呢？我就指著附近的短柄枹櫟說我正在幫她們拍照，那位爸爸就熱心分享道：「這種樹不多阿，好像就只在這附近有見過，她的小苗很奇怪跟一般樹不同，在土壤多的地方不會活，反而石頭地長的比較好，因為有石頭排水才好，一積水她就死掉了，所以喜歡在陽光多的石坡或稜線上。」聽到這段話，我心中深感佩服，簡短幾句話就形容出這種樹選擇棲地的特性，大概也只有天天在山上與大自然相處，才能鍛鍊出如此這般觀察力。

樹皮灰白有黑色溝裂。春天出芽時，還有少許未落盡的老葉。

接著他就問我：「你不覺得我很眼熟嗎？」通常我被問到這個問題都蠻緊張的，深怕是先前有見過面，如今卻認不出來的人，我愣住幾十秒鐘，他看我答不出來，又問我有沒有看過賽德克巴萊？我點點頭，這可是那時大家都在討論的電影呢！但，他見我還是看不出來就自己揭曉了謎底，原來他是飾演莫那‧魯道父親的曾秋勝先生，那身全副武裝背著割草機汗流浹背的做事人，竟然是當紅大螢幕的重要演員，恍然大悟的我開心的架起腳架與他們父子合照留念。

我好奇問他果園裡為何是種果肉少的臺灣原生楊梅 (*Myrica rubra*)，而不是大而多汁的大陸種呢？他解釋小果的楊梅是為了釀酒所種的，果肉少製作時比較不會失敗，且香氣十足，連魏德聖導演都讚不絕口。說完就拿出清澈如高粱的東西讓我品嘗一口，瓶蓋打開時楊梅的果香早已撲鼻而來，而入喉後出奇順口，還有令人驚豔的果酸味，至今我仍難以忘懷。

短柄枹櫟常零星分散在山頭的稜線上，有時會和松樹、楓香、栓皮櫟等樹混生在一起。

毽子櫟

別名 | 毽子椆、雲山青剛、雲山椆
學名 | *Quercus sessilifolia* Blume

LC 無危

當年生的枝條

15cm

去年生老葉

去年生的枝條

帶果的枝條
去年生枝條先端有近熟果，也有老葉，當年生枝條春季無花。

分佈

分佈於日本與中國大陸江蘇、浙江、江西、福建、湖北、湖南、廣東、廣西、四川、貴州等省。在臺灣多分佈於新竹、宜蘭以北地區，屏東浸水營古道也有少量族群，海拔約450-1900m左右。

物候

常綠樹。3月底為抽芽期，花序與嫩葉同出。4月中為開花期。果實於隔年11-12月成熟。

發育中的果實

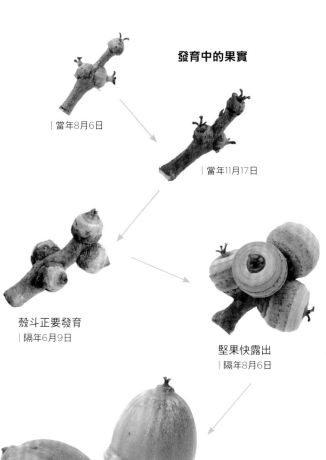

| 當年8月6日

| 當年11月17日

殼斗正要發育
| 隔年6月9日

堅果快露出
| 隔年8月6日

快成熟的果實
| 隔年9月28日

2cm

熟果
果實單生,堅果多為
寬橢圓形,成熟為深
褐色,內有種子一
枚。殼斗杯狀,包覆
堅果約1/2。
| 11月16日

CHECK

宿存的雌花
有柱座,基部有同心環的線條,不甚明
顯。果皮上有易搓落的毛。

宿存雌花

柱座

殼斗與同心環
殼斗上小苞片癒合成環狀,有時為全緣有
時會裂開形成鋸齒,密被褐色短毛。同心
環的交疊處則有較長的毛。

宿存雌花

堅果

殼斗

1.8cm

種子

果皮與種皮
間的白毛

種子

果臍
為圓形,略向中間凸起。

殼斗俯視
接觸堅果的裡側
也密被金色,但
較森氏櫟短。

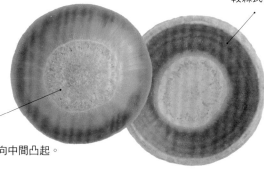

雌花序

還略為反捲
的嫩葉

當年生的嫩枝

老葉

去年的雌花序

去年生的枝條

雄花序

開花的枝條
花序與嫩葉同出，雄花序柔
軟下垂，多於老枝先端的冬
芽所冒出，雌花序則於近嫩
枝先端的葉腋長出。
| 4月19日

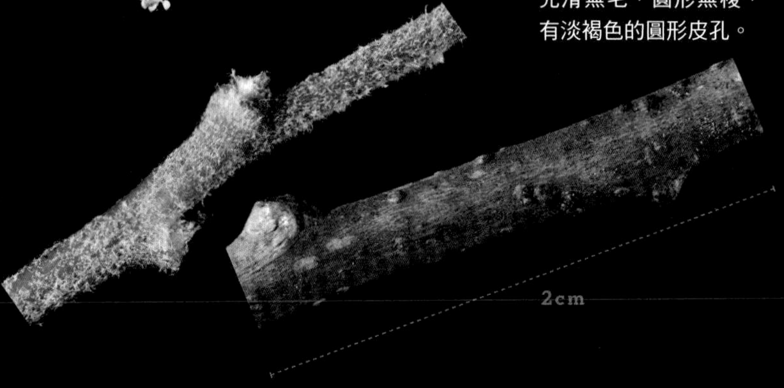

15cm

去年生的枝條
光滑無毛，圓形無稜，
有淡褐色的圓形皮孔。

當年生的枝條
密被白色星狀毛，早落。

2cm

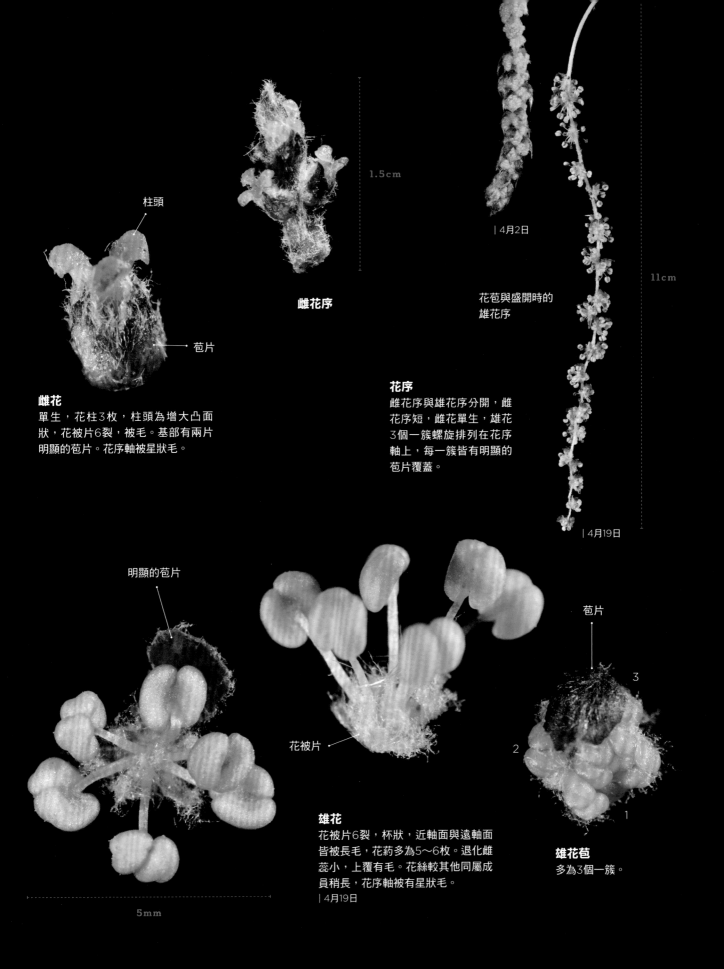

1.5cm

柱頭

苞片

雌花
單生，花柱3枚，柱頭為增大凸面狀，花被片6裂，被毛。基部有兩片明顯的苞片。花序軸被星狀毛。

雌花序

| 4月2日

11cm

花苞與盛開時的雄花序

花序
雌花序與雄花序分開，雌花序短，雌花單生，雄花3個一簇螺旋排列在花序軸上，每一簇皆有明顯的苞片覆蓋。

| 4月19日

明顯的苞片

苞片

3

花被片

2

1

雄花
花被片6裂，杯狀，近軸面與遠軸面皆被長毛，花藥多為5～6枚。退化雌蕊小，上覆有毛。花絲較其他同屬成員稍長，花序軸被有星狀毛。
| 4月19日

雄花苞
多為3個一簇。

5mm

常見倒卵形的成熟葉
| 11月15日

上表面

下表面

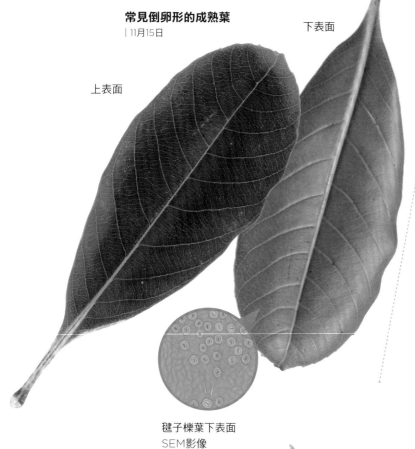

全緣的萌蘗葉

11.5cm

邊緣明顯反捲的

鍵子櫟葉在枝條的排列為螺旋狀互生，托葉兩片對生早落，葉片革質至厚革質，中肋於上表面略凹，於下表面凸起，第一側脈明顯，在下表面略凸，約8~13對。葉緣近先端處有2~5對的細鋸齒，兩側邊略反捲，葉形倒卵形至長橢圓形，先端漸尖，基部下沿楔形，使得有些葉柄變的極短。成熟葉上表面深綠色，下表面稍淺之綠色，皆光滑。嫩葉未展開前為兩側邊向下表面反捲，淡綠色，密被白色的毛，早落。

鍵子櫟葉下表面
SEM影像

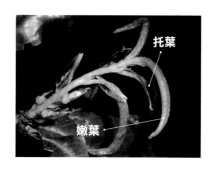

托葉

嫩葉

7cm

上表面

嫩葉 | 4月2日

下表面

反捲的葉緣

較小尾巴較長的

長橢圓形葉柄短的，
也是另一常見的葉形

沒有葉柄的櫟樹

　　毽子櫟最早是由荷蘭植物學家布魯姆 (Carl Ludwig von Blume) 於 1850 年所發表的新物種。布魯姆斯雖然沒有到日本採集植物，但透過研究標本的方式，發表描述許多日本的植物種類，裡頭也包含 16 種與 27 個變種的殼斗科植物，而臺灣也有的種類如栓皮櫟、赤皮、白背櫟、黑櫟、槲櫟與本文的毽子櫟也都是布魯姆當時研究的成果。毽子櫟的種小名 *sessilifolia* 為葉子沒有葉柄之意，不過並非真的沒有葉柄，只是有些葉子的葉柄較短或葉身下延，使的葉柄不甚明顯，所以「葉無柄」不是毽子櫟主要的特徵。

毽子的由來

　　「毽子」之名主要來自日本稱呼她為「衝羽根樫」，形容葉子上翹叢生於枝條先端的模樣很像羽毛毽，因此中文也用這概念稱之為毽子櫟。這個「毽子」特徵在南部的臺灣石櫟、

柳葉石櫟與嶺南青剛櫟等東北季風吹襲的樹種上皆可看見,除此之外葉片較厚、葉緣會反捲也是她們共同的特徵,顯示檟子櫟也具備抗風的潛力。無獨有偶,檟子櫟分佈的範圍頗為特殊,多集中在臺灣新竹、宜蘭以北的山區,而中部地區則無分佈,直到南部的大漢山才又出現少量族群,形成南北不連續分佈的現象,恰好也是在受東北季風影響較多的區域。

以殼斗科果實偏大而需要哺乳動物幫忙做短距離傳播的特性,要跳過中部地區直接做南北遠距離傳播的機會極低,因此推測會造成南北間斷分佈的原因可能有兩種,第一是不同的冰河期循不同路徑由中國大陸進入臺灣而先後抵達南北不同棲地,第二是中央山脈快速的隆起造成氣候改變,使的原本廣佈的植物分別向南北退避至適宜的棲地。這個謎題,還需要更深入的研究,線索也許就藏在檟子櫟身上的基因吧。因此我認為,除了要保護野外植物的個體棲地之外,還須注意若為了復育植物而引進不同種源的外來個體,就可能使當地原生個體的後代受到基因汙染,要儘可能減少人為影響使的南北不同種源的個體基因互相交流,因此要復育該地的物種即採用當地母樹的種子才是最好選擇。

檟子櫟 VS. 森氏櫟

森氏櫟是廣佈在中央山脈中海拔地區雲霧林帶裡常見的樹種,其果實與檟子櫟外觀幾乎無異,因此常常被拿出來詢問比較。而這兩者的分佈位置大多是有分別的,檟子櫟多在北部地區 1800 公尺以下,而森氏櫟則在中部地區 1800 公尺以上,但在桃園、新竹與宜蘭

低海拔處受強風吹襲下較低矮的檟子櫟。

中海拔背風面生長較為高大。

的中海拔山區就皆有分佈了。一般而言可以觀察幾個特徵將錐子櫟與森氏櫟做鑑別，例如錐子櫟葉柄較短、葉緣略反捲、葉先端鋸齒較細；森氏櫟葉柄較長、葉緣不反捲、葉先端鋸齒較粗等等。不過有時會因為植株本身特殊性或只能觀看到低矮的萌蘗葉，就出現形態介於錐子櫟與森氏櫟之間難分難辨的葉子，有些野外經驗老到的生態調查學者還戲稱她為「森錐櫟」，遇到時也只能舉手投降了。

因此以目前我的經驗，能有百分之百把握辨識出森錐櫟真面目的一刀斃命特徵，就只有那剛出芽的嫩葉了，錐子櫟的嫩葉葉緣是向下表面反捲，而森氏櫟嫩葉是向上表面對折的。各位若遇到森錐櫟時，只要季節對的話，可以特別留意觀察她們的嫩葉喔。

高山櫟

別名 | 刺葉高山櫟、臺灣刺葉櫟、鐵橡樹
學名 | *Quercus spinosa* David ex Franch.

LC 無危

當年生枝條

10cm

去年生的枝條

帶果的枝條
當年生的枝條，有時先端會藏有
雌花序。去年生枝條上有熟果。
| 10月10日

分佈

分佈於緬甸與中國陝西、甘肅、江西、福建、湖
北、四川、貴州、雲南等省。在臺灣分佈於高海拔
山區，如南湖大山、雪山、阿里山、玉山、大禹
嶺、北大武山，多在海拔2400-3100m左右。

物候

常綠樹。5月初為抽芽期，
花葉同出。盛花期約在5-6
月間，果實於隔年10-11月
成熟。

宿存的雌花

基部有柱座，柱座上有不明顯的覆瓦狀排列的紋痕，靠近堅果尖端的果皮上被毛極少，幾乎光滑，有時會下凹。

宿存雌花

柱座

殼斗與鱗片

小苞片呈鱗狀，覆瓦狀緊貼排列在殼斗上，密被極短的毛。

還是雌花型態
| 當年10月23日

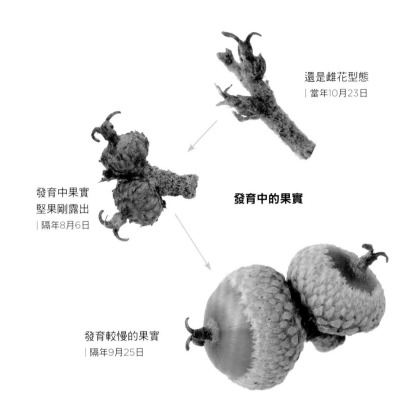

發育中果實
堅果剛露出
| 隔年8月6日

發育中的果實

發育較慢的果實
| 隔年9月25日

宿存雌花

柱座

堅果

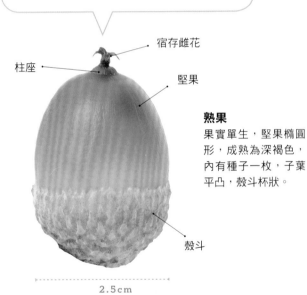

熟果

果實單生，堅果橢圓形，成熟為深褐色，內有種子一枚，子葉平凸，殼斗杯狀。

殼斗

2.5cm

尖端從果皮
鑽出的胚根

其他形態的果實

還在樹上即已發芽的果實。

殼斗俯視

種子

內果皮表面的棕色短毛

果臍

近圓形的，漸向中間凸起。

果皮極薄

太魯閣櫟

別名 | 無
學名 | *Quercus tarokoensis* Hayata

LC 無危　**特**

帶果的枝條
在當年生枝條先端
上有果實。
| 當年10月23日

10cm

分佈

臺灣特有種。分佈稍微侷限在幾個地區，以中
橫太魯閣、南橫嘉寶一帶較為有名，富里小天
祥、小鬼湖林道、宜蘭布蕭丸溪也有紀錄，海
拔250-1250m左右。

物候

常綠樹，3月初為抽芽期，
花葉同出。主要盛花期約
在3-4月初間，果實於當年
11-12月間成熟。

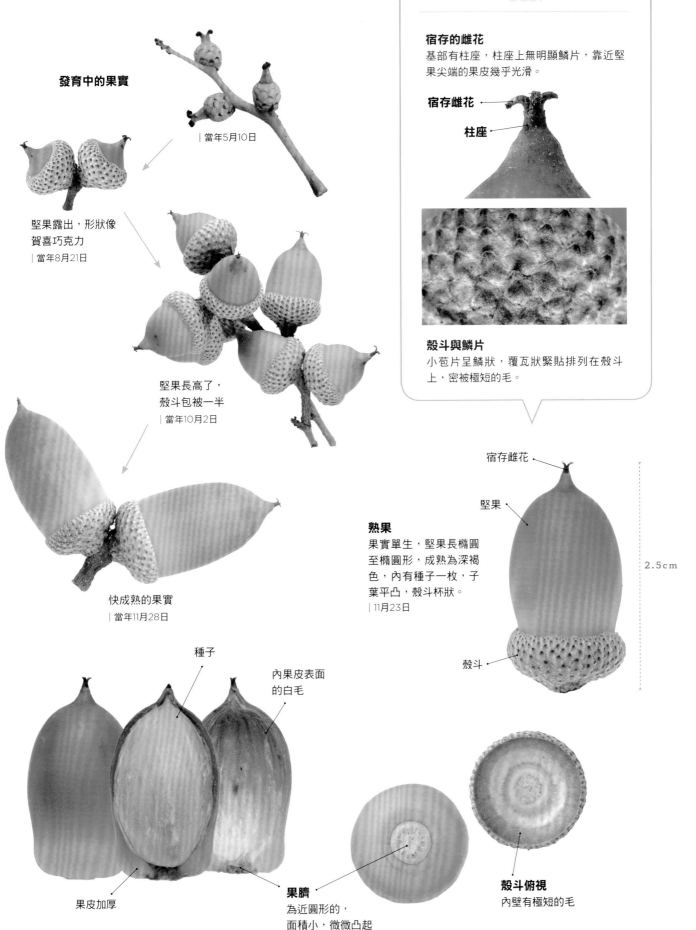

發育中的果實

| 當年5月10日

堅果露出，形狀像
賀喜巧克力
| 當年8月21日

堅果長高了，
殼斗包被一半
| 當年10月2日

快成熟的果實
| 當年11月28日

種子

內果皮表面
的白毛

果皮加厚

果臍
為近圓形的，
面積小，微微凸起

殼斗俯視
內壁有極短的毛

宿存的雌花
基部有柱座，柱座上無明顯鱗片，靠近堅
果尖端的果皮幾乎光滑。

宿存雌花

柱座

殼斗與鱗片
小苞片呈鱗狀，覆瓦狀緊貼排列在殼斗
上，密被極短的毛。

宿存雌花

堅果

熟果
果實單生，堅果長橢圓
至橢圓形，成熟為深褐
色，內有種子一枚，子
葉平凸，殼斗杯狀。
| 11月23日

殼斗

2.5cm

塔塔加櫟

別名 | 銳葉高山櫟、塔塔加高山櫟
學名 | *Quercus tatakaensis* Tomiya

LC 無危　**特**

當年生雌花序

當年生枝條

15cm

帶果的枝條
去年生枝條先端有近熟
果，老葉落盡。當年枝
條有休眠的雌花序。
| 10月24日

快成熟的果實

去年生枝條

分佈

臺灣特有種。分佈在宜蘭武陵農場，新竹鎮西堡、
司馬庫斯，中橫關原至洛韶、畢祿溪，嘉義楠梓仙
溪林道、塔塔加，南橫檜谷、天池等，海拔1200-
2700m左右。

物候

常綠樹，4月為抽芽期，花
葉同出。主要盛花期約在5
月間，果實於隔年10-11月
間成熟。

堅果尖端
基部有柱座，柱座上有極小覆瓦狀排列的痕跡。只有靠近堅果尖端的果皮上被疏毛。

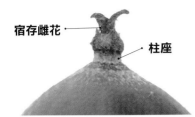

宿存雌花 — 柱座

殼斗與鱗片
小苞片呈鱗狀，覆瓦狀緊貼排列在殼斗上，密被極短的毛。

| 當年8月6日

發育中的果序
堅果快要露出
| 隔年8月6日

發育中的果實

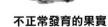

堅果露出一半，發育不好或是欠年的果實，只會發育到此。
| 隔年9月29日

宿存雌花

堅果

熟果
果實單生，堅果橢圓形，成熟為深褐色，內有種子一枚，子葉平凸，殼斗杯狀。
| 10月26日

2.5cm

殼斗

內果皮表面的白毛，較稀疏

果皮較薄

不正常發育的果實
| 10月24日

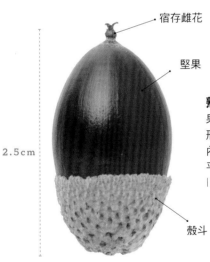

殼斗俯視
殼斗內壁有極短的毛。

果臍
為近圓形的，漸向中間凸起。

種子

去年生的老葉

嫩葉

雌花序

托葉

10cm

開花的枝條

花序與嫩葉同出，雄花盛開時嫩葉也剛展開，雄花序柔軟下垂，多從去年生枝條頂端的花芽冒出，少數於在嫩葉葉腋。雌花序則藏在嫩枝先端的葉腋，較不易發現。

| 6月9日

雄花序

去年生枝條

褐色，有宿存的星狀毛，有大而圓形白色的皮孔。

| 6月9日

當年生的枝條

被星狀毛，有些早落，枝條圓形無稜。

3cm

嫩枝上的水蜨狀星狀毛。

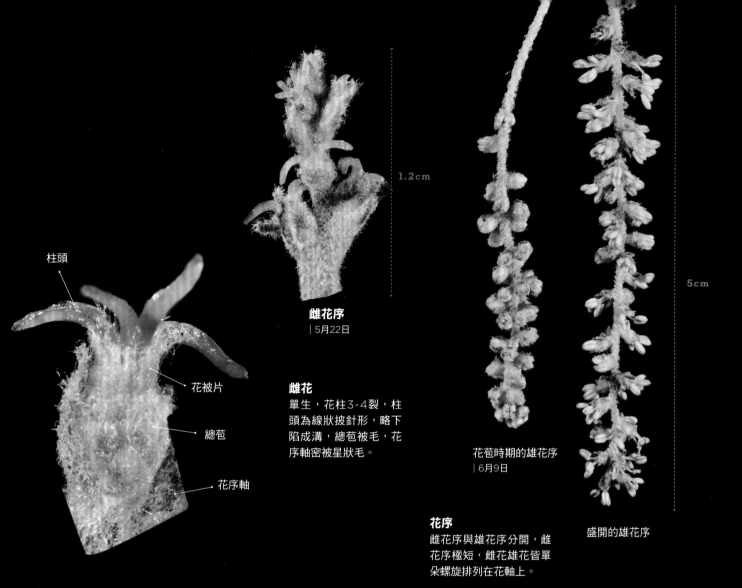

柱頭

花被片

總苞

花序軸

雌花序
| 5月22日

雌花
單生，花柱3-4裂，柱頭為線狀披針形，略下陷成溝，總苞被毛，花序軸密被星狀毛。

1.2cm

5cm

花苞時期的雄花序
| 6月9日

盛開的雄花序

花序
雌花序與雄花序分開，雌花序極短，雌花雄花皆單朵螺旋排列在花軸上。

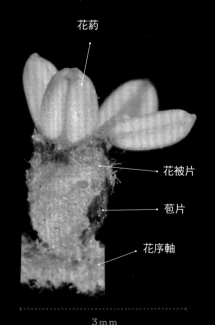

花藥

花被片

苞片

花序軸

3mm

雄花
花被片6裂，近軸面與遠軸面皆被毛，雄蕊多為4枚，花藥較大，先端有尖凸，退化雌蕊極小不明顯。花序軸被星狀毛。
| 5月22日

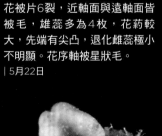

苞片

雄花苞
單生，苞片較小，密被毛。

嫩葉

雌花序

當年生枝條

雄花序

去年生枝條

開花的枝條
花序與嫩葉同出，雄花盛開
時嫩葉也剛展開，雄花序柔
軟下垂，多從去年生枝條頂
端的花芽冒出，少數則在嫩
葉葉腋，雌花序則藏在嫩枝
先端的葉腋，短而不明顯。

7cm

去年生枝條
褐色，有淺褐色圓形
的皮孔。

當年生的枝條
被稀疏早落的短毛，
枝條圓形無稜。

2cm

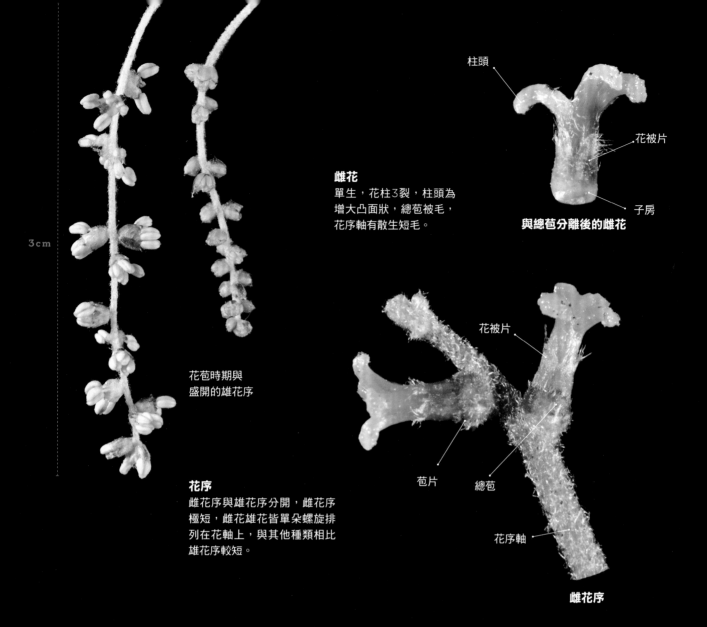

柱頭

花被片

子房

與總苞分離後的雌花

雌花
單生，花柱3裂，柱頭為
增大凸面狀，總苞被毛，
花序軸有散生短毛。

花被片

苞片

總苞

花序軸

雌花序

3cm

花苞時期與
盛開的雄花序

花序
雌花序與雄花序分開，雌花序
極短，雌花雄花皆單朵螺旋排
列在花軸上，與其他種類相比
雄花序較短。

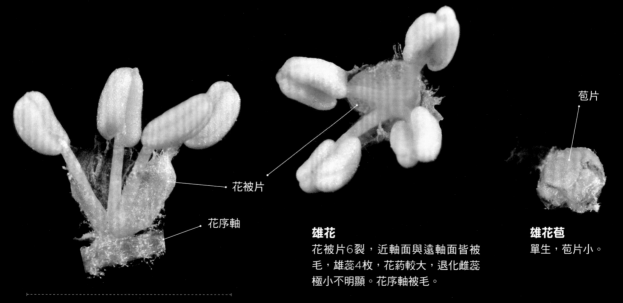

花被片

花序軸

苞片

雄花
花被片6裂，近軸面與遠軸面皆被
毛，雄蕊4枚，花藥較大，退化雌蕊
極小不明顯。花序軸被毛。

雄花苞
單生，苞片小。

4mm

雌花序

當年生枝條

嫩葉

去年生枝條

去年的雌花序

開花的枝條
花序與嫩葉同出，雄花盛開時嫩葉也剛展開，雄花序柔軟下垂，多從去年生枝條頂端的花芽冒出，少數於在嫩葉葉腋。雌花序則藏在嫩枝先端的葉腋，初始時短而不明顯，但會持續生長至5～6cm長。
| 5月7日

15cm

雄花序

去年生枝條
褐色，有淺褐色圓形的皮孔，小而不明顯。

| 5月13日

2cm

當年生枝條
被早落的星狀毛，枝條圓形無稜。

嫩枝上的水螅狀星狀毛。

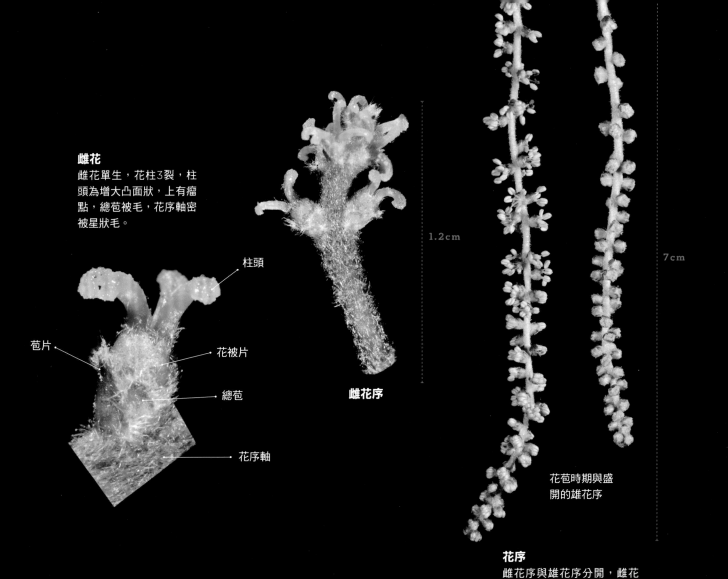

雌花
雌花單生，花柱3裂，柱頭為增大凸面狀，上有瘤點，總苞被毛，花序軸密被星狀毛。

柱頭

苞片

花被片

總苞

花序軸

1.2cm

雌花序

7cm

花苞時期與盛開的雄花序

花序
雌花序與雄花序分開，雌花序短，雌花雄花皆單朵螺旋排列在花軸上。

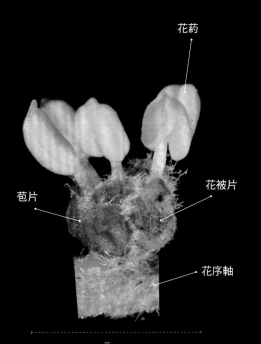

花藥

苞片

花被片

苞片

花序軸

3mm

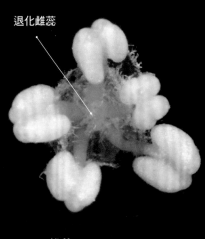

退化雌蕊

雄花
花被片6裂，近軸面與遠軸面皆被毛，雄蕊4-6枚，花藥較大，先端有尖凸，退化雌蕊極小不明顯。花序軸被毛。

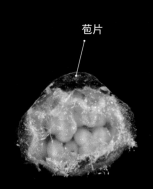

苞片

雄花苞
單生，花藥較大，苞片較小。

彎折呈之字型
的主脈

側脈會分岔

**常見卵圓形的
成熟葉**
| 9月6日

下表面

上表面

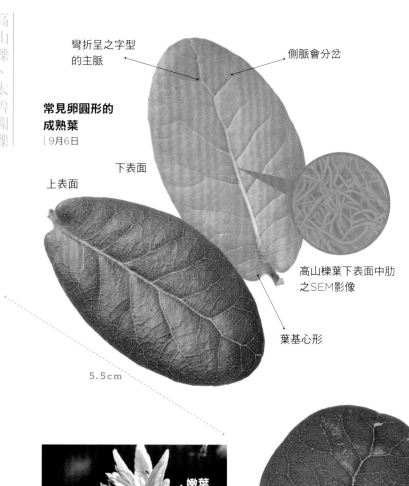

高山櫟葉下表面中肋
之SEM影像

葉基心形

5.5cm

葉緣有硬芒刺
在萌蘗枝或小苗至灌叢
的植株上極為常見，具
有保護作用，被稱為高
山櫟的二型葉。

較小的

高山櫟

高山櫟的葉子在枝條上為螺旋狀互生。
托葉兩片對生，早落，葉片革質。中肋
於上表面略凸起，於下表面凸起明顯，
靠近先端會呈之字形曲折，頗為特殊。
第一側脈於上表面凹下，於下表面稍微
凸起，近末端常會分岔，8～11對。正
常葉葉緣全緣，另有葉緣硬芒刺的二型
葉。葉多為卵圓形至或橢圓形，葉先端
圓鈍，偶有凹頭的，基部多為心形，偶
有圓鈍或平截。成熟葉上表面被疏毛、
下表面光滑，中肋或近葉柄處才密被水
螅狀的星狀毛。嫩葉未展開前為兩側邊
葉緣向下表面反捲，上表面被漸脫落的
疏毛，下表面則光滑。常綠樹。

托葉

嫩葉

略倒卵形的

上表面

嫩葉 | 5月8日

2cm

下表面

較大的

葉基
較圓鈍的

較大的

較小的

較圓的

嫩葉 | 3月20日

1cm

下表面

上表面

嫩葉表面有分泌紅色
物質之腺毛。

太魯閣櫟

太魯閣櫟的葉子在枝條上為螺旋狀互生，略顯凌
亂。托葉兩片對生早落，葉片薄革質至革質，
第一側脈於下表面凸起不甚明顯，近末端有時會
分岔，約10對，葉緣先端至1/2或基部為細鋸齒
緣，成短芒刺狀。葉多為卵形至或有時為橢圓
形，葉先端漸尖，基部淺心形，葉柄短。成熟葉
中肋近葉柄處及葉柄被水蟪狀的星狀毛，尤以中
肋兩側最為明顯。嫩葉展開前為由沿中肋向上表
面對摺，中肋於上下表面皆被可分泌紅色物質之
腺毛。常綠樹。

略為倒卵形

長橢圓形

嫩葉表面有
分泌紅色物
質之腺毛

托葉

嫩葉

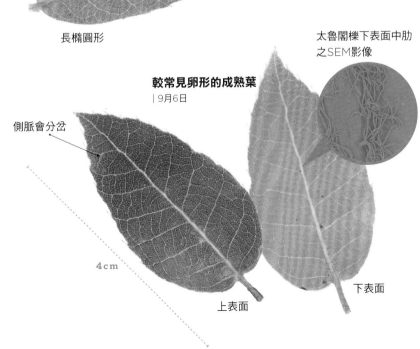

側脈會分岔

4cm

較常見卵形的成熟葉
| 9月6日

太魯閣櫟下表面中肋
之SEM影像

上表面

下表面

11cm

上表面

側脈經常分岔

**常見卵圓形的
成熟葉**
| 9月6日

下表面

塔塔加櫟葉下表面中肋旁
之SEM影像

葉緣前端細鋸齒

較大的

塔塔加櫟

塔塔加櫟的葉子在枝條上為螺旋狀互生。托葉兩片對生早落，葉片薄革
質至革質，第一側脈於下表面凸起明顯，近末端常會分岔，8～11對，葉
緣先端至1/2處為細鋸齒緣。葉多為長卵形至披針狀長矩形或偶有橢圓
形、卵形，葉先端漸尖，基部淺心形，變化頗為豐富。成熟葉下表面、
中肋及葉柄被水螅狀的星狀毛，尤以中肋兩側最為明顯，上表面則較光
滑。嫩葉未展開前為兩側邊葉緣向下表面反捲，下表面皆被毛，部份會
漸漸脫落。常綠樹。

比較卵圓的

較小的

下表面

3cm

嫩葉 | 5月7日

基部淺心形

上表面

塔塔加櫟

中橫三姊妹

在臺灣殼斗家族中，有三個種類的第一側脈走到接近葉緣時往往會開岔，這種葉脈型自成一格令人印象深刻，而且從中橫經過大禹嶺往花蓮方向下山，就能依海拔由高而低陸續觀察到她們。

首先過了大禹嶺行經合歡派出所抵達關原加油站，這是臺灣海拔最高的加油站，這段路線兩旁很容易就能發現高山櫟的身影，她也是臺灣海拔可分佈到最高的殼斗植物，在臺灣 3000 公尺以上的高山還能有她的身影。而高山櫟遠在喜馬拉雅山脈周邊高山的親戚更能到海拔超過 4000 公尺以上的高度，且在葉形、葉緣、葉之附屬物與果實形態變化非常豐富，衍生出不少相近種類。

在離開關原加油站後不久就能找到本文第二主角塔塔加櫟，她喜歡生長於溪谷兩側坡地，所以稍微注意公路兩旁的森林就很容易遇見她。塔塔加櫟最早是由臺北帝國大學

往南湖大山路上經過一
處高山櫟的群落。

正宗嚴敬教授 (Genkei Masamune)1940 年在《臺灣博物學會會報》所發表
的新物種,依據的是其大學部學生中村泰造 (Taizo Nakamura)1939 年 9 月
8 日在花蓮清水山所採集的標本,發表為 *Q. tarokoensis* var. *rugosa*,認為
是太魯閣櫟的變種。而 1944 年富谷十三雄也在《臺灣博物學會會報》發表
Q. tatakaensis 一新種植物,引證自己 1943 年 12 月 17 日在塔塔加所採的標
本。而這兩份標本皆是今日我們稱的塔塔加櫟,也是日本學者在臺灣所發表
的最後一種殼斗植物。但臺灣光復後塔塔加櫟不是被忽略就是被當成高山櫟
下的品型,因此還有了「銳葉」高山櫟一稱,這中文俗名讓初認識塔塔加櫟
的人有了先入為主的觀念,也加劇了名稱使用上的混亂,而至 1984 年沈中
桴博士之碩士論文才認為塔塔加櫟果實與葉子有自己穩定特徵,且與高山櫟
大不相同,應該是獨立種才合理。

1991 年時廖日京教授也捨棄先前的看法，將塔塔加櫟提升至種位階，並新組合學名為 *Q. rugosa* (Masamune) Liao，但在北美已經有 *Q. rugosa Née* 這個植物了，所以 1996 年後都改以富谷的 *Q. tatakaensis* 做為學名，種小名即產自塔塔加之意。不過現在《中國植物誌》仍將塔塔加櫟與高山櫟視為同種，尚待修正。

臺灣葉子最小的殼斗植物

最後這位主角也是臺灣殼斗植物中葉子最嬌小者，她就是太魯閣櫟。她分佈海拔較低，喜歡土壤淺薄多石頭的環境，大約經過洛韶後就陸續出現，到綠水、天祥、慈母橋附近族群頗多，且會發現她在一些地質脆弱不穩定的石頭崩塌地，或幾乎近垂直的石壁上還是能夠存活下來，顯現了極強的生命力！太魯閣櫟雖為特有種，但在日本、中國有烏岡櫟 (*Q. phillyraeoides*)、在中國雲南有炭櫟 (*Q. utilis*) 等相近物種，樹材皆相當堅硬，他們都是做薪炭材的高級材料。另外太魯閣櫟分蘗性強又耐修剪，也是合適的綠籬、盆栽樹種，值得推廣應用。

當年最早發現太魯閣櫟並採下標本的正是大量為臺灣植物命名的早田文藏博士。1917 年 4 月早田文藏博士來臺從事採集旅行，而殖產局的佐佐木舜一

往天祥路上必經過此株生長良好，樹冠優美的太魯閣櫟。

南橫嘉寶隧道附近太魯閣櫟極為優勢的森林，正處於嫩葉期。

先生也受命與他同行從花蓮港開始北上，經過太魯閣、走清水斷崖至南澳、蘇澳，在行經錐麓古道的巴達岡社時採集到了太魯閣櫟標本，隔年即在著作上發表這一新種植物，種小名 *tarokoensis* 為產於太魯閣之意。這也是早田博士所命名的臺灣殼斗科植物中，扣除重複命名後唯一一種是由他親自所採獲的。

雖然早田博士研究大量臺灣植物，但日本標本館中的研究工作與臺灣野外採集兩者難以兼得，因此多由採集者將標本寄送至東京供他研究的分工方式才得以完成調查臺灣植物的任務，但我相信只在標本館看標本是絕對無法滿足早田博士，因此他還是數次親身來到臺灣甚至是澎湖進行植物採集與研究。

環境條件惡劣，太魯閣櫟則矮縮成灌木貼伏於右上角石壁上。

高山櫟小片狀剝落的樹皮。　　　太魯閣櫟片狀剝落的樹皮。　　　塔塔加櫟不規則片狀剝落的樹皮。

高山櫟 VS. 塔塔加櫟

　　其實塔塔加櫟在 1940 年發表前已經被植物學家採集過數次了，只是都被鑑定為高山櫟。這兩個困擾分類學家幾十年的植物其實並不稀有也不難區分，只是僅看葉子真會以為只是高山櫟的一種葉形。從外觀比較，高山櫟葉卵圓形至橢圓形，先端圓鈍全緣，果序極短，果實先端柱座寬大；塔塔加櫟葉為長卵形，先端銳尖有細鋸齒，果序頗長，果實先端柱座較細窄。

　　另外還有個細微但重要的區別點，高山櫟雌花柱頭為線狀且下陷成溝，臺灣殼斗科中只有山毛櫸與高山櫟才有這特徵，而塔塔加櫟則為一般櫟屬常見的增大凸面狀的。因此我認為塔塔加櫟與高山櫟是完全不同的種類，甚至從柱頭的差異來看她們之間的關係可能比想像中的還要更遙遠，值得進一步再深入探討。

高山櫟　　　　　　　　　　　　太魯閣櫟

畢祿溪工作站
塔塔加櫟優勢
的群落。

栓皮櫟

別名 ｜ 軟木櫟、厚皮樹
學名 ｜ *Quercus variabilis* Blume

LC 無危

當年的小雌花

帶果的枝條
去年生枝條老葉落盡，有近熟果，當年生枝條葉腋處有休眠小雌花。｜10月24日

當年生枝條

當年生葉子

17cm

快成熟的果實

老葉落光的去年生枝條

<table>
<tr><th>分 佈</th></tr>
</table>

廣泛分佈於中國大陸、日本與韓國。在臺灣常見於海拔400-2200m左右山區。新竹新豐鄉則在海拔90m處也有栓皮櫟之族群，甚為特殊。

<table>
<tr><th>物 候</th></tr>
</table>

落葉樹。2月為抽芽期，花序嫩葉同出。2-4月間為開花期，於11月葉轉黃，1月底開始落葉。果實於隔年11-12月成熟，但新竹新豐低海拔族群則觀察到果實為當年熟之現象。

宿存的雌花

基部有柱座，柱座上有覆瓦狀排列的鱗片，密被毛。先端的果皮有毛，其他則幾乎光滑。

柱座 **宿存雌花**

殼斗與鱗片

小苞片覆瓦狀交疊於殼斗上，延伸為鑿子狀，肉質，密被有黃至黃綠色極短毛。

還是維持小雌花的狀態
| 隔年1月9日

總苞上的鱗片伸長了
| 隔年5月22日

發育中的果實

| 隔年8月5日

快要成熟的果實
像個小太陽
| 隔年10月1日

宿存雌花 堅果

熟果

果實單生，堅果圓球形至橢圓形，成熟時為褐色，內有種子一枚，子葉平凸。殼斗杯狀，成熟縮水後也會轉為褐色。

殼斗

2.5cm

其他形態的果實
堅果較突出的

果皮 種子 內果皮表面有毛

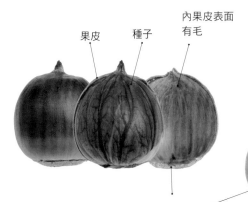

果臍

為圓形的，漸向中央凸起。

殼斗緊包瘦長的堅果

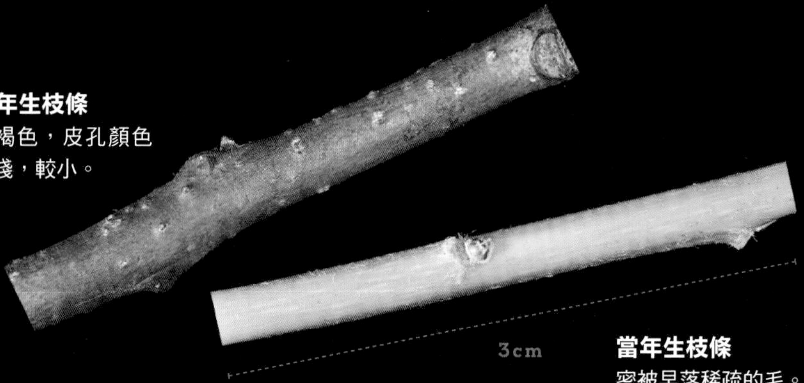

去年生枝條
灰褐色，皮孔顏色
稍淺，較小。

3cm

當年生枝條
密被早落稀疏的毛。

嫩葉

雌花序

托葉

15cm

去年生雌花

當年生嫩枝

去年生枝條

雄花序

開花的枝條
花序與嫩葉同出，雄花序柔軟下
垂，集中於老枝上的冬芽冒出，
雌花序藏於嫩枝的葉腋。

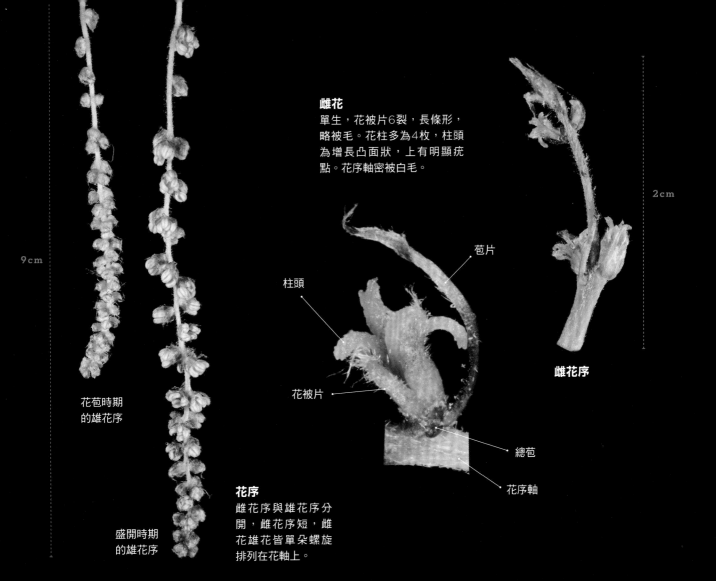

雌花
單生，花被片6裂，長條形，略被毛。花柱多為4枚，柱頭為增長凸面狀，上有明顯疣點。花序軸密被白毛。

2cm

柱頭

苞片

花被片

總苞

花序軸

雌花序

9cm

花苞時期的雄花序

盛開時期的雄花序

花序
雌花序與雄花序分開，雌花序短，雌花雄花皆單朵螺旋排列在花軸上。

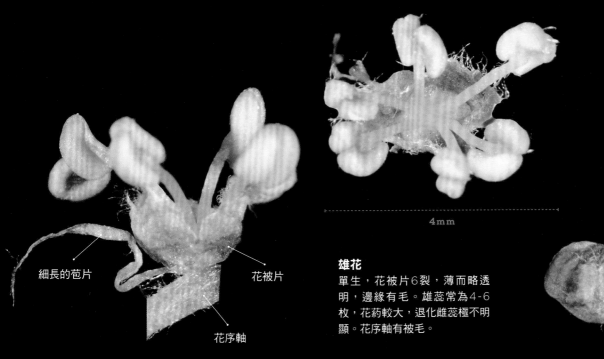

細長的苞片

花被片

花序軸

雄花
單生，花被片6裂，薄而略透明，邊緣有毛。雄蕊常為4-6枚，花藥較大，退化雌蕊極不明顯。花序軸有被毛。

雄花苞
單生。

軟芒刺

下表面

21cm

上表面

卵圓形，
也是萌蘗葉

較狹長的

較小的

常見的成熟葉
| 7月9日

栓皮櫟成熟葉下表面
SEM影像

轉黃的葉子
| 1月9日

栓皮櫟的葉子在枝條上為螺旋狀互生。托葉兩片對
生早落，葉片薄革質，第一側脈明顯，直達葉緣，
約14~16對，葉緣為軟芒刺的鋸齒，葉形變化大，
多為卵狀披針形至長橢圓形，葉先端漸尖，基部楔
形、圓鈍或淺心型皆有。成熟葉上表面綠色、光
滑，下表面密覆灰綠色的星狀毛，葉柄、中肋和側
脈幾乎光滑無毛。嫩葉為摺扇狀展開，上表面、中
肋和側脈有稀疏早落的毛，葉下表面則有灰白的星
狀毛。綠葉於1月時轉黃漸漸落光。

5cm

上表面

下表面

嫩葉
| 3月1日

長卵形的

較大的

葉緣芒刺極短，
在萌蘗枝或小苗常
見的葉形

摺扇狀嫩葉

芽鱗

雄花序

臺灣最成功的落葉橡樹

　　在臺灣橡實家族裡面，只有 5 種落葉性樹種，但像臺灣這樣潮濕溫暖的氣候條件下，使得原本適合在溫帶地區的落葉樹較難與常綠樹做競爭，所以他們不是集中在少數生育地，不然就是零星分散在環境較貧瘠之處，命運都相當坎坷，不過栓皮櫟卻是例外。

　　在一些氣候相對較乾燥、土石容易崩落的地區就常常能發現栓皮櫟的蹤影，有時穿插在落葉與闊葉樹的混生林中，有時與松樹林在一起，有時則以大片純林的景象出現，絲毫不像森林裡的弱勢族群。原來栓皮櫟有格外發達的木栓層，可以在樹上形成一層厚厚富有彈性的樹皮，這樹皮就是我們常用來做軟木塞的「軟木」，是一種天然的防火材料。

栓皮櫟與松木、多種落葉樹常綠樹所組成的混合林。

穿著防火衣的惡魔

當栓皮櫟穿上這身軟木外皮時，似乎就不懷好意的等待森林著火的那天，因為藉由林火才可以消滅她絕大多數的競爭對手，反正身上的防火衣可以讓她在大火後全身而退，再利用種子與萌蘗更新，快速成為火燒跡地的優勢者，形成栓皮櫟純林。但過一段時日沒有大火發生，慢慢一些耐陰性的闊葉樹種就能進入與之競爭，形成為一同混生的局面。假若太久都沒有森林大火，可以想像，栓皮櫟只能退出這場競賽，任由它種樹木接管了。

站在人類經濟、生命安全的觀點，或許會覺得森林大火是一場災難，但從生態上的角度會發現，自然發生的大火卻是如栓皮櫟、二葉松之類的樹木賴以生存的手段。從栓皮櫟反其道而行，利用大火扭轉逆境，浴火重生的故事，真讓人再次驚嘆大自然的無奇不有呢！

用途廣泛的環保素材

　　而軟木樹皮除了防火隔熱外還有許多優點，如：質地柔軟、耐磨、能吸收噪音、防蟲蛀、為可再生資源等等，也被列為一種環保的綠建材，頗具有利用價值。不過因為市面上的天然軟木並不是使用栓皮櫟的木皮，而是來自地中海一種名為西班牙栓皮櫟（*Quercus suber*）的植物，在採收軟木的過程雖不會讓樹木受傷，但每棵樹必須相隔約十年左右才能再採收，且大多都作為紅酒軟木塞，所以作為建材用途的數量並不多，價格自然也不便宜了。

　　栓皮櫟的木材也有用途，曾經在南投仁愛鄉遇見山上工作的賽德克族人，他們稱栓皮櫟叫做厚皮樹，以前會用她的段木來種香菇，而且因為常常會長出價格比較好的花菇，所以對她印象非常深刻。栓皮櫟果實也頗具觀賞性，因她的殼斗附屬物為黃綠色肉質鑿形向四周圍發散出去，從正面看起來十足像個熱情的小太陽，其造型在臺灣殼斗家族中相當吸睛。

疑似曾被火燒過的栓皮櫟，樹皮焦黑碳化，但樹木正常生長。

清境農場一帶冬季常見景象，葉落盡的栓皮櫟與青青草皮。

秋冬氣候乾燥之山區，以栓皮櫟為優勢的森林，於秋末變色時，比楓樹更加壯觀。

A. 蟾蜍山中神秘的黑櫟

臺灣黑櫟的緣起

　　《臺灣植物誌》第二版紀錄了 59 個殼斗科植物的分類群，在原生種中除幾個種類因廣泛分布有著豐富的形態變異，而產生一些如：紫背錐果櫟、谷園青剛櫟、細葉三斗石櫟、佳保臺圓果青剛櫟等較少被討論的變種與變型外，大多的種類都已經有確切的分布位置與採集紀錄；但還有兩個在種位階的分類群仍處於渾沌不清的狀態，一是臺東石櫟（*Lithocarpus taitoensis*），另一則是本文的主角「黑櫟」。

　　臺東石櫟因發表文獻的描述與模式標本有所出入，且和子彈石櫟、菱果石櫟這兩物種極為相似，造成在認定上的難題。而黑櫟則是自 1938 年之後就未在臺灣野外有過採集紀錄，因此不但甚少被提起，還留下她是否存在於臺灣的疑團，恰如其「黑」名一般的神秘，隱身在不為人知的角落。到底黑櫟是怎麼出現在臺灣？又是怎麼消失的？讓我們一同追溯前人的腳印，走進這團迷霧中探個究竟。

　　黑櫟（*Quercus myrsinifolia* Blume）在中國大陸稱為「小葉青岡」，在日本稱為「白樫（シラカシ）」。首次在日本被發現，由荷蘭植物學家 Blume 於 1850 年發表在其著作《Museum botanicum》一書中，種小名「*myrsinifolia*」為像竹杞葉的意思。根據 1999 年《中國植物誌》（Flora of china）紀錄，小葉青岡分布於日本、韓國、中國南方各省、越南、泰國以及臺灣，但又加註：「小葉青岡在臺灣是原生種而不是引進或栽培種的說法還不能確定」，顯然對於臺灣是否有原生的黑櫟存在表示懷疑。

　　而在日據時期重要的幾本植物文獻皆無黑櫟在臺的記載（註：1912 年「Bot. Jahrb. Syst., Pflanzengeschichte und Pflanzengeographie」47 卷已經將 *C. myrsinifolia* 列入，這是臺灣最早的黑櫟紀錄，但不知道引證標本為何），直到 1976 年由劉棠瑞與廖日京兩位教授所撰寫的《臺灣植物誌》第一版殼斗科部分，才首次正式將它列入，說明其在臺灣分布於臺北皇帝殿、新店、新竹鹿場大山、屏東大武山、浸水營等地，臺灣全島低至中海拔山區。但後來發現上述地區所產的其實並非黑櫟，而是白背櫟（*Quercus salicina*）與狹葉櫟（*Quercus stenophylloides*）這兩個極相似的種類。白背櫟與黑櫟在日本就常混生於低海拔的丘陵地，容易混淆，而中海拔山區的種類，則是現今認為的狹葉櫟（*Quercus stenophylloides*）。這個錯誤在《臺灣植物誌》第二版得到了修改，所以照理說黑櫟應該要從臺灣植物名錄中剔除，但為何現今的植物誌第二版還保留有黑櫟，並將分布地點改為宜蘭澳底貢寮一帶呢？這就要從 1938 年的一份標本開始說起。

　　在國立臺灣大學植物標本館（TAI）中，收藏了一份館號 036981，由中村泰造（Nakamura-Taizo）於昭和十三年八月十八日（1938.8.18）所採集的殼斗科標本，標本籤上寫著「Shiia Carlesii（Hemsl.）Kudo」，最初被鑑定為長尾栲一類的物種，採集地為「蟾蜍山（B 區）」。而標本上還有另一個由 C.F.Shen 所鑑定的學名「Cyclobalanopsis globosa」，乃沈中桴博士在研究所修業期間以臺灣產殼斗科植物的分類做為碩士論文，將臺灣的殼斗科植物做一詳細的整理。

　　沈中桴博士在 1981 年看到這份標本時認為是圓果青剛櫟，但經過三年時間於 1984 年 6 月論文完成後，於論文中的物種論述，明確的將黑櫟列為臺灣原產的植物，而引證的就是這份館號 036981 的標本，並認為這是他僅見在臺灣唯一符合黑櫟特徵的標本。或許是隨著資料與經驗的累積，讓他發現這份標本特別之處，在參考日本、中國大陸的標本與書籍後，也在論文中詳述了圓果青剛櫟與黑櫟在形態上不同之處，顯然這不是將自己鑑定為的圓果青剛櫟標本引證為黑櫟的筆誤，而只是改變決定後未再加上新的鑑定籤，因此至今這份標本就一直藏身在圓果青剛櫟的資料夾中（註：經我看過標本後，館方已將 036981 獨立放至在 *C. myrsinifolia* 資料夾中）。

另外值得一提的是，還有一份 1935 年採自烏來加母山館號 069639，被沈中桴博士在 1984 年四月中鑑定為黑櫟的標本，但後來的論文也未列入，我看過後覺得其與館號 036981 差異甚大，與皇帝殿的白背櫟標本較接近，因此或許是在論文完成前的兩個月，他對黑櫟才有更深入的理解。

論文中也對黑櫟產地做了未下定論的猜測：「據我所知，臺灣地名蟾蜍山者有兩處，其一在臺北市辛亥隧道上方，另一在新北、宜蘭縣界貢寮附近；圓果青剛櫟在貢寮確有分布，此二極接近之種同時出現於彼並不令人驚奇。」而這論文就是臺灣第一份記錄黑櫟的文獻。

此後，為 1996 年《臺灣植物誌》第二版殼斗科植物執筆的廖日京教授，或許就是根據沈博士的觀點也將黑櫟納入原生植物之列，並認為產地僅在宜蘭澳底的 Sanhsingishan（發音又似三星山，《臺灣維管束植物簡誌》中描述為黑櫟僅產宜蘭三星山。但三星山在太平山附近，澳底附近也並無三星山。所以我推測廖教授指的 Sanhsingishan 應仍是蟾蜍山）。此後則未再有關於黑櫟的新文獻出現。

廖日京教授在 1990 年投稿於臺大實驗林研究報告的一篇「臺灣殼斗科植物之學名之總訂正」中表示，沈中桴博士找出這份黑櫟標本後他也有去尋找，只是業已遺失。而廖日京教授，於 2003 年自行出版《臺灣殼斗科植物之圖鑑》，修改了植物誌第二版部分問題，並附有大量手繪圖，乃其對殼斗科研究幾十年來最新的理解。但該書依然認為黑櫟為臺灣原生物種，且於附註說明：「臺灣大學標本館內之中村、036981 標本，目前已遺失 30 餘年，不再採此標本。此標本經初島住彥暨山崎敬博士之協助提供樹木之葉片始瞭解。」仍認為該份標本已從標本館遺失。雖然廖日京教授未見過此標本，仍先採用沈博士之看法，而將黑櫟列於《臺灣植物誌》第二版中，也把這謎團繼續延伸下去。

臺大植物標本館館號 036981。

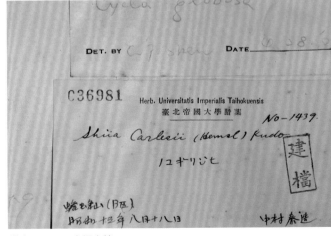

館號 036981 之標本籤。

黑櫟的身世之謎

　　經由這些標本與文獻，我們回顧了關於黑櫟的疑惑以及相關的分歧看法。從這些資料中我們也理解到，要查明黑櫟的身世，必須探究的基本問題是：

1. 沈中桴博士的鑑定是否正確？
2. 若鑑定是正確的，那該標本的採集地「蟾蜍山（B 區）」位於何處？
3. 現今採集地還有活株存在嗎？

　　對於第一個問題，我在臺大植物標本館網站初見 036981 的數位標本時，依葉形覺得有 3 種可能性：青剛櫟、圓果青剛櫟與黑櫟。青剛櫟葉形與堅果形狀變異範圍非常大，又常與圓果青剛櫟混生一處，造成在野外辨識的困難。但在分類上，青剛櫟與圓果青剛櫟是清楚可以區分的兩個種類，主要鑑別特徵在青剛櫟於開花時期，新生的幼葉葉背披白色絹毛，要一年以後才會落盡，幼枝則密被早落的短毛；而圓果青剛櫟的幼葉幼枝幾乎光滑而僅有稀疏早落的短毛。這區別在林渭訪與柳榗 1965 年新發表該種時已經明確點出。綜觀臺灣的青剛櫟亞屬（Subgenus *Cyclobalanopsis*）種類，也僅有圓果青剛櫟有此特徵。另一個明顯的鑑別特徵是青剛櫟堅果表面光滑無毛，圓果青剛櫟則披可搓落的短毛。

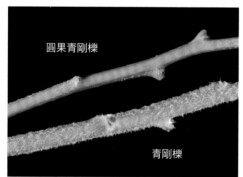

圓果青剛櫟與青剛櫟幼枝比較。　　圓果青剛櫟與青剛櫟幼葉葉背比較。

　　很幸運的 036981 這份標本有幼葉幼枝，經過在標本館檢視後，我認為應是光滑無毛的，因此可以將最麻煩、變異最多的青剛櫟先排除在外。但參考日本黑櫟的標本與圖鑑照片後，發現圓果青剛櫟這兩個關鍵的特徵是與黑櫟相同的，只能從葉片大小、鋸齒變異與葉脈對數去區別，因此沈中桴博士才會認為這兩個是極為接近之種。

　　而他在論文中也列舉出一些區別點，節錄如下：「圓果青剛櫟葉較小，尺寸變異不大，常為長卵圓至紡錘形，極端圓鈍，鋸齒粗大，中肋末端稍凸，表肋凹入，葉背白臘層薄至厚。黑櫟葉較大，尺寸富變異，卵圓至披針狀倒卵、或極長之矩圓形，極端尖細，鋸齒微小有時近無齒，表肋平坦，葉背白臘層甚薄。」比較後可發現，036981 標本葉形比其它圓果青剛櫟標本大上許多，且葉脈在 11 對以上。我在標本館或者野外皆未見圓果青剛櫟葉脈超過 11 對以上，因此認為在僅有葉片標本的情況下，沈中桴博士將之鑑定為黑櫟是合理的。不過在缺少 036981 這種類花或果的標本之前，我們仍可以懷疑是否為其他種類的可能性。

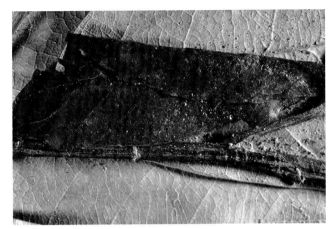

館號 036981 之幼葉兩面與幼枝。

圓果青剛櫟（左）與館號 036981（右）葉形比較。

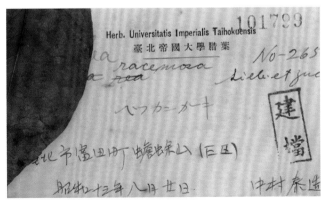

中村泰造於八月二十日採得館號 101799 的標本籤。

是哪一座蟾蜍山呢？

　　至於第二個問題，036981 標本並未清楚交代蟾蜍山的所在位置，若只有看到該份標本，恐怕也僅能靠臆測。從實務經驗上來看，通常採集活動不會只採一份標本，因此利用臺大植物標本館「臺灣植物資訊整合查詢系統」搜尋了中村泰造在八月十八日與前後幾天的採集記錄後發現，其中有數份標本採集地皆清楚描述「臺北市富田町蟾蜍山」。富田町即相當於現在臺灣大學一帶，因此，幾乎可以斷定此蟾蜍山不在宜蘭貢寮，也非其他地方，而是在臺灣大學東南方的蟾蜍山。

　　蟾蜍山又稱內埔山，標高 128 公尺，位於臺北市大安區南界與文山區北界之交接處，西可以眺望新店溪，東與辛亥隧道上方的中埔山相連。蟾蜍山大至可分為兩大區域，西半邊在日據時期即為軍事要地，有許多地道與碉堡，現為「空軍作戰指揮部」的管制區，進出會受到限制，但也保留許多綠地；東半邊則多為公墓用地，歷史也是相當久遠，因此植被破壞較嚴重。

　　而根據中村泰造其他標本籤的描述，可以稍微對分區的位置做猜測，例如 B 區有墓地和草原，而 E 區則為蟾蜍山南邊的興福庄。因此假設當時蟾蜍山範圍不含現今的中埔山，排除東邊少墓地之軍管區和南邊 E 區後，推測黑櫟是在東北部基地的區域機會較大，即靠近芳蘭路一側的山地。

　　最後，對於現今蟾蜍山是否還有 036981 這種類，我猜測其機會不大，因為臺大標本館保存日據時期從蟾蜍山採得的四百多份標本中，也僅 036981 這一份殼斗科植物而已，或許在當時數量已經不多了，而七十多年後的今天，周邊的開發與墳墓區範圍擴大不少，讓樹林減少許多。我亦數度上山尋找她的蹤跡，可惜與前輩們一樣空手而回。然而，蟾蜍山連同周圍山區如軍事管制區內還是保留一些綠林，也保留我們對她存在的一絲希望。

B. 八通關越嶺古道的臺東石櫟

　　《臺灣植物誌》第二版中，記載了一顆具有爭議性的殼斗科植物—臺東石櫟（*Lithocarpus taitoensis*），甚至可以說，她與黑櫟並稱為臺灣殼斗科的兩大懸案。我們對她的身世瞭解並不多，但也因此更加神秘更加令人好奇，所以在談論或者與人介紹殼斗科植物時，時常會被問及：「有沒有見過她？她到底是誰？是子彈石櫟還是菱果石櫟呢？」。當然，對我來說這也是一個心中的謎團，所以試著想瞭解問題所在。不過在探究之後也才知道真要給這問題一個標準、具體的答案確實沒有那麼容易！

各家不同的觀點

　　臺東石櫟自 1911 年由早田文藏博士於臺灣植物資料（Materials for a flora of Formosa）發表以來，至今已經被分類學家用三種分類觀點處理過，先來回顧這些看法：

> 第一種觀點：
> 認為臺東石櫟與子彈石櫟其實是相同的物種，所以將她列為子彈石櫟的同物異名。

　　在日據時期的文獻幾乎都依據早田博士的看法未作其他處理，而光復後的一些學者則另有看法。如 1963 年李惠林教授的《臺灣樹木誌》(Woody flora of Taiwan)、1965 年林渭訪、柳晉的《臺灣殼斗科植物之分類研究》、1984 年沈中桴博士的碩士論文、1994 年劉業經教授等人的《臺灣樹木誌》，以及 1999 年楊遠波教授等人的《臺灣維管束植物簡誌第六卷》等認為，臺東石櫟與子彈石櫟是相同的，因此將她列為同物異名，可以說是光復後最多學者認同的觀點。

　　沈中桴博士於碩士論文中對此則說明：「早田文藏（1911）發表之 *Q. taitoensis* 之原文描述有『小枝條被灰毛；先端銳尖；全緣或模糊波緣；葉背在放大鏡下可見疏布之壓伏毛；雌花 5~4 朵聚生；堅果卵圓球形，先端尖，極端短突尖，果臍小』等字句，皆為明確之本種（指子彈石櫟）鑑識特徵，故其模式採集地臺東 Iryokukaku 社與中央山脈某處亦為本種分布點。TAIF（7488,7489, 川上＆森 2216）之標本枝葉不若上述，為費解之疑點；所附堅果一枚顯係誤拾。」而早田文藏之原始文獻翻譯也可參考《臺灣植物誌》第二版中對臺東石櫟的描述。

　　因此沈博士認為原始文獻的描述為子彈石櫟，模式標本卻為他物，且果實與枝條還是不同種類，也未說明模式標本中的種類。而在沈博士的論文中對菱果石櫟小枝與葉下表面的描述即為光滑無毛的，也許才推測原始文獻為描述子彈石櫟，但標本卻比較像菱果石櫟的疑惑吧。不過透過 SEM 拍攝菱果石櫟葉下表面確實是有星狀毛的。

菱果石櫟（左）與子彈石櫟（右）嫩枝附屬物比較。

菱果石櫟小枝表面之 SEM 影像。

但1996年的《臺灣植物誌》第二版中，將臺東石櫟處理為獨立的種，因此認為臺灣即有子彈石櫟（*L. glaber*）、菱果石櫟（*L. synbalanos*）、臺東石櫟（*L. taitoensis*）這3個相似的種。

廖日京教授在2003年自行出版的《臺灣殼斗科植物之圖鑑》解釋為何將臺東石櫟可作為一獨立種。他起初認為臺東石櫟模式標本中的枝條與果實個別分離，枝葉與菱果石櫟類似，但因為堅果子彈形可能為其他種類（看法與沈博士類似），如錐果櫟，因此先前皆不處理。但2002年於墾丁公園之菱果石櫟標本內看到兩張子彈堅果標本（大溪上巴陵、Dec.9.1994,K.P.Hui,No.004373,004374），且葉全緣，葉背淡褐色，堅果為子彈形，始認為臺東石櫟種可成立。

我曾至上巴陵尋找那樣的活體標本，果然在那發現許多如標本以全緣葉為主的植株，不過樹上還是找的到少數先端有缺刻的葉子，這是子彈石櫟典型葉的特徵，且從小枝明顯被毛、葉下表面刮刮樂有刮痕、花期九月等皆符合子彈石櫟特徵。因此我認為上巴陵還是子彈石櫟的族群。另外，模式標本那唯一一顆果實，其果臍是凹陷的，符合石櫟屬之特徵，因此也能排除是錐果櫟的可能性。

從學名的使用來看，1999年的《中國植物誌》（Flora of china）為這種觀點，對於菱果石櫟（*L. synbalanos*）的認知與《臺灣植物誌》不同，因為《臺灣植物誌》認為香港產的與臺灣產的是同物種，但《中國植物誌》認為香港產的才與中國相同，與臺灣產的並不一樣，這是第一個問題。並認定臺灣產的菱果石櫟與臺東石櫟是一樣的物種，也與前兩種臺灣學者的觀點不一樣，這是第二個問題。

但是，《中國植物誌》英文版解釋：「*L. taitoensis* 非常接近 *L. litseifolius*，可能可視為同種。」中文版的說明更詳細：「模式標本（指 *L. taitoensis*）的當年生枝的上半段及雌花序軸均密被短柔毛，嫩葉背面尤以中脈兩側和葉柄均被長柔毛。這性狀也見於採自廣東東部和福建西部地區的標本，這類毛，隨著枝葉稍為成長即脫落無遺。大量標本，其幼嫩枝葉和花序軸均不被毛，但介於被密毛與無毛之間，鑑於上述器官的毛被，從無到有，由少到多，有切不斷的連續現象，而其它器官形態，都較穩定地趨向一致。其中，最為穩定而有別於其它種的一個特徵是：小枝、嫩葉葉柄，通常還有葉面和花序軸，都有灰黃至灰棕色薄片狀蠟鱗層。嫩葉壓乾後葉面常油潤有光澤。」

因此從《中國植物誌》的描述中可發現，木姜葉柯與菱果石櫟也是相近的物種，且認為 *L. taitoensis* 模式標本的當年生枝條是密被短毛，這與原始文獻為描述相符。所以同樣為 *L. taitoensis* 模式標本，但臺灣學者與中國學者、早田文藏博士有著不同看法。

發現臺東石櫟的經過

1906 年 11 月，森丑之助從清朝留下的八通關古道進出中央山脈，這是他第三度進入此區域進行植物、地理與人類學的調查。而這次的探險之旅差點讓森氏掉了腦袋，是他此生最驚險的一次。

11 月中旬森氏陪同官員登上玉山，分別後他獨自與 6 名東埔社人橫越中央山脈採集植物標本，預計抵達玉里終點，行經的地方可是當時最剽悍的「施武郡番」布農族人的地盤，更不巧的是剛好遇上其中打訓社頭目被日本人抓去坐牢而病死的衝突事件，已經有 5 個日本人被割下頭顱以幫頭目報仇。

而森氏在山上多日，直到 11 月 29 日抵達熟識的大崙坑社後才獲知這一消息，且打訓社人即將來訪。社裡的人不斷勸告森氏向西部返回避難，但森氏評估回頭也會遇上正與日本人交戰的郡大社，於是陷入進退兩難的險境。而前一天 28 日森氏即在附近採獲臺東石櫟的第一份標本（採集號 2216，中央山脈分水嶺八千尺，海拔約 2400m），最後森氏決心按原計畫完成任務，並留在大崙坑社觀察打訓社人情勢。

隔天打訓社一群人提著一顆頭顱來大崙坑社慶祝，但到後來雙方越吵越大聲，不歡而散。事後頭目再警告森氏說：「阿里曼（打訓社頭目之弟）帶著為大哥報仇的頭顱回社，但被其他社人罵頭目被害怎只割下一個日本苦力的頭呢？他們打聽到你在我這，就跑上來跟我要你這位大人的頭顱！但你是我的朋友，我沒辦法答應他。」原來雙方是為森氏的頭顱在爭執。頭目生氣的告訴阿里曼，若硬要在這搶人他也不會客氣的動武，這時阿里曼也只能離去，並撂下狠話說會在半路埋伏取下森氏人頭，大崙坑社不准陪同。

但森氏已經下定決心，利用午晚時迂迴避過對方埋伏，於是請求頭目讓 4 個社人與他同行，並告訴頭目若被遇見就會高高興興的獻上人頭。頭目一改態度不再規勸森氏了，並對他說：「壯士快人快語，讚！我的七個手下帶槍跟你上路！」並命人做好小米糕讓森氏帶上。於是森氏就趁著月光迂迴前行，凌晨三點通過打訓社與異骨社範圍，早上八點抵達蚊仔厝社，終於離開危險地帶，12 月 6 日抵達卓溪，這途中還在異錄閣社採獲臺東石櫟的第二份標本（採集號 2178，海拔約 850m）。

臺東石櫟其中一張模式標本，林業試驗所標本館（TAIF），館號 7488。

模式標本的鑑定

因此，第一份標本採於大崙坑社海拔約2400m，分為兩張目前存放於林業試驗所標本館（TAIF），館號7488（有堅果），7489（有雄花序）；第二份則採於異錄閣社海拔約850m，存放在日本東京大學植物標本室（TI），館號T00143（有雌花序）。這兩處採集地海拔差異甚大，而我僅見過存放於林試所的標本，T00143雖能在臺灣植物整合系統網站有影像檔，但未能鑑定。多年前朋友前往東京大學TI觀看他種植物標本時，有請託她順便幫忙尋找T00143，但沒有順利尋獲。

於野外用肉眼觀察可發現子彈石櫟的嫩枝上有明顯的毛，且留存時間許久，有的一年生老枝上還可見得。而菱果石櫟的嫩枝用肉眼只能看到許多片狀金屬光澤的物質平鋪著，比較像鱗片狀，因此野外鑑定難度不高。而以SEM拍攝菱果石櫟小枝條也無見到毛狀物，但有一層如《中國植物誌》所述的穩定特徵「薄片狀蠟鱗層」。在檢視過TAIF館號7488後，發現小枝並無明顯毛狀物，且蠻接近野外所見菱果石櫟的枝條，因此廖日京教授認為模式標本枝葉與菱果石櫟類似，而沈博士則覺得與描述不合。

那早田文藏所述的「灰毛」與《中國植物誌》的「密被短柔毛」又如何解釋呢？是對 *L. taitoensis* 模式標本中與菱果石櫟小枝上附屬物的認定不同？或者甚至中海拔與低海拔的兩份標本有不同之處？兩岸三地木姜葉柯與菱果石櫟這類群植物之間的關係為何？等諸多問題都還有待釐清與更多討論。

子彈石櫟去年生生殖枝條(7月14日)。

子彈石櫟當年生營養枝條(6月27日)。

菱果石櫟去年生枝條(4月18日)。

菱果石櫟去年生枝條(6月1日)。

TAIF館號7488，去年生小枝。

TAIF館號7488，臺東石櫟唯一的堅果標本，果臍凹陷，應為石櫟屬之特徵。

TAIF館號7488，當年生小枝附屬物，較接近野外所見菱果石櫟。

Oak Family in Taiwan

臺灣橡實家族圖鑑

45種殼斗科植物完整寫真

作　　者　林奐慶
社　　長　張淑貞
總　　編　許貝羚
主　　編　鄭錦屏
特約美編　莊維綺
插畫繪製　胖胖樹 王瑞閔
行銷企劃　曾于珊

發 行 人　何飛鵬
事業群總經理　李淑霞
出　　版　城邦文化事業股份有限公司‧麥浩斯出版
E-mail　cs@myhomelife.com.tw
地　　址　104台北市民生東路二段141號8樓
電　　話　02-2500-7578
傳　　真　02-2500-1915
購書專線　0800-020-299

發　　行　英屬蓋曼群島商家庭傳媒股份有限公司城邦分公司
地　　址　104台北市民生東路二段141號2樓
電　　話　02-2500-0888
讀者服務電話　0800-020-299
　　　　　　　09:30 AM～12:00 PM‧01:30 PM～05:00 PM
讀者服務傳真　02-2517-0999
劃撥帳號　19833516
戶　　名　英屬蓋曼群島商家庭傳媒股份有限公司城邦分公司

香港發行　城邦〈香港〉出版集團有限公司
地　　址　香港灣仔駱克道193號東超商業中心1樓
電　　話　852-2508-6231
傳　　真　852-2578-9337

馬新發行　城邦〈馬新〉出版集團Cite(M) Sdn. Bhd.(458372U)
地　　址　41, Jalan Radin Anum, Bandar Baru Sri Petaling,
　　　　　57000 Kuala Lumpur, Malaysia
電　　話　603-9057-8822
傳　　真　603-9057-6622

製版印刷　凱林印刷事業股份有限公司
總 經 銷　聯合發行股份有限公司
電　　話　02-2917-8022
傳　　真　02-2915-6275
版　　次　初版 1 刷 2019年3月　二版 10 刷 2024年4月
定　　價　新台幣1500元／港幣500元

Printed in Taiwan

國家圖書館出版品預行編目(CIP)資料

臺灣橡實家族圖鑑：45種殼斗科植物完整寫真／林奐慶著. -- 初版. --
臺北市：麥浩斯出版：家庭傳媒城邦分公司發行, 2019.03
　面；　公分
ISBN 978-986-408-454-8(精裝)

1. 雙子葉植物 2. 植物圖鑑 3. 臺灣

377.22025　　　　　　　　　　　　　　　　107020620